红花玉兰研究

——花型　花色　花数

马履一　等 ◎ 著

图书在版编目(CIP)数据

红花玉兰研究. 第五卷，花型 花色 花数 / 马履一等著. —北京:中国林业出版社，2022.11

ISBN 978-7-5219-1925-7

Ⅰ. ①红… Ⅱ. ①马… Ⅲ. ①玉兰-栽培技术-研究-中国 Ⅳ. ①S685.15

中国版本图书馆 CIP 数据核字(2022)第 198417 号

出版 中国林业出版社(100009 北京西城区刘海胡同 7 号)
电话 010－83143564
发行 中国林业出版社
印刷 北京中科印刷有限公司
版次 2022 年 11 月第 1 版
印次 2022 年 11 月第 1 次
开本 787mm×1092mm 1/16
印张 11.25
字数 280 千字
定价 65.00 元

本书著者

主要著者

姓名	职称	单位
马履一	教　授	北京林业大学 红花玉兰研究中心
陈发菊	教　授	三峡大学
桑子阳	正高级工程师	五峰土家族自治县林业科学研究所
贾忠奎	教　授	北京林业大学
朱仲龙	副高级工程师	北京林业大学 五峰博翎种业有限公司
段　劼	副教授	北京林业大学
邓世鑫	讲　师	浙江农林大学
赵秀婷		北京林业大学

其他参与人员

肖爱华　梁　爽　汪　力　李海英　陈丽园　马　江
尹　群　施晓灯　吴坤璟　张雨童　任云卯　李　岩
王利东　贾建学　王　前　李珊珊　张铁军　王加兴
王敏男　温志勇　陈春丽

本专著的出版由下列项目经费资助：

北京林业大学林学院林学一级学科双一流建设经费

研究工作的开展和研究成果的取得有赖于以下课题和项目的支持：

1. 国家林业局重点科研项目“红花玉兰种质资源收集保护、遗传测定与开发”(2006-39)
2. 中国博士后科学基金一等资助“红花玉兰的生殖生物学特性及其衰退机制研究”(2007041003)
3. 中国博士后科学基金特别资助“红花玉兰花部多态性分析及其与传粉结实的相关性研究”(200801048)
4. 中国博士后科学基金二等资助“红花玉兰花色成因分析及花色苷组分变异在分类中的应用”(20080440312)
5. 2012 年度国家自然科学基金“红花玉兰及多瓣红花玉兰花器官特征决定 B 类基因表达模式和功能分析”(31170625)
6. 林业公益性行业科研专项项目“红花玉兰新品种选育与规模化繁殖技术研究”(201504104)
7. 2016 年度国家自然科学基金“*MawuAGL6_* 1 与 *MawuAGL6_* 2 基因参与调控红花玉兰花被发育的分子机制”(31570651)
8. 林业知识产权转化运用项目“知识产权项目合同书——红花玉兰新品种‘娇红 1 号’、‘娇红 2 号’产业化示范与推广”(知转 2017-11)
9. 五峰科技局科技创新专项资金项目“红花玉兰新品种选育与产业化关键技术创制及应用”

在此一并表示感谢！

前　言

红花玉兰（*Magnolia wufengensis* L. Y. Ma et L. R. Wang）及其变种多瓣红花玉兰（*Magnolia wufengensis* var. *multitepala* L. Y. Ma et L. R. Wang）是北京林业大学教授马履一、湖北省林业局林木种苗总站高级工程师王罗荣等人于湖北五峰发现的木兰科植物新种和变种，经我国著名树木分类学家洪涛先生协助鉴定，最终定名。

红花玉兰是我国特有的木兰科木兰属新种，其原始群落目前仅在湖北省五峰县中西部有分布。因其花被片数目、花色和瓣型等花部性状存在极其丰富的变异，而具有极高的园林观赏价值。同时，作为药材“辛夷”的主要药源植物具有很高的经济价值。另外，木兰科植物属于被子植物的基部演化类群，是木兰亚纲植物的典型代表，在被子植物的系统演化中占据着极为重要的地位。因此，开展木兰科植物基因的系统演化分析对于理解被子植物的系统演化也具有非常重要的意义。

花是被子植物最具创新性的结构，也是被子植物演化过程中最为保守的器官。然而，在红花玉兰野生种群中却存在着极为丰富的花部性状变异，包括花被片数目、花被片颜色、花被片形状和花型等诸多花部性状。在花被片的数量组成上，红花玉兰存在9、12、15、18、24、32、46等不同瓣数类型；在花被片的花色上呈现出浓淡不同的变异，有深红、红、浅红等不同变异类型；另外，在花被片的形态上也呈现极富多样化的变异类型，有菊花型、月季型、牡丹型等。鉴于其系统演化地位、丰富的花部性状自然变异类型、极高的观赏价值和药用价值，系统地开展红花玉兰花发育方面的研究有着极其重要的学术研究价值和应用前景。

自2006年红花玉兰发现以来十余年间，以马履一为首的红花玉兰团队从种质资源保护、种群生态学、遗传多样性、苗木繁育、新品种选育、病虫害防治及抗性生理等多方面开展了研究，并已取得一定成果。由于研究内容较多，将研究成果进行分卷出版。本卷涉及红花玉兰花型、花色、花被片数量等研究内容，主要分述如下：

第1章：基于红花玉兰花被片的形态类型，首先以花被片为倒阔卵形、卵圆形、狭倒卵形和披针形的4种红花玉兰为材料，比较不同花发育过程花被片表皮细胞与整体器官形态的变化特征，分析得到花被片形态的稳定时期、花被片形态的定量评价体系以及花被片形态多样性的成因。随后探讨了花器官发育过程不同形态花被片中3种植物激素含量的变化规律，分析植物激素与花被片形态建成的关系。然后对倒阔卵形和长条形红花玉兰花被片进行转录组测序，解析了差异表达基因的代谢途径和表达模式，并对转录因子进行注释分析，对筛选出的花被片形态调控关键基因进行基因功能鉴定，最后得出红花玉兰花被片形态的调控机理。

第 2 章：以‘娇红 1 号’不同花色发育时期的花被片为研究对象，开展了红花玉兰花色发育研究。利用生理生化分析手段解析了红花玉兰花青素苷在植物发育过程中的合成规律和物质基础；利用高通量测序技术，深入探索红花玉兰花青素苷合成相关的遗传基础，发掘有关的遗传途径，构建了红花玉兰花青素苷生物合成的完整途径；通过结合生理生化表型与遗传调控基因型，进一步发掘调控红花玉兰花青素的关键因子，并通过探究关键调控因子的功能和调控手段，实现了对红花玉兰花色表达调控机理的有效解释；基于转录组数据库，开发 EST-SSR 数据库，同时结合利用公共数据库开发的其他分子标记体系，建立了综合性相对较强的红花玉兰分子标记体系。

第 3 章：探讨了红花玉兰花被片发育相关的基因调控问题。传统花发育 ABCDE 模型中 *AP*1 是决定外侧花器官特征的 MADS-box 基因，但目前对基部被子植物和基部双子叶植物的表达模式分析研究推测 *AGL*6 基因亚族可能具有 *A* 类基因功能。通过克隆红花玉兰 *AGL*6 同源基因，对该基因的系统进化、表达模式和蛋白相互作用模式进行了研究，分析与其相关的其他红花玉兰 MADS-box 家族基因的表达模式及蛋白相互作用网络，并通过拟南芥过表达来分析它们在花被片发育中的功能。其研究结果为木兰类植物 *AGL*6 同源基因功能研究，及其相关 MADS-box 基因蛋白相互作用研究积累资料。结合红花玉兰丰富的形态特征，为红花玉兰花器官性状创新提供理论基础。

第 4 章：克隆了被认为是决定花被片形态建成的关键基因、且与多瓣化的形成密切相关的红花玉兰 *AP*2 直系同源基因 *MawuAP*2，并对其进行了系统发生、序列结构、表达模式和功能分析，同时通过酵母双杂筛选了 *MawuAP*2 的互作蛋白，并对功能密切相关的互作基因 *MawuFT* 及其所属家族的其他基因开展了功能和表达模式分析。明确了 *AP*2 及其同源基因真正的主流功能是抑制成花转变而并非决定花被片的形态建成，这为 *AP*2 及其同源基因的功能提供了最新的认识；并进一步探讨了 *MawuAP*2 与 MawuFT 特异性蛋白互作的生物学意义，以及 FT/TFL1 家族基因参与调控红花玉兰成花转变的分子机制。

红花玉兰研究工作得到很多单位和个人的支持和关心，特别是在北京林业大学林学院林学一级学科双一流建设经费资助下本卷得以出版，借此机会一并表示衷心的感谢！红花玉兰研究是一项长期的工作，本书是近十几年本课题组在红花玉兰花器官发育方面的研究成果。本书内容涉及范围较广，因编者水平有限，疏漏之处在所难免，恳请各位专家、读者和同行批评指正！

著　者

2022 年 2 月

目 录

本书彩色图片

引 言

红花玉兰是2004年以马履一教授为首的红花玉兰课题组(以下简称课题组)在湖北省五峰土家族自治县(以下简称五峰)玉兰种质资源调查中发现的玉兰类新种，经我国著名的树木分类学家洪涛先生协助鉴定，定名为红花玉兰(*Magnolia wufengensis* L. Y. Ma et L. R. Wang)。在发现红花玉兰新种、对五峰玉兰种质资源调查过程中，课题组同时发现了与红花玉兰处于相同与相近分布区的多瓣红色玉兰类群，确定为红花玉兰之变种，命名为多瓣红花玉兰(*Magnolia wufengensis* var. *multitepala* L. Y. Ma et L. R. Wang)。本书的红花玉兰包括红花玉兰原变种与红花玉兰多瓣变种，为二者之统称。

红花玉兰种质资源是我国独有的具有极高的观赏、药用、经济和科研价值的野生树种资源。其花大、艳丽多姿、芬芳袭人，且花部性状变异类型十分丰富。作为重要的城市园林绿化树种和山地景观造林树种，红花玉兰具有重要的开发与利用价值。同时红花玉兰及大面积的原生种质资源的发现以及在系统演化上所处的重要位置，对于研究木兰属和木兰科的起源、变迁和进化具有重要的科学价值。其特殊的生境分布为近代木兰属的分化、分布与起源中心位置的寻找提供了重要依据。

红花玉兰优良单株

红花玉兰花部形态、花被片数目、颜色、形状、大小呈现出一系列类型多样的变化，课题组前期进行了大量调查研究。

依据全花开放时的姿态，红花玉兰的花型可分为以下几种类型：

①荷花型：花被片3~4轮，长倒卵形，先端尖，全花开放时，内2轮内抱，外1~2轮展开，形似荷花；

②月季型：花被片3~4轮，阔倒卵形，先端

钝尖或稍圆，全花开放时，内轮稍内卷，外轮稍外翻，形似月季；

③菊花型：花被片4~6轮，重瓣，花被片长卵形或长披针形，少数线形匙状，整个花被片呈现不规则扭曲，形似菊花；

④牡丹型：花被片6轮以上，重瓣更明显，多达46瓣，自外向内逐渐减小，呈半球形，形似牡丹。

荷花型　　月季型

菊花型　　牡丹型

红花玉兰花型变异

红花玉兰的花被片数目变异很大，目前已经发现的单花花被片数目有9、10、11、12、13、14、15、16、17、18、19、20、21、22、23、24、32，多者可达46。这种花被片数目的变异，存在于不同植株间，也存在于同一植株内。在同一株树上，花朵的花被片数目不同的枝间有变化，甚至同一枝上相邻的两朵花的花被片数目亦可能不同。同一株树的花被片数目大多为一个类型，比如12或15，但也存在少量花被片数目多于或少于12或15这个基数的单花。

花被片形态变异主要有两种表现类型，一是花被片长度与宽度的变异，二是花被片顶部与基部形态的变异。依据长宽比与顶部形态可将花被片形状大致分为：卵型、倒卵形、狭倒卵形与长披针形等几种类型。

9 花被片　11花被片　12花被片

15 花被片　18 花被片　24 花被片

28 花被片　32 花被片　64花被片

红花玉兰花被片数目变异

卵型　倒卵形

狭倒卵形　长披针形

红花玉兰花被片形态变异

红花玉兰花被片颜色存在丰富的变化，呈现出由深红色至浅红色一系列的色彩变化。采用英国皇家园林标准比色卡(RHSCC)分析，红花玉兰花色从深红到粉红具有7个色系(1H、2H、3H、4H、5H、6H、7H)。花色变异主要存在于不同植株间，个别植株内不同花朵间颜色亦存在明显的差异。花被片外侧与内侧、花被片外侧顶部与基部的颜色均存在差异。通过英国皇家园林标准比色卡比色，红花玉兰花被片外侧基部花色深度介于62-A~67-C，花被片外侧顶部花色深度介于62-D~67-A，花被片内侧颜色介于62-D~64-C。

红花玉兰花被片颜色变异

指标	部位	1H	2H	3H	4H	35H	6H	7H
花色	外表皮中部	深红色	深红色	红色	红色	浅红色	浅红色	粉红色
	内表皮中部	红色	浅红色	浅红色	粉红色	粉红色	粉红色	粉红色
RHSCC	外表皮中部	67-A	67-B	63-B	63-C	62-B	62-C	62-D
	内表皮中部	64-C	64-D	63-C	62-C	62-C	62-D	62-D

花是被子植物最具创新性的结构，也是被子植物演化过程中最为保守的器官，然而在红花玉兰野生种群中却存在着极为丰富的花部性状变异。鉴于其系统演化地位、丰富的花部性状自然变异类型、极高的观赏价值和药用价值，系统地开展红花玉兰花发育方面的研究有着极其重要的学术价值和应用前景。

第1章 红花玉兰花被片形态建成及调控机理研究

红花玉兰是湖北五峰特有的木兰科高大乔木树种，其花被片形状、大小及花型等花部形态存在极为丰富的变异，具有极高的观赏和经济价值，然而关于其花形态变异和多样性的分子基础还不清楚。本章节以具有不同花被片形态特征的红花玉兰为材料，从花被片表型、生化基础和遗传基础等3个方面揭示花被片形态建成的模式及调控机理，为红花玉兰新品种选育及观赏价值提升提供重要参考。

1.1 红花玉兰开花过程花被片形态及细胞学变化

1.1.1 材料与方法

1.1.1.1 试验地概况

试验地位于湖北省五峰土家族自治县渔洋关镇王家坪村。五峰县地处鄂西南，与湘鄂两省的石门县、宜都市、松滋市、鹤峰县、巴东县、长阳土家族自治县等六个县市交界。五峰全境为山地地貌，山地黄棕壤分布最广，占土地面积的65.4%(马履一，2019)。五峰县气候类型属于亚热带大陆性温湿季风气候，常年平均气温13.1℃，夏季无炎热，冬季无严寒(桑子阳，2011)。

根据五峰县气象局的统计数据，研究期间三年内(2016—2018年)的年平均气温为15.6℃，与常年平均气温接近。月平均气温7月最高，平均气温为26.1℃；1月最低，平均气温为3.9℃。五峰夏季降水较多，冬季降水较少；空气湿度较高，全年平均相对空气湿度为79.0%。

1.1.1.2 试验材料

根据课题组前期对红花玉兰的单花花期物候观察，以花蕾初开为始花期，以花开放且雌蕊成熟为盛花期，以花全开且雄蕊成熟为末花期，以花被片凋萎为谢花期，红花玉兰平均单朵花期为15.08d，各品种花期从3月初持续到4月上旬(王昕彤，2018)。红花玉兰在当年3~4月开花后长叶，在5月进行成花诱导，6~7月进行花芽分化，随后花芽进入休眠直至次年春天萌动开花。试验中选取形态特征最具代表性的5种材料进行观察和取样，分别为红花玉兰‘娇红1号’(文中简称JH1)，‘娇莲’(文中简称JL)，以及试验地尚未进入新品种审定程序的其他3个红花玉兰无性系，文中简称O、M和DB。5种红花玉兰均为在红花玉兰野生居群中采集优良单株的枝条进行嫁接的方法培育获得，具有红花玉兰母树的所有优良特征且稳定遗传。其中，JH1的花被片形状为倒阔卵形，JL的花被片形状为卵圆形，O的花被片形状为长倒卵形，M的花被片形状为披针形，DB的花被片形状为长条形。前期的调查结果显示，红花玉兰每轮花被片数为3~4瓣，其中最外轮花被片形状固定，因此以最外轮花被片为取材对象。

*MwZFP*10试验所用试验材料采集于湖北省五峰县王家坪村红花玉兰苗木基地，采集时间为3月中旬。采集的材料是红花玉兰‘娇红1号’的花芽、花被片、雌蕊、雄蕊、苞片和叶。采集后的材料用锡箔纸包好并做好标记，迅速过液氮后置于-80℃超低温冰箱中备用。

1.1.1.3 花被片基本形状指标测量方法

使用游标卡尺测量最外轮花被片的长度和宽度，测量单位为mm。用D90单反相机(Nikon，日本)对花被片拍照后将照片导入Image J软件测量花被片的面积和周长。

1.1.1.4 花芽基本形状指标测量方法

在花芽分化形成后，分别于2017年6月1日、6月15日、7月1日、7月15日、8月1日、9月1日、9月26日、11月28日以及2018年的1月22日和3月2日在品种苗木中随机选择3株用游标卡尺测量去除苞片后的至少6个花芽的直径及花芽长度，测量精确到mm。

1.1.1.5 新鲜花被片表皮特征观察方法

采集红花玉兰新鲜花被片，采用S6E解剖镜进行观测，撕片操作前先滴一滴蒸馏水在干净的载玻片中央，用刀片在花被片最宽处的下表皮处轻划一刀，再用镊子撕取表皮放入水滴中，盖上盖玻片后用DM2500生物显微镜观察表皮细胞和气孔特征。

1.1.1.6 花被片解剖结构观察方法

采用石蜡切片的方法对花被片最宽处的横切结构进行观察，首先配制FAA固定液(38%甲醛∶冰醋酸∶50%酒精=5∶5∶9)，将新鲜花被片浸入固定液中抽真空后放置在4℃冰箱内固定24 h以上。参考刘涛等(2016)的方法进行脱水、透明、浸蜡、包埋、切片、粘片、脱蜡、番红染色、脱色、固绿染色和封片等操作后在DM2500生物显微镜(Leica，德国)下镜检，观察不同时期花被片厚度、上下表皮细胞、海绵组织、细胞间隙等，并进行图像采集。

1.1.1.7 花被片表皮细胞观察方法

采用SU8010高分辨冷场发射扫描电子显微镜对花被片上表皮和下表皮放大350倍、600倍或1000倍后观察表皮细胞特征并拍片。

1.1.1.8 表皮细胞测量和计数方法

对扫描电镜拍摄的照片用Image J软件统计至少20个视野的气孔数和表皮细胞数，随机测量每一种材料表皮400个细胞的面积和周长，计算出圆度值、纵横轴比、气孔指数、气孔密度和表皮细胞密度。

圆度值反映的是细胞形状接近圆形的程度，当值等于1时形状为圆形。计算公式为：

$$圆度值=\frac{4\pi\times 细胞面积}{细胞周长^2}$$

纵横轴比指的是表皮细胞最长轴和最短轴的比值，这项指标能够反映细胞的形状，该比值越大，细胞形状的拉伸则越大，表现为更为狭窄拉伸的细胞类型。

气孔指数的计算公式为：

$$气孔指数=\frac{气孔数}{(气孔数+表皮细胞总数)}\times 100\%$$

气孔密度指的是单位面积的气孔个数。表皮细胞密度指的是单位面积的细胞个数，视野面积为0.09mm^2。

1.1.2 结果与分析

1.1.2.1 红花玉兰开花过程中花被片的形态特征

根据花被片的展开程度和形态特征，将红花玉兰的开花过程细分为5个阶段：花蕾期(S1)，初开期(S2)，半开期(S3)，盛花期(S4)，盛花末期(S5)。根据课题组前期对红花玉兰的单花花期观察，从S1到S4期持续时间约为11.1d，S5期的持续时间约为3.1 d(王昕彤，2018)。在红花玉兰的开花过程中，花被片的形状和大小发生了剧烈的变化。S1期花蕾开始膨大，最外层苞片开始裂开，花被片和雌雄蕊群仍由内层苞片紧紧包被(图1.1A)；S2期内层苞片开裂露出花被片(图1.1B)，雄蕊开始向外展开；S3期花被片伸长约苞片长度的两倍(图1.1C)，雌蕊成熟，柱头向外反卷并有蜜露状分泌物；S4期花被片开始向外展开(图1.1D)，雌蕊柱头闭合，雄蕊进一步展开；S5期花被片完全展开(图1.1E)，雄蕊成熟，花药开裂散粉；整个开花过程雌雄蕊群变化特征如图1.1F所示。整个开花过程花被片的变化如图1.1G所示，从第一排到第三排分别为最外轮到最内轮的花被片形态，可见从外轮到内轮花被片逐渐变小，最外轮花被片的形状最具代表性且能被直接观察到。S1和S2期最外轮花被片仍有弯曲，从S3期开始最外轮花被片展开，随着发育速度的加快，到S4期花被片继续增大，S5期花被片尺寸和大小趋于稳定。

红花玉兰花被片形态测量的结果见表1.1($n=20$)。花被片的长度、宽度、面积和周长这4个指标在S5期均达到最大，分别为78.05mm、39.80mm、23.68cm^{2}和21.08cm。长宽比是反映花被片形状的定量指标，从S1-S5期花被片的计算结果可知，S2期花被片的长宽比与S1期差异显著($P<0.05$)，S2-S3期长宽比约为1.9，S4-S5期长宽比增大至2.0。结合花被片面积和周长的测量结果表明，S5期是花被片形状的稳定时期。

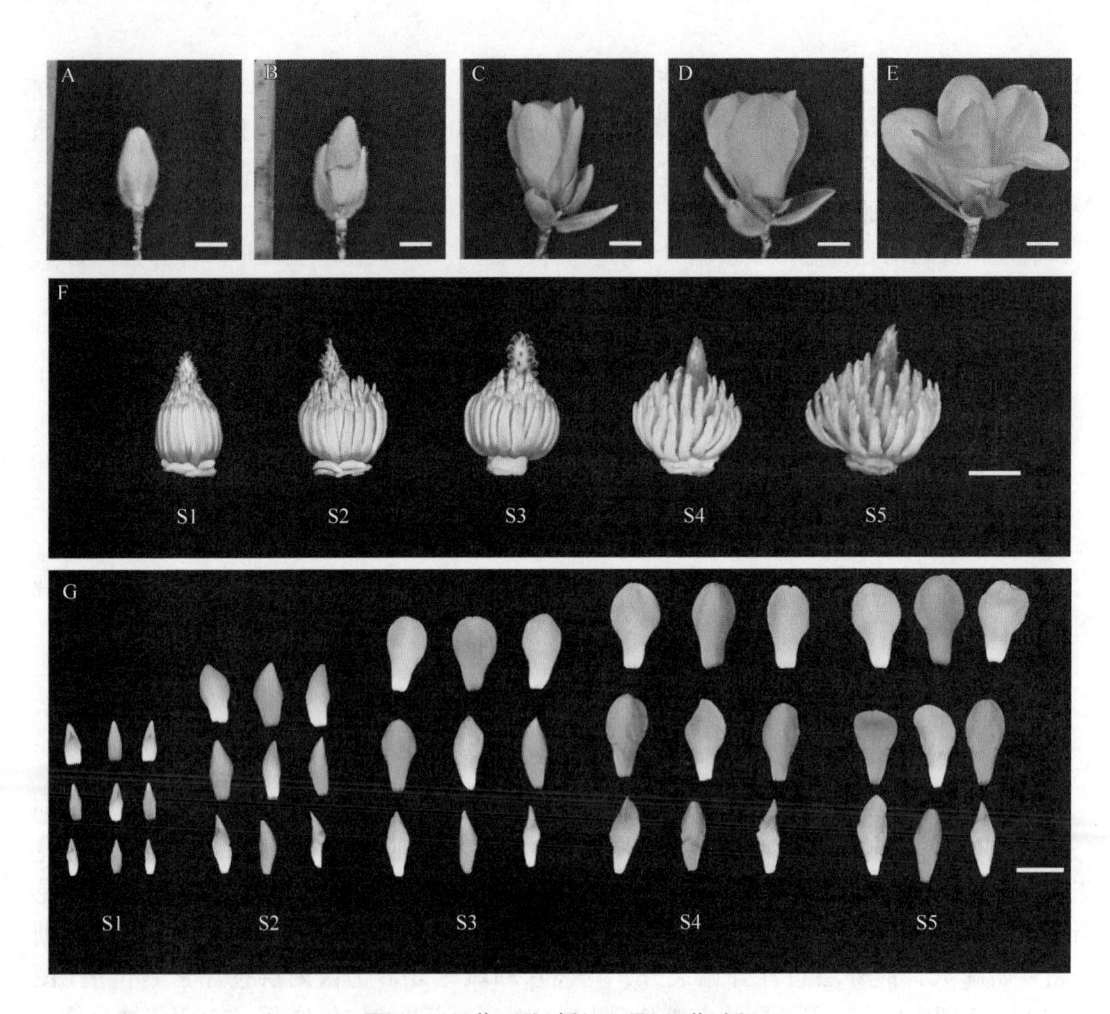

图 1.1　红花玉兰'娇红 1 号'开花过程

A：S1；B：S2；C：S3；D：S4；E：S5；F：S1-S5 时期雌、雄蕊群的形态特征；G：S1-S5 时期花被片的形态特征。A-E 比例尺为 2cm，F 比例尺为 1cm，G 比例尺为 4cm。

表 1.1　各开花时期花被片的形态特征测量结果

开花时期	长度(mm)	宽度(mm)	长宽比	面积(cm^2)	周长(cm)
S1	28. 30±2. 13d	17. 85±2. 58d	1. 60±0. 15b	5. 28±0. 22e	9. 09±0. 24d
S2	52. 90±4. 30c	28. 25±4. 44c	1. 90±0. 18a	12. 74±0. 59d	14. 39±0. 20c
S3	65. 15±2. 30b	34. 55±4. 84b	1. 91±0. 21a	19. 48±0. 22c	18. 81±0. 89b
S4	77. 90±3. 09a	38. 60±4. 22a	2. 04±0. 19a	21. 19±0. 87b	19. 28±0. 18b
S5	78. 05±3. 53a	39. 80±4. 29a	1. 98±0. 19a	23. 68±1. 17a	21. 08±1. 93a

如图 1. 2A 所示，红花玉兰花被片在 S2 期生长迅速，长度和宽度的相对生长率分别达到了 46. 5%和 36. 8%。从 S3 期开始生长逐渐变缓，花被片长度的生长速率在 S5 期下降至 0. 2%，宽度的生长速率在 S5 期下降至 3. 0%。如图 1. 2B 所示，花被片的面积和周长增长速率在 S2 期达到最大，在 S5 期仍有近 10%的增长速率。以上结果表明，在初开期(S2)花

被片大小增长最为迅速。在盛花末期(S5)花被片长度几乎不增加而周长和面积继续增加，原因可能是其宽度仍保持了一定的增长速率。

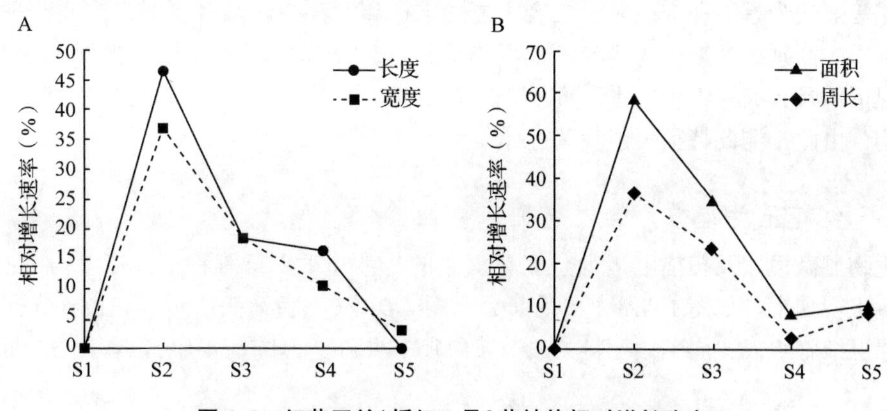

图 1.2　红花玉兰‘娇红 1 号’花被片相对增长速率

1.1.2.2　红花玉兰花被片的横切结构

红花玉兰‘娇红 1 号’花被片的横切结构显示(图 1.3)，从 S1 至 S5 期花被片厚度持续增加，表皮细胞也在不断增大。如图 1.3A 和图 1.3B 所示，花被片的上表皮较下表皮更为平滑，由于细胞的排列方式存在差异，花被片下表皮表面有较多突起，但无锥形细胞的分布。从花被片的解剖结构可以看出，花被片表皮细胞下层各有一层类似于栅栏组织的结构。在开花前期(图 1.3A、B)，S2 期较 S1 期维管束更发达，表皮细胞壁加厚，蜡质层更

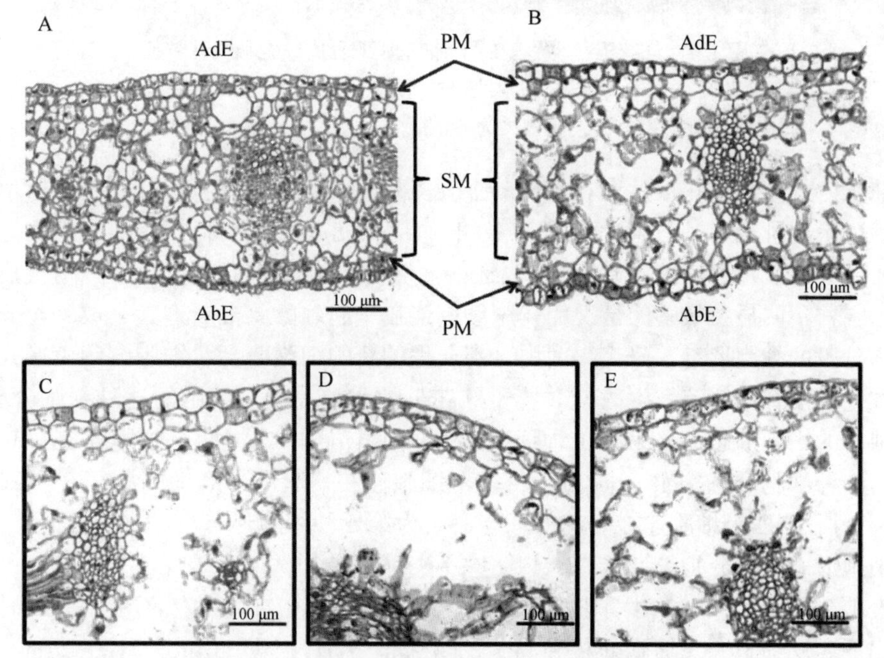

图 1.3　红花玉兰‘娇红 1 号’花被片的横切结构

A：S1；B：S2；C：S3；D：S4；E：S5。AdE：上表皮；AbE：下表皮；PM：类似于栅栏组织的结构；SM：海绵组织。

发达，在开花后期(图 1.3C、D、E)，海绵组织细胞有降解现象，排列越来越松散，空隙越来越大。植物叶片的下表皮通常具有栅栏组织，内含丰富的叶绿体，是光合作用的场所。而花瓣被认为是一种变态叶，二者主要的结构和发育特征都有相似之处，但它们在功能上有本质的区别。花瓣作为生殖器官没有光合作用的功能，常含花青素而不含叶绿体，一般情况下不具有栅栏组织。本研究发现红花玉兰的花被片上下层均有类似于栅栏组织的细胞结构，由此推测此特征可能较为原始。

1.1.2.3 红花玉兰花被片的表皮细胞特征

用生物显微镜以及扫描电镜观察红花玉兰的花被片表皮细胞特征，以 S2 期花被片下表皮为例进行观察。如图 1.4A 中白色箭头和图 1.4B 中黑色箭头所示，花被片气孔由两个肾状的保卫细胞组成，周围紧密排列着表皮细胞。此外，由图 1.4B 可以看出 S2 期表皮蜡质较多。

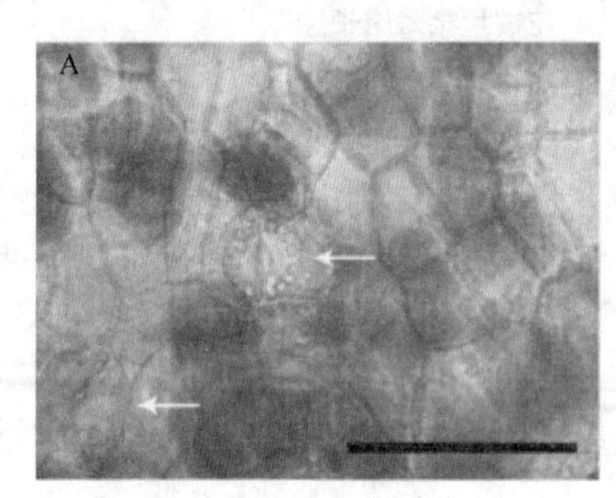

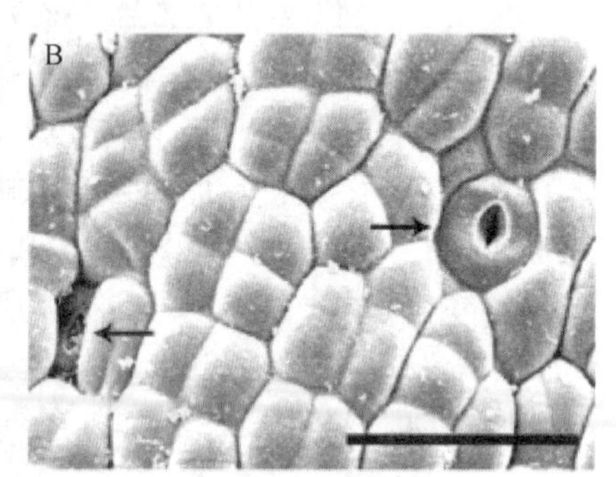

图 1.4　红花玉兰‘娇红 1 号’花被片下表皮细胞和气孔特征

A：生物显微镜下的新鲜花被片表皮；B：扫描电镜下的花被片表皮

图中箭头所指为气孔，比例尺为 50mm。

红花玉兰开花过程花被片最宽部位的上表皮和下表皮的细胞特征如图 1.5 所示，表皮细胞形状为不规则矩形，S1 期表皮细胞皱缩，自 S2 期起表皮细胞开始膨胀扩大。值得关注的是，部分花被片表皮细胞并不是单个独立，有的与相邻细胞中间只有一道浅痕，相互之间的界限并不明显，最多的情况为 4 个细胞连在一起。由此推断这是完成有丝分裂后正处于分离阶段的细胞形态。研究表明由分裂产生的新的细胞壁会对细胞的约束形式造成影响，导致生长发育的轨迹发生改变。鉴于红花玉兰花被片表皮细胞的这种细胞分裂形式，将单个独立的细胞形态命名为第 1 种细胞形态(cell type 1)，将两个细胞连在一起的形态命名为第 2 种细胞形态(cell type 2)，将三个细胞连在一起的形态命名为第 3 种细胞形态(cell type 3)，将四个细胞连在一起的形态命名为第 4 种细胞形态(cell type 4)，计数时按这四种细胞形态类型分别统计。

由表 1.2 可见，S1-S2 时期花被片下表皮细胞比上表皮细胞大，而在 S3-S5 时期上表皮细胞比下表皮细胞大。细胞面积和周长的最大值分别为 977.3μm^2 和 120.2μm。测量数据显示，虽然 S2 期的表皮细胞面积和周长均明显小于 S1 期，但是在 S2 期上表皮细胞密度高达 3401 个·mm^{-2}，下表皮细胞密度高达 3490 个·mm^{-2}，为 5 个开花过程之最，说明细胞分裂和增殖活动在 S2 期最为活跃。这也验证了 1.1.2.1 的分析结果，即花被片大小在

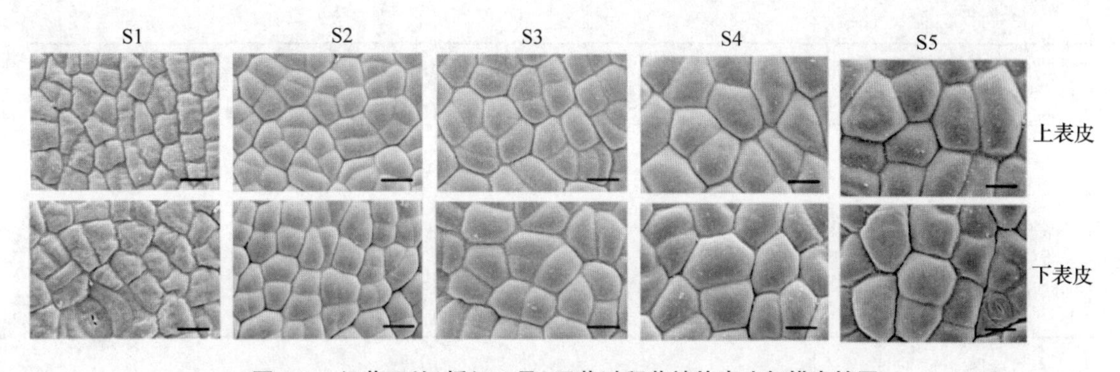

图1.5　红花玉兰'娇红1号'开花过程花被片表皮扫描电镜图

注：图中比例尺为20mm

初开时增速最快，说明该时期花被片的生长由细胞增殖所主导。S4期的上表皮细胞面积比S3期增大了46.8%，而表皮细胞密度下降了50.2%，说明在S4期表皮细胞的增殖速度和增大速率出现了逆转，从此时起细胞增大占主导地位。

圆度值是一个反映细胞形状接近于圆形程度的指标，当圆度值等于1时，形状为圆形。由表1.2可见，S1期上表皮和下表皮细胞的圆度值最低，分别为0.80和0.82。由此说明S1期细胞形状与其他时期差别最大，这也可以从图3.5看出。上表皮细胞圆度值最大的时期为S4期，为0.86。下表皮细胞圆度值最大的时期为S3期，为0.87。从花被片上下表皮的气孔统计结果来看，红花玉兰的上下表皮均有气孔分布。上表皮气孔密度呈先下降后上升的变化趋势，S1期气孔密度最大，为63个·mm^{-2}，S4期气孔密度最小，为15个·mm^{-2}。下表皮气孔密度的变化趋势与上表皮相似，但在S2期时下表皮气孔密度明显下降，为46个·mm^{-2}，而上表皮此时气孔密度为61个·mm^{-2}，说明S2期上下表皮的发育速度不一致。红花玉兰花被片上表皮的气孔指数变化幅度较小，S1期最高，为2.2%；S4期最小，为1.3%；S5期上升至1.8%。下表皮气孔指数的波动幅度较大，从S1期的2.7%到S2期的1.3%，随后在S4期下降至最低1.2%。总体上，花被片的下表皮气孔数量比上表皮气孔数量多。通过开花过程气孔指数和气孔密度的比较可见，S5期花被片的上表皮和下表皮细胞仍然具有一定的分裂能力，但上表皮细胞的细胞增大占总体趋势，下表皮细胞的细胞增殖较细胞增大更为明显，导致下表皮细胞密度从S4期的1447个·mm^{-2}上升至S5期的1459个·mm^{-2}。

表1.2　红花玉兰'娇红1号'花被片表皮细胞形态的统计数据

位置	开花时期	细胞面积(μm^2)	周长(μm)	圆度值	气孔指数(%)	气孔密度(个·mm^{-2})	表皮细胞密度(个·mm^{-2})
上表皮	S1	367.4	75.0	0.80	2.2	63	2767
	S2	314.5	68.2	0.85	1.8	61	3401
	S3	516.2	87.2	0.85	1.8	42	2341
	S4	969.7	118.5	0.86	1.3	15	1165
	S5	977.3	120.2	0.84	1.8	21	1141

(续)

位置	开花时期	细胞面积(μm^2)	周长(μm)	圆度值	气孔指数(%)	气孔密度(个·mm^{-2})	表皮细胞密度(个·mm^{-2})
下表皮	S1	396.5	77.4	0.82	2.7	68	2447
	S2	356.7	73.3	0.83	1.3	46	3490
	S3	509.6	85.8	0.87	2.1	45	2092
	S4	822.0	111.0	0.83	1.2	17	1447
	S5	836.8	111.1	0.85	1.5	22	1459

为了进一步比较开花过程花被片表皮细胞的分裂能力，将4种细胞形态占细胞总数的百分比进行了分析。研究结果如图1.6所示，在所有的开花时期花被片表皮细胞大多数为第1种细胞分裂形态，其次是第2种细胞分裂形态。在S1期花被片上表皮的第1种细胞形态占55.8%，第2种细胞形态占38.9%。在S4期第1种细胞形态占比高达90.3%。在S5期第2种细胞形态百分比高于S4期，提升了8.2%，说明S5期花被片表皮细胞仍在进

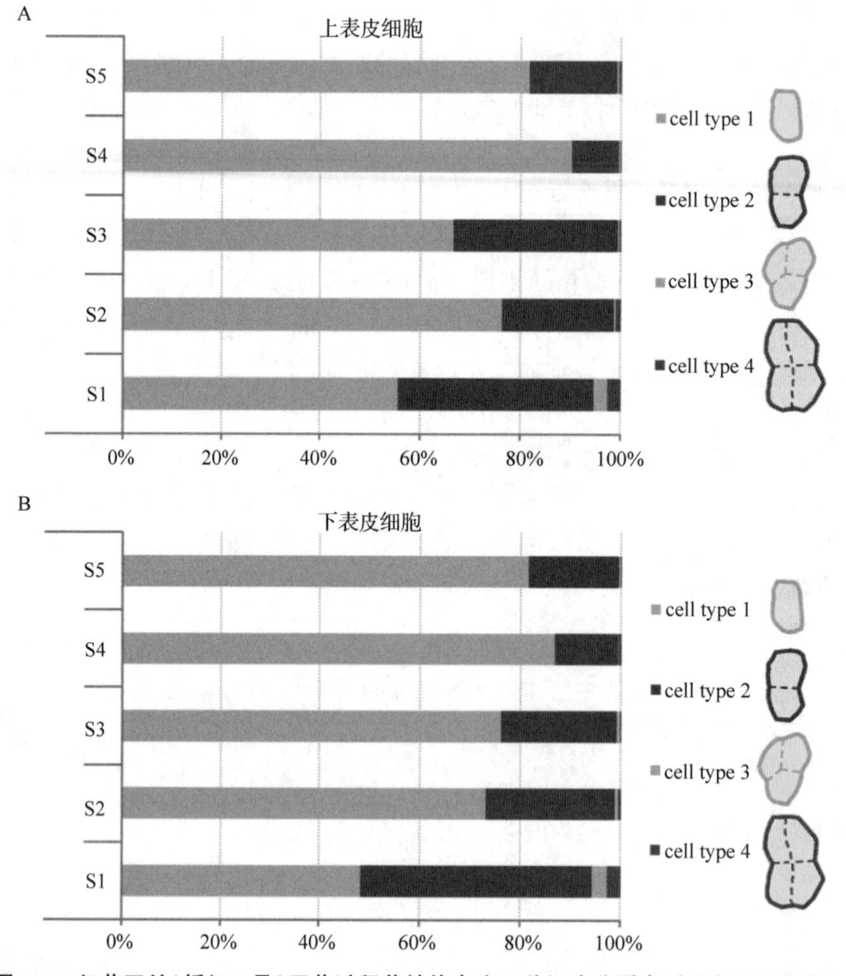

图1.6 红花玉兰‘娇红1号’开花过程花被片表皮4种细胞分裂类型所占百分比变化

行少量的继续分裂活动。花被片下表皮细胞形态百分比在S5期也存在相似的变化规律。与上表皮不同的是，下表皮细胞在S1期第1种细胞形态占比与第2种细胞形态占比相近，分别为48.3%和45.8%。

1.2 红花玉兰花被片形态定量评价与形态建成模式

1.2.1 材料与方法

1.2.1.1 试验材料

同1.1.1.2。

1.2.1.2 红花玉兰花被片形态定量评价方法

本研究采用傅里叶描述子和主成分分析法(elliptic Fourier descriptors and principal component analysis，EF-PCA)对花被片的形态进行定量评价。傅里叶描述子是基于物体形状边界曲线的傅里叶变换系数，EF-PCA法能够将植物器官形状轮廓通过数学的方法用傅里叶描述子描述轮廓的坐标信息，然后将这些描述子进行主成分分析，它的优点首先在于能够识别形状的细微变化，其次是分析物体形状时能够具有旋转、平移和尺度不变性，目前在花瓣形状比较研究中已有广泛应用。参考东京大学的EF-PCA法，用其开发的SHAPE v1.3软件包(Chain Coder、Chc2Nef和Prin Comp)处理图像。具体操作步骤如下：

(1)取材

在品种或无性系中随机各选择3棵长势良好的植株，在每株植物中随机取3朵新鲜的S5时期玉兰，取最外轮3个花被片(4种材料×3棵植株×3朵花×3个被片=72个花被片)放入植物标本夹中压平，目的是为了降低花被片表面弯曲对形状轮廓的影响。

(2)获取花被片图像

用单反相机垂直于花被片表面拍摄照片，并在拍摄同时添加30mm×30mm的比例尺。在Image J中将JPG格式的图片转化为24位色的位图，图片格式为.bmp。

(3)Chain Coder链码转化

首先在Chain Coder中选择要处理的图片，设置图中的比例尺，然后将位图二值化，将形状的封闭轮廓用从空间中指定的一个起始点开始逆时针测量的一系列点的xy坐标信息表示，数据的形式为链码，以此类推加载并处理完所有的图片，将结果保存为.chc格式的文件。

(4)Chc2Nef傅里叶变换和归一化

在Chc2Nef中加载上述操作得到的链码文件，为了避免花被片大小、旋转角度以及轮廓的起始点位置对分析的影响，将链码进行傅里叶变换后以第1个谐波产生的椭圆为基础进一步将傅里叶描述子的系数归一化，保存文件为.nef格式。

(5)主成分分析

使用Prin Comp加载上述归一化的椭圆傅里叶描述子系数，运行主成分分析法程序计算得出有效主成分的个数，进一步分析每个主成分对花被片形状的贡献率和累积贡献率。基于特征值向量矩阵对一定数量的傅里叶描述子系数进行傅里叶反变换，并设置每个特定主成分上的得到的值等于 mean±2*SD*，而剩余主成分的值为零，从而可视化不同主成分对花被片形状的影响。

1.2.2 结果与分析

1.2.2.1 不同红花玉兰品种花被片的发育过程及形态特征

以花被片形状差异明显的 4 种红花玉兰为试验材料，包括具有倒阔卵形花被片的由红花玉兰原种嫁接培育出的品种‘娇红 1 号’(以下简称 JH1)以及 3 个由红花玉兰变种嫁接培育出的‘娇莲’(以下简称 JL)和尚未进行新品种审定的无性系 O 和 M。其他 3 种红花玉兰的开花过程如图 1.7 所示，从 S1 至 S5 期分别呈现出了不同的花被片形态变异。此外，这 3 种红花玉兰的花型与 JH1 也有明显区别：JL 具有卵圆形的花被片，花型为荷花型；O 具有长倒卵形的花被片，花型为直筒型；M 具有披针形的花被片，花型为菊花型；JH1 花型为月季型或郁金香型。

图 1.7 3 种红花玉兰材料开花时期的形态特征

根据花芽的连续物候观察结果，红花玉兰花芽在 4 月底开始分化，花原基外由多层苞片包被，随后花原基边缘出现花瓣原基，然后再依次分化出雄蕊原基和雌蕊原基，整个分化过程持续至 6 月初。从 2017 年 6 月 1 日起至 2018 年 3 月 2 日花蕾开花前在固定时间内测量去除苞片后的花芽长度和直径。如图 1.8 所示，总体上无性系 O 的花芽比另外 3 种红花玉兰长，JH1 的花芽长度在 4 种红花玉兰中最短。JH1、O 和 M 的花芽在 7 月 15 日之后伸长速度开始变慢，而 JL 花芽的增长在 8 月 1 日后才变缓，4 种红花玉兰的花芽直至次年的 1 月下旬解除休眠后出现较大的伸长幅度。从 2018 年 1 月 22 日至 3 月 2 日花芽增长速度急剧加快，其中增长最明显的是 O，开花前花芽长度达到了 47.75±1.47mm。JH1 和 M 在 6 月 1 日的花芽长度相近，分别为 5.07±0.22mm 和 5.21±0.48mm，并且这两种红花玉

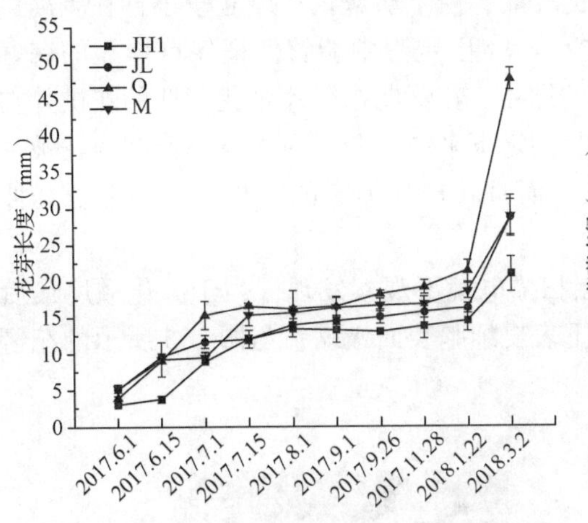

图1.8　4种红花玉兰材料的花芽长度变化

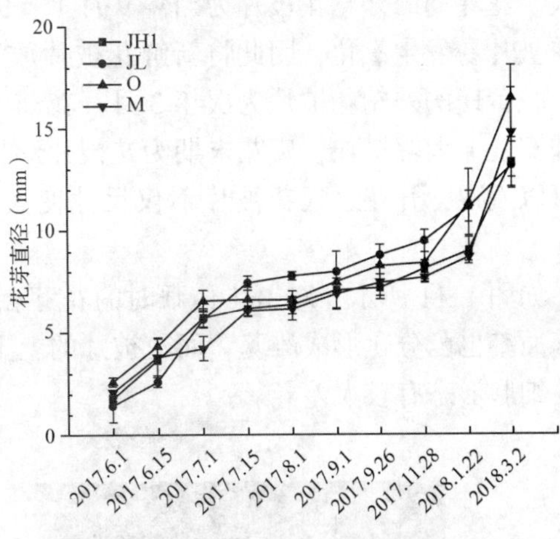

图1.9　4种红花玉兰材料的花芽直径变化

兰的花芽长度在开花前也相近，分别为28.75±2.33mm和28.87±2.20mm。

如图1.9所示，4种红花玉兰的花芽直径分别在6月和次年1月后有明显的增加趋势，JH1和M的花芽直径在整个6月的增长速率近乎一致，在7月的增速变缓。JL的花芽直径在花芽发育前期增加明显，从7月15日至11月28日花芽直径均大于其余3种红花玉兰，生长至开花前与JH1的直径相近，分别为13.35±1.20mm和13.20±1.14mm。O的花芽直径在开花前最高，达到了16.50±1.60mm，其次是M，花芽直径为14.80±2.20mm。综上所述，O的花芽尺寸是4种红花玉兰中最大的，尤其在整个花发育后期均保持了较高的生长速率。红花玉兰花芽尽管在夏季和冬季仍在发育，但整体上发育速度较低。花芽在解除休眠后进入迅速生长期，推测在开花前生理生化活动十分活跃。

如图1.10所示，通过比较4种红花玉兰花芽期、花蕾期和盛花末期的花被片形状发现，其基本形状在发育初期即表现出显著差异，在开花过程中不同部位的生长速度差异也

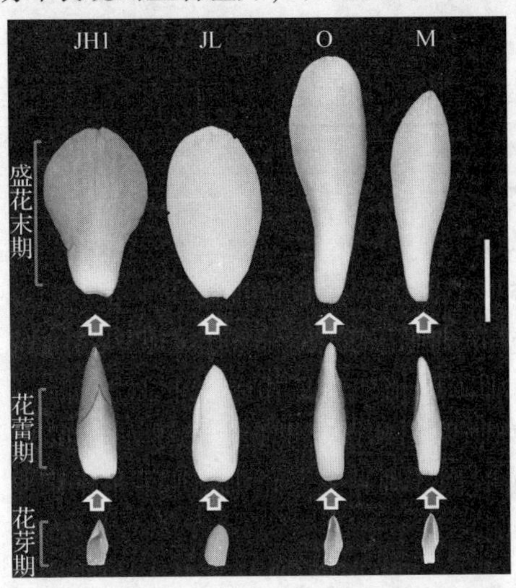

图1.10　各红花玉兰材料不同发育时期最外轮花被片的形态特征

注：图中比例尺为3cm

较大。花芽期的外轮花被片为当年 9 月 1 日的样品，由于幼嫩花芽尺寸较小且在剥离过程中花被片易发生氧化，因此将新鲜花被片放入 FAA 固定液中能够保证保存样品的完好程度。花蕾期的外轮花被片为次年 3 月开花前的样品。花蕾期花被片较花芽期的花被片在长度和宽度上大幅增加，盛花末期为花被片形状固定下来的时期，通过与花蕾期的花被片比较可以发现，开花过程花被片不仅尺寸变大，而且花被片形态的明显特征是伸长和伸展变平。

如图 1. 11 所示，对 JH1 休眠时的花芽在扫描电镜下观察发现，列于分化顺序最后的雌蕊原基也已分化形成雌蕊，而花被片的上下表皮细胞表面皱缩，与图 1. 5 所示的花蕾期表皮细胞形态有较大差异。

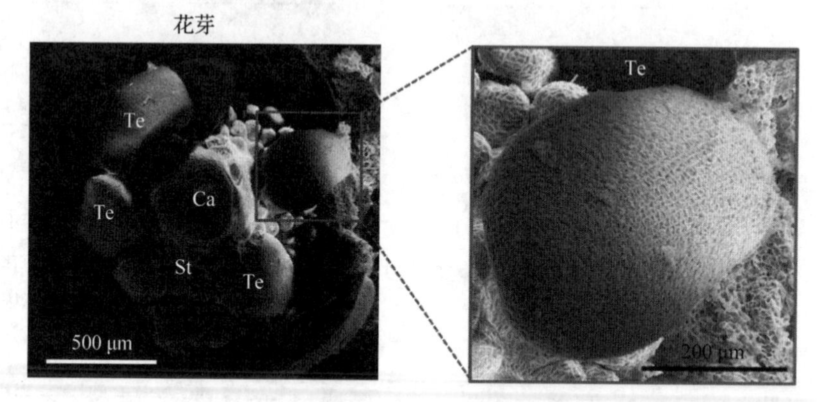

图 1. 11　红花玉兰 JH1 花芽的花被片形态

Te：花被片；Ca：雌蕊；St：雄蕊

此外，在花芽发育过程中，各材料的苞片数也不同，并且随着花芽的膨大苞片逐渐脱落。各材料花芽的平均苞片数目见表 1. 3，红花玉兰被毛的苞片有两层，第一层在花芽不断增大的过程中停止发育陆续脱落，进入冬季前内层的被毛苞片会持续保留至第二年 3 月开花前脱落，此时 JL 和 O 的苞片平均仅有 2 片，而 JH1 和 M 的苞片平均有 3 片。

表 1. 3　4 种红花玉兰材料的花芽平均苞片数目

观察时间	JH1	JL	O	M
2017. 6. 1	5	4	4	5
2017. 6. 15	5	4	4	5
2017. 7. 1	5	4	4	5
2017. 7. 15	5	4	4	5
2017. 8. 1	4	4	4	5
2017. 9. 1	4	4	4	4
2017. 9. 26	4	3	3	4
2017. 11. 28	3	2	2	3
2018. 1. 22	3	2	2	3
2018. 3. 2	3	2	2	3

1.2.2.2 不同形状花被片的形态比较与分析

通过测量红花玉兰 JH1、JL、O 和 M 从 S1 至 S5 期的花被片长和宽($n=20$)以及计算出的长宽比可以发现，在花蕾期 S1 花被片长度从大到小的排列顺序是：O>M>JL>JH1，其中 JH1 的花被片长度仅 28.30mm，比 JL 短 17.03mm；花被片宽度从大到小的排列顺序是：O>JL>M>JH1；花被片长宽比从大到小的排列顺序是：M>O>JL>JH1。到了形状固定时期 S5 花被片长度从大到小的排列顺序是：O>M>JL>JH1；花被片宽度从大到小的排列顺序是：JL>JH1>O>M；花被片长宽比从大到小的排列顺序是：O>M>JH1>JL。

如图 1.12 所示，4 种红花玉兰的花被片长度在开花过程中不断增加，其中 O 和 JH1 从 S4 至 S5 期的增长幅度最小；M 和 JL 的花被片长度在 S5 期达到最大值，分别为 81.50mm 和 78.05mm。如图 1.13 所示，JH1 花被片宽度平均值为 39.80mm，M 花被片宽度平均值最小，为 26.15mm。4 种红花玉兰的花被片宽度在开花过程中也不断增加，其中 JL 的花被片宽度从 S4 期的 35.94mm 增加至 44.15mm，增幅最大；其次是 M 的花被片宽度从 S4 至 S5 期增加了 2mm。

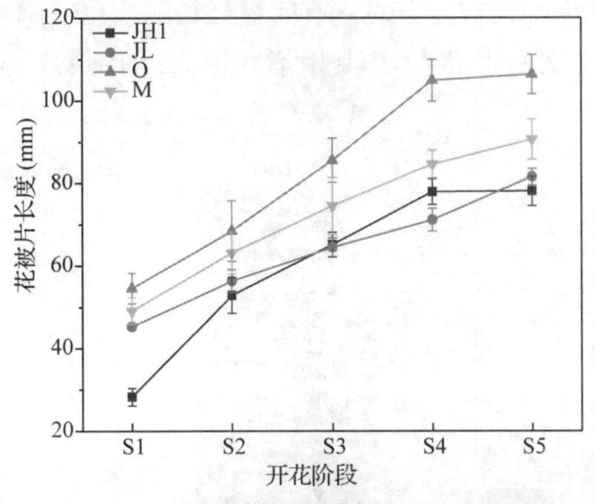

图 1.12　4 种红花玉兰材料开花过程的花被片长度(平均值±SD)

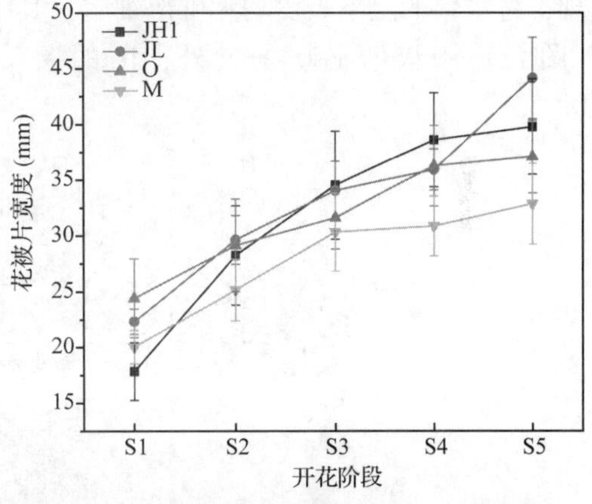

图 1.13　4 种红花玉兰材料开花过程的花被片宽度(平均值±SD)

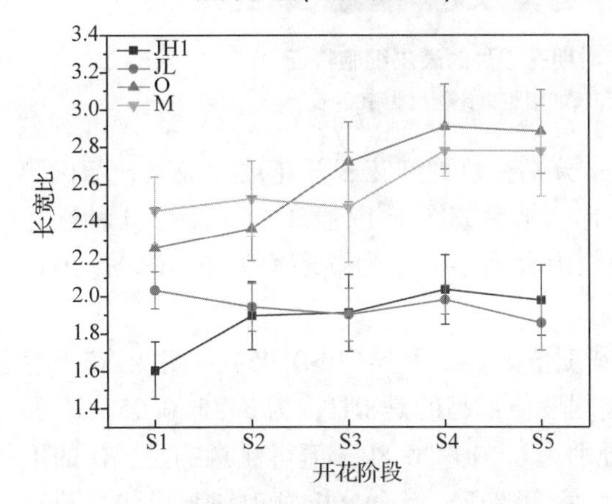

图 1.14　4 种红花玉兰材料开花过程的花被片长宽比(平均值±SD)

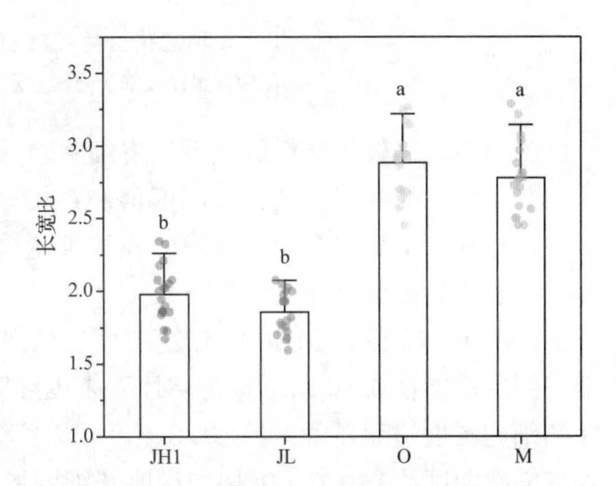

图 1.15　4 种红花玉兰材料 S5 时期的花被片长宽比(平均值±SD)

注：图中散点表示每个花被片的测量值。

如图 1. 14 所示，随着花被片长度和宽度的变化，4 种红花玉兰的花被片长宽比也在不断波动，其中 S3 至 S4 时期是长宽比明显增加的时间段，说明从半开至盛花阶段花被片的长度增加更为显著。而 S4 至 S5 期花被片长宽比有所下降，说明至花被片形态达到稳定的过程中其宽度的变化幅度大于长度。如图 1. 15 所示，O 的花被片长宽比最高，说明其形状最为狭长。JH1 和 JL 的花被片长宽比平均值分别为 1. 98 和 1. 86，二者差异不显著($P>0.05$)；O 和 M 的花被片长宽比平均值分别是 2. 88 和 2. 78，二者差异也不显著($P>0.05$)。JH1 的花被片最宽处在顶端部分，而 JL 的花被片最宽处在中部，二者的形状分别是倒阔卵形和卵圆形；O 的花被片顶端钝形，而 M 的花被片顶端渐尖，二者的形状分别是长倒卵形和披针形。

由此可见尽管 JH1 和 JL，以及 O 和 M 的花被片长宽比相近，但各自的形状却不同，所以仅用长宽比这项指标并不能准确描述花被片的形状，还需引入花被片的最宽处在基部、中部或顶部的形态特征加以说明。

如图 1. 16 所示，对红花玉兰 JH1、JL、O 和 M 的 S5 时期花被片最宽处表皮细胞观察发现，各材料的上下表皮均无锥形细胞，其中 O 的花被片下表皮有明显伸长的表皮细胞分布(图 1. 16 中灰色箭头)。此外，JL 的上表皮细胞形状与 JH1 相似，但 JL 的细胞尺寸更大。

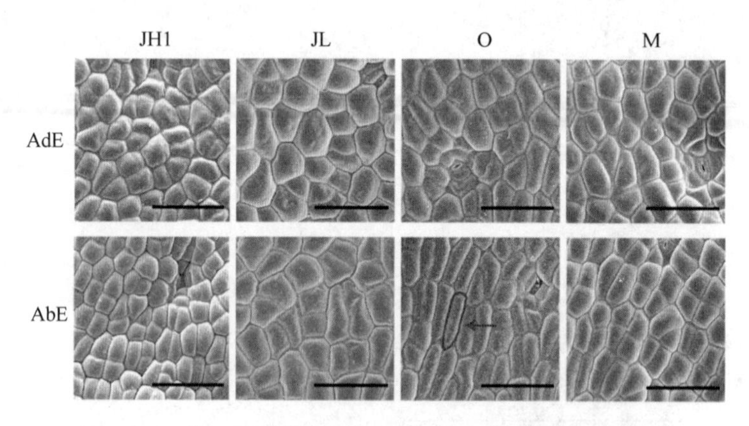

图 1. 16　4 种红花玉兰材料 S5 时期花被片的表皮细胞特征

注：图中灰线段及箭头突出显示伸长的细胞，比例尺为 100μm。

为了系统比较各材料的上下表皮细胞差异，分别在每种红花玉兰花被片最宽处随机测量 400 个细胞的面积、周长、圆度值和纵横轴比。结果如图 1. 17 至 1. 20 所示，4 种红花玉兰花被片上下表皮细胞的细胞面积和细胞周长由大到小的排列顺序均为 JL>O>M>JH1，并且上表皮的细胞尺寸均大于下表皮。

如图 1. 19 所示，JH1 和 JL 的上表皮细胞圆度值无显著差异($P>0.05$)，4 种红花玉兰细胞圆度值均在 0. 80 以上。花被片下表皮细胞圆度值最高的是 JH1，为 0. 85±0. 05。JL 和 M 的细胞圆度值无显著差异($P>0.05$)，均值分别为 0. 81 和 0. 80。值得注意的是，O 的下表皮细胞圆度值为 0. 69±0. 10，说明其细胞形状最为狭长，综合分析发现细胞形状与花瓣形状可能具有一定相关性。

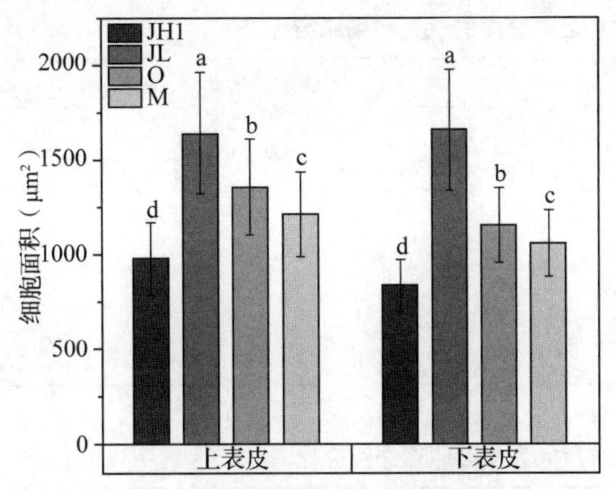

图 1.17　4 种红花玉兰材料 S5 时期花被片的表皮细胞面积（平均值±*SD*）

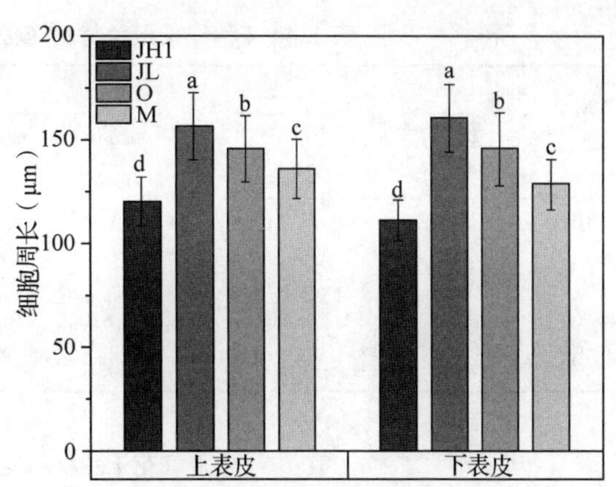

图 1.18　4 种红花玉兰材料 S5 时期花被片的表皮细胞周长（平均值±*SD*）

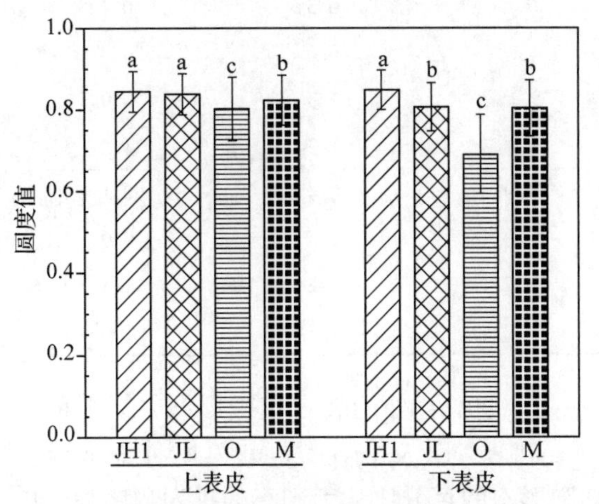

图 1.19　4 种红花玉兰材料 S5 时期花被片的表皮细胞圆度值（平均值±*SD*）

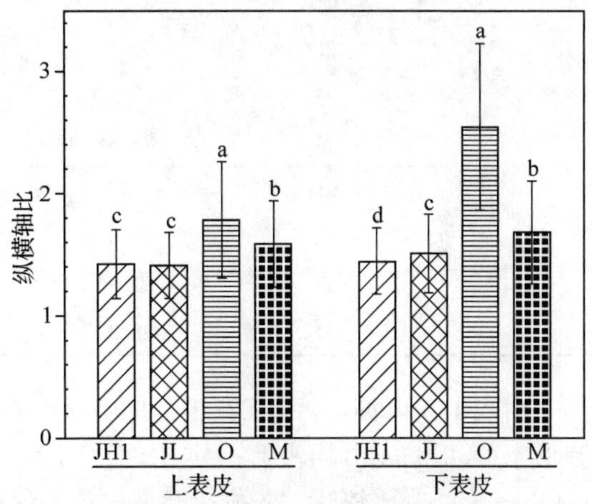

图 1.20　4 种红花玉兰材料 S5 时期花被片的表皮细胞纵横轴比（平均值±*SD*）

细胞纵横轴比相当于叶片和花瓣形状分析中的长宽比，为细胞最长轴和最短轴的比值。如图 1.20 所示，O 的下表皮细胞纵横轴比在 4 种红花玉兰中最高，平均值达到了 2.54。而下表皮细胞纵横轴比最小的是 JH1，平均值为 1.44。同时，O 的上表皮细胞纵横轴比也在 4 种红花玉兰中最高，为 1.79±0.48。由此也能够说明总体上红花玉兰在花被片形状固定的时期其上表皮细胞比下表皮细胞更圆，而这种形状差异可以通过纵横轴比更直观地展现出来。

对每种材料 20 个视野内的细胞计数统计结果见表 1.4。JL 的上表皮和下表皮细胞密度均在 4 种红花玉兰中最低，分别为 771 和 733 个·mm^{-2}。而 JH1 的表皮细胞密度在 4 种红花玉兰中最高，分别为 1141 和 1459 个·mm^{-2}。除 JL 的上表皮细胞密度大于下表皮密度之外，其余 3 种红花玉兰的上表皮细胞密度均小于下表皮细胞密度。同时，JL 的上下表皮气孔密度和气孔指数在 3 种红花玉兰中也最低，侧面反映了 JL 细胞体积的增大程度是 3 种红花玉兰中最高的。此外，每种红花玉兰上下表皮的气孔密度相差不明显。

表 1.4　4 种红花玉兰材料花被片上下表皮的气孔和细胞特征

材料	上表皮			下表皮		
	气孔指数(%)	气孔密度(个·mm^{-2})	细胞密度(个·mm^{-2})	气孔指数(%)	气孔密度(个·mm^{-2})	细胞密度(个·mm^{-2})
JH1	1.8	21	1141	1.5	22	1459
JL	0.9	7	771	0.8	6	733
O	1.3	10	820	1.3	11	877
M	1.8	16	901	1.9	18	951

表 1.5　4 种红花玉兰材料花被片的表皮细胞形态百分比

位置	品种	cell type 1(%)	cell type 2(%)	cell type 3(%)	cell type 4(%)
上表皮	JH1	81.7	17.4	0.5	0.4
	JL	95.1	4.9	0.0	0.0
	O	89.5	9.1	1.3	0.0
	M	85.3	12.4	1.2	1.2
下表皮	JH1	81.7	17.9	0.4	0.1
	JL	91.8	6.7	1.5	0.0
	O	83.6	13.7	1.2	1.5
	M	78.0	19.2	1.2	1.6

由表 1.5 可见，4 种红花玉兰的花被片在盛花末期最宽处的表皮细胞形态中第 1 种细胞形态(cell type 1)均占有一定比例，而第 3 种细胞形态(cell type 3)和第 4 种细胞形态(cell type 4)占比较低。花被片上表皮第 1 种细胞形态的百分比从大到小的排列顺序为：JL>O>M>JH1。其中，JL 的花被片上表皮第 1 种细胞形态百分比高达 95.1%；第 2 种细胞形态占 4.9%，说明 JL 的表皮细胞大部分已分裂成为单个细胞。下表皮第 1 种细胞形态百分比从大到小的排列顺序为 JL>O>JH1>M。其中，M 的花被片第 2 种细胞形态百分比为 4 种红花玉兰中最高，达 19.2%；第 1 种细胞形态占 78.0%，说明 M 的花被片下表皮细胞仍保持低水平的细胞分裂活力。O 的花被片下表皮第 1 种和第 2 种细胞形态的比例分别为 83.6%和 13.7%，说明其下表皮细胞也处于较低水平的细胞分裂状态中。

在 2019 年的 7 月 15 日和 7 月 31 日分别对 JH1、JL、O 和 M 随机 3 个花芽的最外轮 3 个花被片的表型进行测量发现，花被片在这期间的长和宽有不同程度的增长，增长幅度范围在 1~3mm 之间，并且在发育过程中长宽比指标也在变化(表 1.6)。已知 JH1、JL、O 和 M 盛花末期花被片的长宽比分别为 1.98、1.88、2.88 和 2.78，均比花芽时期的花被片长宽比数值大，这预示着花被片在解除休眠后的花芽快速生长期以及开花过程中其长度的增加幅度要超过宽度的增加幅度，说明花被片的整体形状还将进一步拉伸变长。

表 1.6　4种红花玉兰材料花芽时期花被片的形态特征

材料	2019年7月15日			2019年7月31日		
	长(mm)	宽(mm)	长宽比	长(mm)	宽(mm)	长宽比
JH1	10.81±1.03	7.33±0.73	1.48±0.11	12.84±0.60	8.90±1.35	1.47±0.23
JL	9.96±0.58	7.32±0.51	1.37±0.14	12.03±1.08	8.27±0.51	1.46±0.13
O	14.72±0.49	6.46±0.42	2.29±0.17	16.41±0.68	8.55±0.91	1.93±0.17
M	13.27±1.39	6.14±0.41	2.16±0.18	14.25±1.38	7.51±0.51	1.90±0.11

1.2.2.3　基于EF-PCA的花被片形状定量评价体系

椭圆傅里叶描述子的谐波越多则代表的物体形状更为准确，但此精确度随着谐波数量的增加会上升到一个相对恒定的值。将第 n 个谐波的归一化傅里叶系数用 an、bn、cn 和 dn 表示，在本研究中使用椭圆傅里叶描述子的前20个谐波来代表红花玉兰的花被片形状，除去在归一化时使用的3个常量系数(a1、b1和c1)，一共用77个傅里叶系数来描述4种红花玉兰花被片的形状。在实际观察中考虑到花被片轮廓可能受形状的不规则和不对称性影响，因此在对形状变异的主成分贡献率计算时，将分析过程分为对称组A和不对称组B分别进行。对称组A使用 an 和 dn 系数共计39个，不对称组B使用 bn 和 cn 系数共计38个，运行主成分分析后得到的主成分特征值及贡献率见表1.7。根据计算结果，以组内贡献率高于1%为标准，对称组A的有效主成分为PC1和PC2，组内累积贡献率为98.67%，其中PC1在组内的贡献率高达95.26%。按组内贡献率高于1%的标准，虽然不对称组B的有效主成分实际上有5个，但根据计算结果，对称组A的总变异特征值为 185.09×10^{-4}，占形状总体变异的97.36%；而不对称组B的总变异特征值仅为 5.01×10^{-4}，占形状总体变异的2.64%。因此本研究不对称组的主成分仅列举前4个。由此说明基部或顶部的弯曲或偏斜造成的花被片不对称性对花被片整体形状没有太大影响。

表 1.7　对称组和不对称组的主成分特征值及贡献率

主成分	对称组A			不对称组B		
	特征值(10^{-4})	组内贡献率(%)	总贡献率①(%)	特征值(10^{-4})	组内贡献率(%)	总贡献率(%)
PC1	176.33	95.26	92.75	3.45	68.89	1.82
PC2	6.31	3.41	3.32	0.49	9.74	0.26
PC3	1.00	0.54	0.53	0.36	7.24	0.19
PC4	0.65	0.35	0.34	0.20	4.03	0.11
总变异	185.09			5.01		

①总贡献率为各成分特征值占两组傅里叶系数总变异的百分比。

基于特征值向量矩阵分别对对称组A的PC1和PC2以及不对称组的PC1到PC4的傅里叶系数进行傅里叶反变换重建形状轮廓，对每个特定主成分使用平均系数加减标准差的形式，并设置剩余主成分的值为零，从而可视化不同主成分对花被片形状的影响。如图1.21所示，对称组A的PC1与花被片的长宽比有关，其值越大，则花被片越宽，反之其值越小，花被片越窄，因此将 PC1 称为形状系数因子；PC2 与花被片基部和顶端的弯曲弧度变异有关，因此将该主成分称为弧度因子。不对称组 B 的 PC1 代表的是花被片两侧不对称变异，因此可以将这一主成分称为两侧不对称因子，PC2、PC3 和 PC4 分别代表花被片基部、顶端和根部的不对称变异。

同样地，将 4 种红花玉兰的归一化傅里叶系数平均值分别进行傅里叶反变换后可以得出各材料花被片的平均封闭轮廓，如图 1.22 所示。此外，在试验中选取 4 种红花玉兰各自最具代表性的叶片扫描后得到图 1.23，经比较叶片形状与花被片的形状有一定相似度，尤其是 JL 和 M 的叶片，它们的形状分别为卵圆形和披针形。

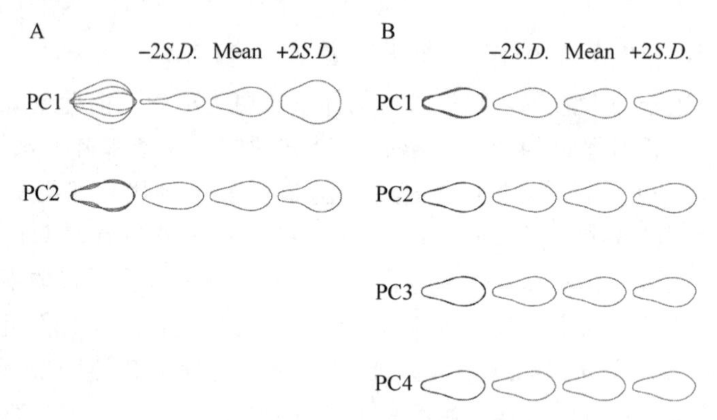

图 1.21　主成分对花被片形状的影响

A：形状的对称变异；B：形状的不对称变异

注：Mean 代表平均值，*SD.* 代表标准差，第一列为傅里叶系数为 Mean±*SD.* 时的形状轮廓的叠加效果。

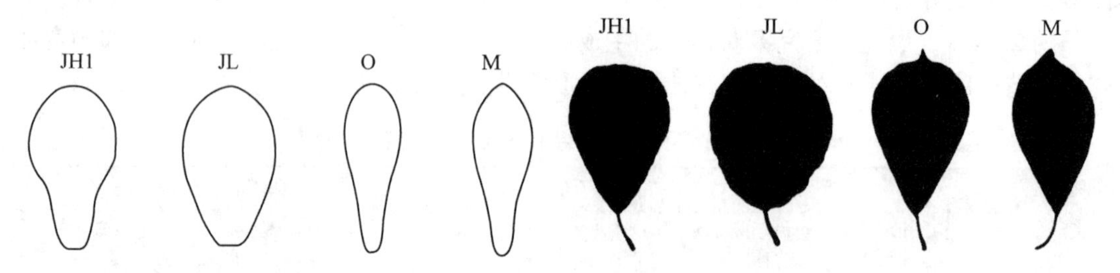

图 1.22　4 种红花玉兰材料的平均花被片形状　　**图 1.23　4 种红花玉兰材料的叶片形状**

1.2.2.4　红花玉兰花被片的形态建成模式

根据不同花被片形状红花玉兰的花发育过程，从休眠时的花芽、开花前的花蕾以及盛花末期成熟花被片的形态特征可以按比例构建出红花玉兰花被片形状的发育模型(图 1.24A)。如图 1.24B 所示，花芽的整个分化过程完成后，花被片已形成初始的形状，在次年早春破除休眠后增加花被片的长度和宽度，在开花过程花被片的长度和宽度继续增加，使花被片在盛花末期形成最终形状。表皮细胞分裂和细胞扩大的时空分布促成了整个花被片形状的变化。

另外，通过测定 4 种红花玉兰材料开花过程的花被片含水率(图 1.25)发现，随着花被片的发育其含水率也在不断增加，并且在开花后期花被片含水率趋于稳定。由此推测花被片细胞的体积增大可能与液泡化有关。

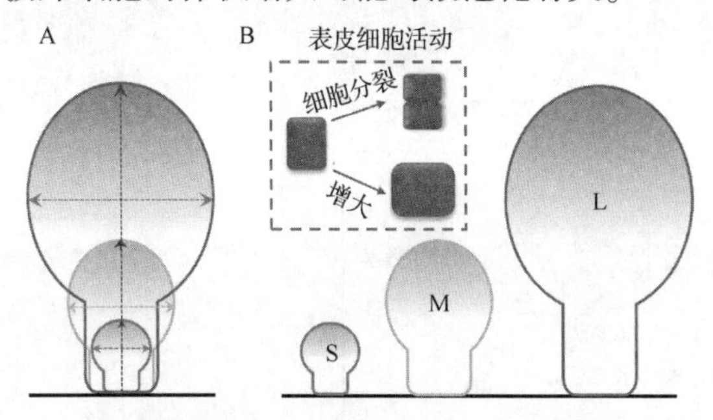

图 1.24　红花玉兰花被片的形态建成模式

S：花芽期花被片；M：花蕾期花被片；L：盛花末期花被片。表皮细胞活动包括细胞分裂和增大。

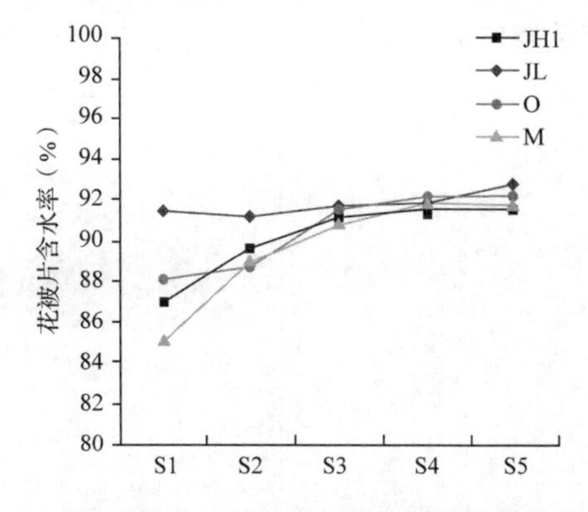

图 1.25　4 种红花玉兰材料开花过程的花被片含水率

综合 4 种红花玉兰花被片从形成开始到发育成熟的过程，可以建立红花玉兰花被片形态建成的细胞发育模式。如图 1.26 所示，红花玉兰花芽在分化结束后进入休眠，此时花被片形态特征表现为表面皱缩。而当破除休眠后，花被片尺寸增加，最明显的特征是花被片表皮细胞体积增大但细胞面积前后无太大差异，由此可以推测从花芽到花蕾期花被片的增大主要通过细胞增殖来实现。当花芽破除休眠后细胞代谢十分活跃，液泡的增大使细胞变得饱满。随后在开花过程中，花被片先是经历大规模的细胞分裂而后细胞分裂速度下降，细胞开始增大。花被片生长后期的形状发育主要依赖于细胞的扩大，而最后形状的“微调”也有低速率的细胞分裂参与其中。

通过比较不同形态花被片的表皮细胞特征可以进一步推测花被片形态多样性的成因，建立红花玉兰花被片的形态变异模型。如图 1.27 所示为花被片细胞的俯视图，中间为模拟的花被片与细胞的初始形态。当花被片表皮细胞分裂时其横轴细胞数量增加(模型 A)或纵轴细胞数量增加(模型 B)将分别导致花被片变宽或变长。而花被片表皮细胞扩大的形式也会使花被片形态发生不同的改变：当细胞各向同性生长时(模型 C)，细胞按比例增大而形状却不改变，花被片尺寸相应地按比例增大；当细胞各向异性生长时(模型 D)，细胞的形状在增大过程中伸长，花被片的形状也随之变长。根据研究结果推测，JH1 和 JL 花被片形态的最终形成可能依赖于“A+C 模型”，O 花被片形态的最终形成可能依赖于“B+D 模型”，M 花被片形态的最终形成可能依赖于“B+C 模型”。

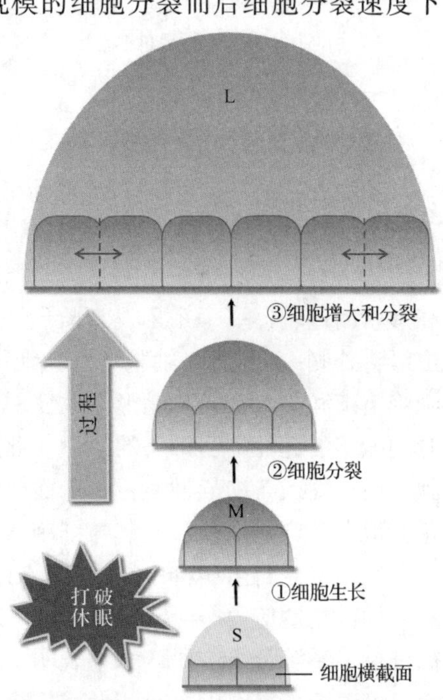

图 1.26　红花玉兰花被片形态建成的表皮细胞发育模式

S：花芽期花被片；M：花蕾期花被片；L：盛花末期花被片

总之，花被片形态特征在分化初期已经决定，花被片的整个形态建成存在一个精密的调控体系，并且能够使花被片的表型稳定遗传。植物内源激素的合成和转运、与形态发育相关的基因表达的时空变化等因素可能对细胞发育有重要的调控作用。

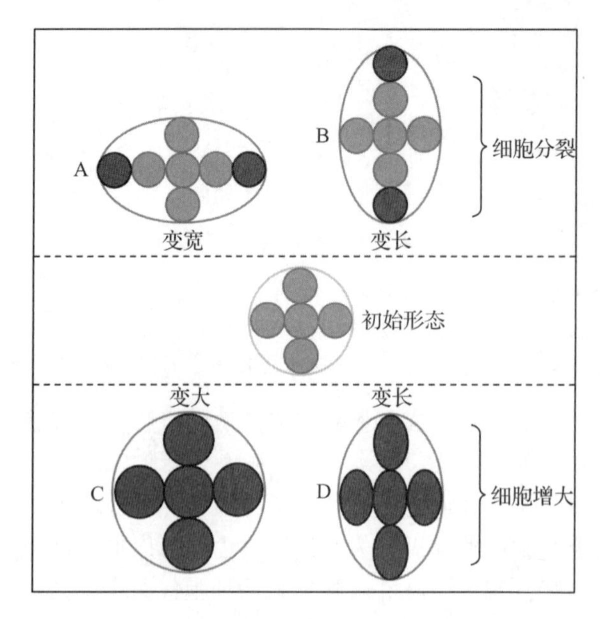

图 1.27　红花玉兰花被片的形态变异模型

注：A 和 B 中黑色细胞表示分裂产生的细胞，C 和 D 中黑色细胞表示增大或伸长的细胞。

1.2.3　讨论

植物花器官在成熟时主要通过花色和气味吸引传粉者，然而花器官的形态也是繁殖成功不可或缺的要素，例如 Campos 等(2015)研究发现喇叭形的花朵比圆盘状的花朵更有利于传粉天蛾发现花蜜。形态建成是指花器官起始以及身份决定后逐渐发育并形成一定尺寸和形状的过程，受一系列发育阶段的控制，如花瓣极性的建立(包括近端—远端，中心—边缘，外侧—内侧)、细胞增殖和细胞扩大等均能在时间和空间上调控花瓣的形状和大小。细胞增殖和扩大被认为是形态改变的主要调控因素，因此通过分别调整这两个阶段的持续时间能够引起花器官形态的改变。此外，细胞内的膨压以及细胞壁的机械特性能够促使细胞各向同性或各向异性生长，进而改变植物细胞和器官的形态(Wang et al., 2019)。因此，花瓣形态多样化的发育机制与细胞增殖和细胞扩大联系十分紧密。

红花玉兰野生居群中花被片(花瓣)的形态存在极为丰富的变异，这可能是对传粉压力的一种进化适应(桑子阳等, 2011)。本研究首次对红花玉兰花被片的形态建成及细胞学特征进行了系统分析。研究结果表明，盛花末期是红花玉兰花被片多样性观察对比的最佳时期，该时期花被片的大小和形状均趋于稳定。此外，大多数被子植物的花瓣表皮都具有特殊的锥形细胞结构，这也是花瓣区别于叶片的识别标记，对花瓣颜色、光反射、润湿性、繁殖成功等均存在显著影响。然而本研究发现，红花玉兰花被片表皮与白睡莲(*Nymphaea alba*)的花瓣表皮特征一致，均不存在锥形细胞这一结构。而木兰类等核心被子植物在演化树上分支的时间点比基部被子植物要晚(Group, 2016), 由此推测红花玉兰花被片结构较为原始。另外, 红花玉兰的花被片上下表皮均含有类似于栅栏组织的细胞结构, 这个特征也区别于大多数被子植物。

Yamada等(2009)研究玫瑰(*Rosa hybrida*)时发现开花前期花瓣表皮细胞主要进行细胞分裂, 开花后期表皮细胞主要进行细胞扩大, 并且在开花时, 海绵薄壁细胞的扩增使花瓣内部产生了大量空隙, 这与红花玉兰的花被片细胞学变化特征一致。Norikoshi等(2015)研究洋桔梗花发育和开花过程中的花瓣形态学变化的结果也表明, 花瓣表皮细胞在开花阶段大部分被膨大的液泡所占据。红花玉兰在花发育过程中细胞体积不断增大, 并且其花被片含水率也在不断增加, 由此推测红花玉兰花被片表皮细胞扩大也主要通过细胞的液泡化来实现。

开花过程中红花玉兰的花被片下表皮发育速度总体较上表皮快, 并且细胞增殖阶段和细胞扩大阶段的过渡均先于上表皮, 与大花美人蕉(*Cana generalis*)的花瓣细胞发育规律一致。二者不同的是, 在花发育过程中大花美人蕉花瓣的气孔密度和气孔指数呈先上升后下降的趋势, 而红花玉兰花被片的气孔密度和气孔指数则呈先下降后上升的趋势。气孔密度受表皮细胞大小影响, 气孔指数则主要反映气孔发生, 花瓣表皮发育过程中当细胞分裂活跃时气孔密度会维持较高的水平, 而当细胞活动主要是体积增大时, 气孔密度会降低。叶片气孔会影响植物的呼吸作用和蒸腾作用, 并且为避免日光直射减少水分流失, 下表皮气孔数要多于上表皮。虽然花瓣气孔不能影响光合作用, 但Azad等(2007)发现郁金香(*Tulipa gesneriana*)花瓣表皮的气孔能够通过调节水分的积累和运输从而影响细胞膨压, 调控花瓣的开合。研究结果显示, 红花玉兰花被片的下表皮气孔数量多于上表皮, 初开时花被片的形态变化主要由细胞增殖引起, 在后续的开花过程中细胞分裂速度逐渐变慢, 细胞扩大成为花被片形态变化的主要原因。红花玉兰盛花末期花被片比盛花期的开放角度更大, 形态更为平整, 花被片尺寸更大, 除了与表皮细胞面积持续增大有关之外, 还可能与细胞仍在进行少量分裂有关。在矮牵牛中细胞分裂均匀分布在整个花瓣中, 并且分裂能力从基部开始逐渐下降, 形成由近端向远端的极性梯度; 而细胞体积首先在花瓣基部增大, 然后逐渐增大至花瓣顶部(Reale et al., 2002)。但是在叶片发育过程中细胞分裂是先从远端再向近端停止, 当叶片顶部细胞已经开始增大时叶片基部的细胞分裂还在继续, 形成由远端向近端的极性梯度。根据红花玉兰花被片最宽处细胞增殖与扩大的变化特征推测其花被片的细胞生长模式与叶片更为相似。

在花芽分化初期, 木兰科木兰属植物白玉兰(*M. denudata*)、'红运二乔玉兰'(*M×soulangeana* 'Red Lucky')和景宁木兰(*M. sinostellata*)的花瓣原基在雄蕊原基和雌蕊原基分化后出现(Fan et al., 2018)。同样地, 红花玉兰只有瓣化的花被片, 无萼片结构, 其花芽分化过程也与上述木兰属植物类似, 花芽在4月底开始分化, 花原基外由多层苞片包被, 随后花原基边缘出现花瓣原基, 然后再依次分化出雄蕊原基和雌蕊原基, 直至6月初花芽完成分化, 花被片的形状基本形成并且不同的红花玉兰能够彼此区分。花芽长度和宽度在此之后的增加速度变缓, 直至次年1月下旬解除休眠后进入迅速生长期, 推测在开花前细胞的生理生化十分活跃。花被片的基部、中部和顶端部位在花芽发育初期到解除休眠至开花后一直处于增长过程, 并且后期的长宽比要高于初期, 说明后期花被片长度的增长幅度要高于初期。尽管长宽比这一指标能够侧面反映花被片的宽窄程度，但实际观察中发现长宽比相似的花被片其形状并不相同，如红花玉兰 JH1 和 JL 的长宽比相似，但二者形状分别为倒阔卵形和卵圆形，O 和 M 的花被片长宽比也无显著差异，但二者形状却分别为长倒卵形和披针形。这可能是因为花被片最宽处的相对位置(上、中、下)，以及花被片基部、中部和顶端的形状共同构成了花被片的形态，仅用长宽比这个指标不能对其准确描述。为此，本研究引入了椭圆傅里叶描述子这一指标对花被片的形状进行定量化描述，结果表明红花玉兰的花被片形态多样化的最主要的原因是花被片在基部、中部和顶部的宽度变化，其次是花被片基部和顶部的边缘弯曲弧度变化。

通过观察不同形状花被片的表皮细胞特征发现，花被片为倒阔卵形的 JH1 花被片最宽，其表皮细胞密度最大，细胞尺寸最小；花被片为卵圆形的 JL 花被片长宽比最低，其表皮细胞密度最低，细胞尺寸最大；花被片为长倒卵形的 O 花被片最长，长宽比最高，其细胞伸长的程度最大；而花被片为披针形的 M 花被片最窄，顶部渐尖，其表皮细胞尺寸仅大于 JH1。综上所述，各红花玉兰花被片的形态从宏观和微观上都有本质区别，在形态建成初期已经有明显差异，后期按照各既定的“生长模型”调控细胞的生长模式从而形成最终的尺寸和形状。研究表明通常情况下植物的形态建成是可复制的——相同物种的植物个体会产生相同大小、形状和功能的器官，此过程与细胞的异质性如生长速率的不同息息相关。本研究发现红花玉兰的花被片形态特征也能稳定遗传，推测从花芽分化、休眠、快速生长和开花过程中花被片的形态建成都受到精密的调控，植物内源激素的生物合成、信号转导以及与形态建成相关的基因表达量的时空变化等因素可能对细胞生长发育有重要的影响。

1.3 红花玉兰花器官发育过程植物激素的变化规律

1.3.1 材料与方法

1.3.1.1 试验材料

同 1.1.1.2。

1.3.1.2 红花玉兰植物激素测定方法

高效液相色谱具有重现性好、灵敏度高、分析快速等优点，已广泛应用于植物激素和生长调节剂研究领域(文静等，2014；仲伶俐等，2016)。由于木本植物组织具有结构复杂、次生代谢物多等特点，因此在植物激素测定中需要选择合适的提取方法和色谱条件。本研究建立并使用了一种适用于红花玉兰植物组织的梯度 HPLC 法来测定花器官中 GA3、IAA 和 ZT 的含量(肖爱华等，2020)。

(1)提取方法

主要分为样品研磨、避光浸提、除杂、萃取等技术环节。准确称取 0.5g 红花玉兰植物组织样品放入预冷的研钵，加入液氮研磨成粉末后再加入 8mL 预冷的 80%甲醇，研磨成匀浆，转入 10mL 离心管中置于 4℃冰箱内避光浸提 15~21h。4℃ 12000 $r \cdot min^{-1}$离心 10min，吸取上清液后在沉淀中加入 4mL 80%甲醇避光浸提 2h。4℃ 12000 $r \cdot min^{-1}$离心

10min，合并上清液至100mL鸡心瓶中。加入1滴氨水，35~40℃减压旋转蒸发至水相(体积约减少2/3)，将水相转移至10mL离心管中，并向鸡心瓶中加入2mL超纯水清洗，合并水相。称取0.1000gPVPP于离心管中，常温摇床振荡20min。12000 r·min^{-1} 离心10min，吸取上清液并用0.1 M HCl调节至pH2.5~3.0。加入等体积乙酸乙酯萃取，重复3次。合并酯相，倒入鸡心瓶中于35~40℃条件下减压浓缩至干。用0.5mL的初始流动相(20%甲醇，80% 0.1M乙酸)溶解后过0.45μm微孔滤膜得到样品待测液，置于4℃冰箱保存，用于测定GA3、IAA。

同样地，准确称取0.5g红花玉兰植物组织用于ZT的提取，提取操作前半部分与提取GA3和IAA的方法相同，在加入PVPP常温摇床振荡并离心吸取上清液后，用pH8.0的PBS磷酸缓冲液调节至pH7.5~8.0。加入等体积pH8.0 PBS饱和正丁醇萃取，重复3次。合并正丁醇相，倒入鸡心瓶中于60℃条件下减压浓缩至干。用0.5mL的初始流动相(20%甲醇，80% 0.1 M乙酸)溶解后过0.45μm微孔滤膜得到样品待测液，置于4℃冰箱保存，用于测定ZT。

(2)色谱条件

色谱仪：美国Agilent 1260高效液相色谱仪，包括四元泵、自动进样器、柱温箱和紫外检测器；色谱柱：Agilent ZORBAX SB-C18(4.6mm×150mm，5μm)；流动相A：甲醇，流动相B：0.1M乙酸。3种植物激素的洗脱时间见表1.8。检测GA3、IAA的梯度洗脱程序运行时间共48min。流速1mL·min；进样量10μL；柱温35℃；检测波长254nm。检测ZT的梯度洗脱程序运行时间共35min。流速1mL·min^{-1}；进样量10μL；柱温40℃；检测波长270nm。

表1.8 检测3种植物激素的梯度洗脱时间表

检测的激素	时间(min)	流动相A(%)	流动相B(%)	流速(mL·min^{-1})
GA3和IAA	0	20	80	1.0
	5	20	80	1.0
	10	30	70	1.0
	20	30	70	1.0
	23	40	60	1.0
	40	40	60	1.0
	45	20	80	1.0
ZT	0	20	80	1.0
	3	20	80	1.0
	8	30	70	1.0
	11	30	70	1.0
	16	50	50	1.0
	25	50	50	1.0
	30	20	80	1.0

(3)植物激素的定量

得到样品色谱图后根据表 1.9 所示的各激素平均保留时间，将各激素色谱峰的峰面积(y)用植物激素的标准工作曲线分别计算出样品中各激素的含量(x，单位为 mg·L^{-1})，再对应样品鲜重统一激素含量的单位为 μg·(g·FW)$^{-1}$。

表 1.9　植物激素的标准工作曲线

植物激素	平均保留时间(min)	回归方程	相关系数	线性范围(mg·L^{-1})
GA3	11.452	y= 0.482x+ 0.1297	0.9996	8.91~285
IAA	16.274	y= 9.0403x+1.2385	0.9996	0.51~130
ZT	3.661	y=48.101x− 20.799	0.9996	0.24~125

1.3.2　结果与分析

植物激素是植物体内能够调节生长发育的微量信号分子。植物激素的生物合成与信号转导能够通过调节下游基因的表达来影响细胞的生理生化活动，从而调控植物器官的形态。为了探究红花玉兰在花芽发育及开花过程中植物内源激素对花被片发育的影响，本研究测定了具有促进细胞分裂功能的 ZT、具有促进细胞伸长功能的 GA3 以及具有促进细胞增大功能的 IAA 这 3 种植物激素在不同形态花被片红花玉兰花发育过程中含量的动态变化。

1.3.2.1　不同红花玉兰品种花芽发育过程植物激素含量

从花芽分化完成进入缓慢生长的休眠阶段(2017 年 8 月 1 日)起，至解除休眠进入快速生长期的 2018 年 1 月 22 日，再到开花前的花蕾期(2018 年 3 月 2 日)，测定了分别具有倒阔卵形 JH1、卵圆形 JL、长倒卵形 O 和披针形 M 的花芽中植物激素的含量。

如图 1.28 所示，JL 花芽的 ZT 含量全程无较大波动，保持在平均 0.96 μg·(g·FW)$^{-1}$ 的水平。JH1 花芽的 ZT 含量的变化规律是先下降后上升再下降，其中在 2018 年 1 月 22 日的快速生长期其含量达到最高水平，平均为 32.22 μg·(g·FW)$^{-1}$。O 花芽的 ZT 含量仅在 2017 年 11 月 28 日达到较高水平，平均为 25.95 μg·(g·FW)$^{-1}$，在其他的发育过程含量均维持在较低水平。总体上 M 花芽的 ZT 含量高于其他 3 种红花玉兰，在 2018 年 1 月 22 日快速生长期时含量高达 79.88 μg·(g·FW)$^{-1}$。4 种红花玉兰在开花前花蕾中的 ZT 含量较低，平均为 1.00 μg·(g·FW)$^{-1}$，说明 ZT 对花芽的快速生长发育有重要作用。

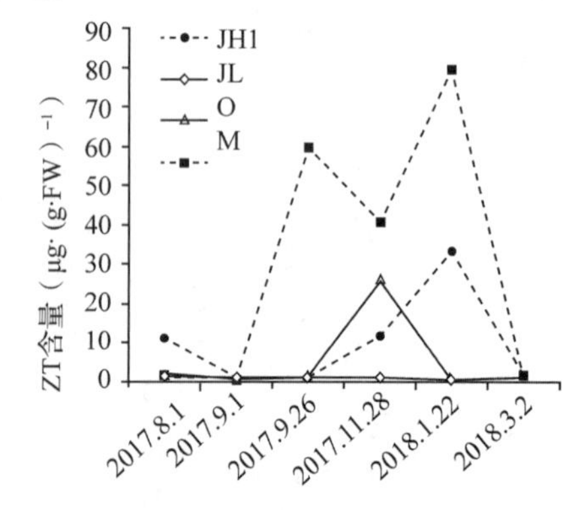

图 1.28　4 种红花玉兰材料花芽发育过程中 ZT 含量的动态变化

如图 1.29 所示，JH1 花芽在发育过程中的 GA3 含量波动不大，平均为 257.24μg·(g·FW)$^{-1}$；JL 的花芽在刚进入缓慢生长期、发育中期以及开花前 GA3 含量较高；O 花芽的 GA3 含量在缓慢生长期中保持较高的水平，而在刚进入缓慢生长期时以及开花前含量较低；M花芽在发育过程中的GA3含量波动较大，尤其在花芽发育中后阶段的GA3含量持续处于上升状态。

如图1.30所示，总体上JH1花芽的IAA含量高于其他3种红花玉兰，在2017年9月1日和2017年11月28日的含量较高，分别为61.52 μg·(g·FW)$^{-1}$和60.93 μg·(g·FW)$^{-1}$。O的花芽的IAA含量在2017年11月28日达到最高，为37.11 μg·(g·FW)$^{-1}$，在2018年1月22日下降后于开花前上升至17.60 μg·(g·FW)$^{-1}$。JL的花芽在2017年9月26日的IAA含量最高，为23.48 μg·(g·FW)$^{-1}$，而M的花芽在刚进入缓慢生长期以及开花前的含量有较高的水平。

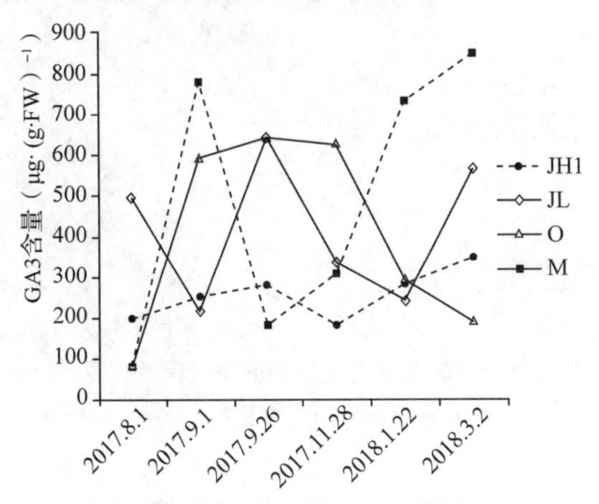

图1.29　4种红花玉兰材料花芽发育过程中GA3含量的动态变化

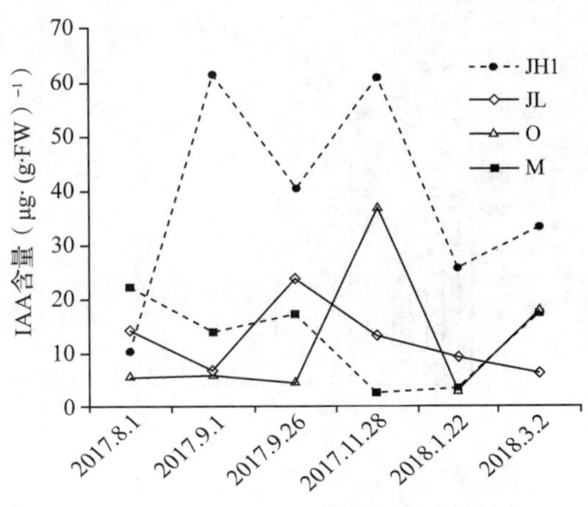

图1.30　4种红花玉兰材料花芽发育过程中IAA含量的动态变化

4种红花玉兰花芽的长度和宽度的测量结果显示，虽然2017年8月1日至2018年1月22日红花玉兰花芽的长度增长幅度较小，但是该时间段内花芽的直径仍在缓慢增加，研究表明在此期间4种红花玉兰的ZT含量均有较高的水平，而在2018年1月22日至3月2日快速发育过程中高水平的GA3和IAA可能对花被片的伸长和变宽有促进作用。

1.3.2.2　不同红花玉兰品种开花过程花被片植物激素含量

在红花玉兰开花过程中花被片的形态发生剧烈变化，与花蕾期的花被片相比不仅尺寸变大而且更加伸长和平展。如图1.31所示，4种红花玉兰S1–S5时期的花被片植物激素含量动态变化规律各具特点，在S2期各激素的含量相对较高，在S5时期各激素的含量相对较低，这与1.2.2.1中细胞分裂和增殖活动在S2时期最为活跃而在S5时期细胞生长速度减缓的推测结果相符。

开花过程中JH1的花被片在S2和S4时期ZT含量较高，分别为5.10 μg·(g·FW)$^{-1}$和4.60 μg·(g·FW)$^{-1}$；JL的花被片ZT含量呈逐渐下降的趋势；O的花被片ZT含量虽然呈先上升后下降的趋势，但其在S2时期之后的花被片ZT含量仍为4种红花玉兰之首；M的花被片ZT含量在S1时期最高，平均为12.05 μg·(g·FW)$^{-1}$，其在S5时期最低，平均为4.35μg·(g·FW)$^{-1}$。

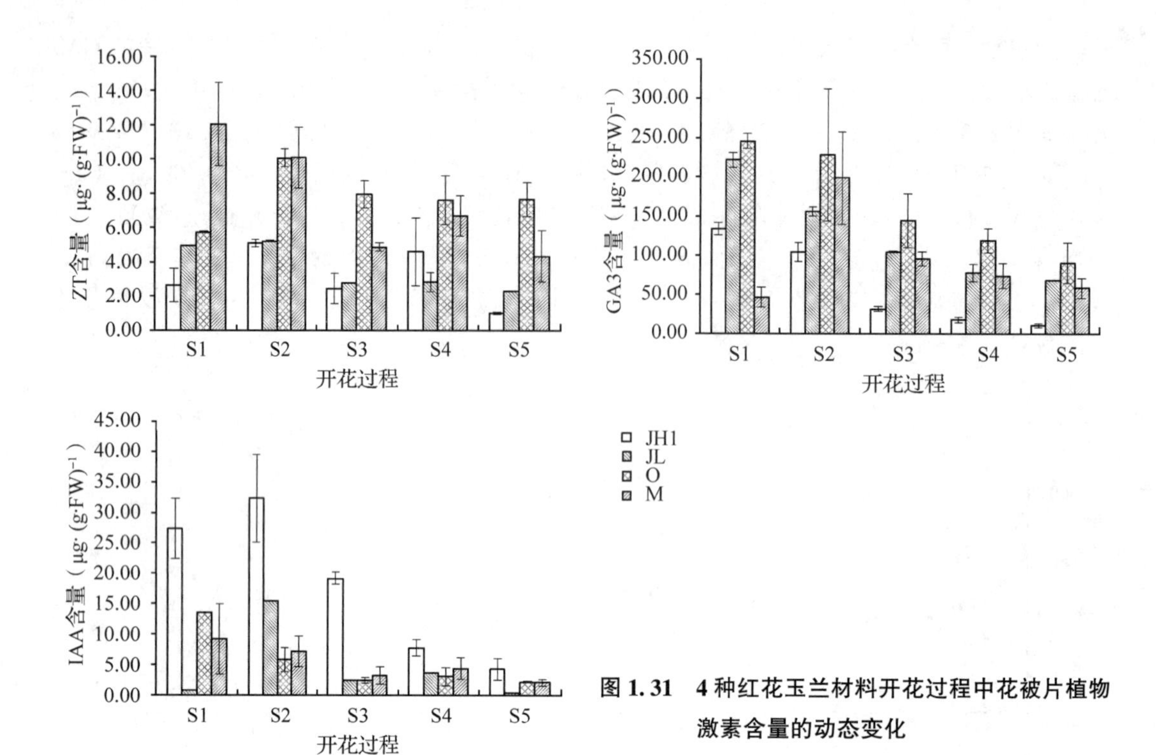

图 1.31　4 种红花玉兰材料开花过程中花被片植物激素含量的动态变化

总体上 4 种红花玉兰花被片的 GA3 含量在 S1–S2 期有较高水平，除 M 的花被片 GA3 含量变化规律是先升高后降低之外，其余红花玉兰均为持续下降的变化趋势。值得注意的是，O 的花被片 GA3 含量在整个开花过程均为 4 种红花玉兰中最高，由此推测高水平的 GA3 可能与该材料花被片的形状伸长和细胞伸长有紧密联系。

JH1 花被片的 IAA 含量在整个开花过程均比其余红花玉兰材料高，变化规律为先升高后降低，并且在 S2 期达到最大值 32.35 $\mu g \cdot (g \cdot FW)^{-1}$。O 和 M 花被片的 IAA 含量均在 S1 期最高，平均值分别为 13.57 $\mu g \cdot (g \cdot FW)^{-1}$ 和 9.18 $\mu g \cdot (g \cdot FW)^{-1}$。JL 花被片的 IAA 含量在 S2 期最高，达 15.42 $\mu g \cdot (g \cdot FW)^{-1}$。由此可见 IAA 对红花玉兰花被片形态发育的作用主要集中在开花前期。

图 1.32A 所示为 4 种红花玉兰花芽发育过程中 IAA/ZT 比值的动态变化规律，可以看出 JH1 在刚进入休眠时的 IAA/ZT 比值较高，随后 ZT 含量不断上升导致 IAA/ZT 比值下降，直到开花前花芽快速生长时这一比值再次上升。O 和 M 花芽的 IAA/ZT 比值变化趋势与 JH1 相近，从 2017 年 9 月 1 日至 2018 年 3 月 2 日比值先下降后上升。

JL 花芽的 IAA/ZT 比值在发育过程中一直处于波动状态，分别在 2017 年 9 月 26 日以及解除休眠后的 2018 年 1 月 22 日有较高值。说明高的 IAA/ZT 比值有利于花芽的生长发育。

图 1.32B 所示为 4 种红花玉兰开花过程花被片 IAA/ZT 比值的动态变化规律，可以看出从 S1 至 S5 时期 JH1 花被片的 IAA/ZT 比值呈总体下降的趋势，并且分别在 S2 期和 S4 期出现了两次转折。虽然 JL 花被片 IAA/ZT 比值的变化趋势与 JH1 相反，但其同样在 S2 期和 S4 期出现了转折。而 1.2.2 的观测结果表明这两个时期是细胞增殖速率与扩展速率

竞争的重要过渡时期，由此说明IAA/ZT比值可能与花被片的形态建成有关。O花被片的IAA/ZT比值在S1时期较高，之后持续降低，在S4时期略微回升。M花被片的IAA/ZT比值在开花过程中均维持较平稳的状态。由此说明4种红花玉兰花被片的植物激素含量变化规律各不相同，预示着它们所引起的细胞生理生化活动也将有所区别。此结果印证了1.2.2中不同形态花被片表皮细胞的发育模式各不相同的预测，同时也表明植物激素在合成后在特定组织中的转运与相互作用关系是错综复杂的，它们的信号转导途径以及进入细胞核之后如何激活下游基因的表达来调控器官形态等问题须进一步深入探讨。

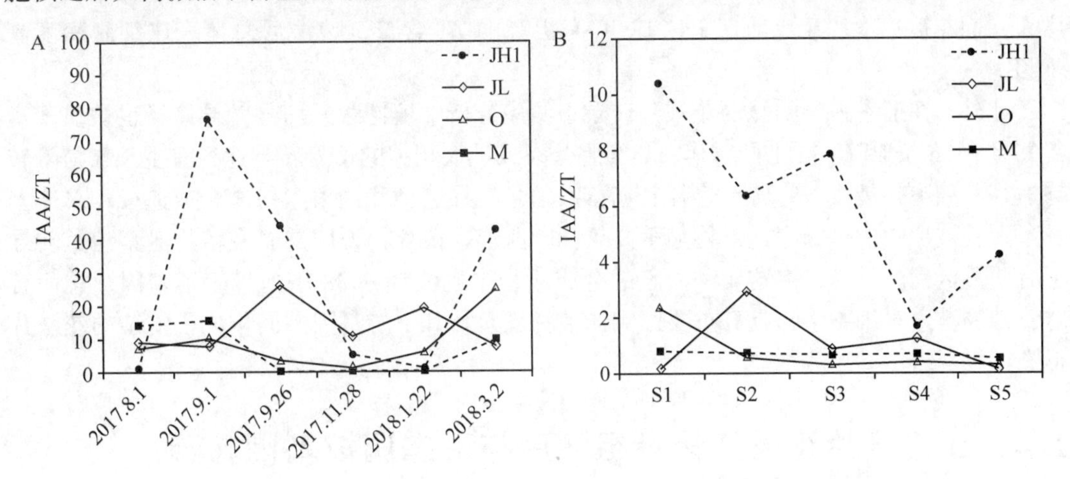

图1.32 4种红花玉兰材料花发育过程中IAA/ZT比值的动态变化

1.3.3 讨论

植物激素是植物中普遍存在的一类微量信号分子，能够独立或协同调控花器官的形态，其作用机理是植物激素生物合成→信号转导→激活下游基因表达→控制细胞分裂和扩大→调控花器官的形态建成。赤霉素(GA)、生长素(IAA)和油菜素甾醇(BR)能够促进细胞生长沿纵轴扩展，脱落酸(ABA)拮抗GA和BR的作用；而细胞分裂素(CK)和乙烯则能够促进细胞沿横轴扩展。在矮牵牛开花过程中花瓣细胞会经历短暂的细胞伸长，这一过程通常与GA的含量升高相关，此外在非洲菊中也发现GA能够促进花瓣和表皮细胞的伸长(Li et al.，2015)。本研究的结果表明不同形态花被片在形态建成中有不同的植物激素变化规律，总体上长倒卵形花被片红花玉兰O在花芽发育及开花过程中的GA3含量高于其他花被片形状的红花玉兰，并且比较形态学研究结果显示O花被片和表皮细胞的伸长程度在4种红花玉兰中最大，由此推断高水平的GA3能够促进花被片以及花被片细胞的伸长，是维持花被片形态发育模式的重要植物激素。

在模式植物金鱼草中生长素信号结合花冠上的发育协调因子形成极性区域，从而通过局部调节花器官组织的变形速率来定位生长模式(Green et al.，2010)。在拟南芥中花瓣发育极性各向趋异，花瓣的生长方向由近端向远端离散，使花瓣顶部呈钝形；而拟南芥叶片发育极性各向趋同，叶片的生长方向由近端向远端收敛，使叶片形状不同于花瓣。本研究发现与其余红花玉兰不同的是，红花玉兰M的花瓣顶部渐尖而不是成钝形，结合生长方向与极性方向垂直时花瓣变宽、平行时花瓣变窄的原理，推测M的披针形花被片形状与生长素的极性运输方向有关。

此外，生长素是促进细胞增大的重要激素，Wang 等(2017)研究发现在地被菊中生长素能够通过促进细胞伸长来调节整个花瓣的伸长。本研究的结果显示，总体上倒阔卵形花被片红花玉兰 JH1 在花芽发育及开花过程中的 IAA 含量以及 IAA/ZT 比值高于其他形状花被片，并且卵圆形花被片红花玉兰 JL 的形态建成中 IAA 含量 IAA/ ZT 比值也相对较高。比较形态学研究结果显示 JH1 和 JL 的花被片形状偏圆，表皮细胞圆度值也高于其余两种红花玉兰，由此推测高水平的 IAA 在红花玉兰中是通过促进细胞的各向同性生长来使细胞增大，而花被片形态建成前期 JH1 比 JL 有更高的 ZT 含量，使最后总体表皮细胞密度高于 JL。

此外，在形态差异明显的花被片转录组测序分析中植物激素信号转导途径也被显著富集并且有 96 条 DEGs 被注释。其中与细胞分裂或扩大相关的信号转导途径有生长素信号转导途径、细胞分裂素信号转导途径、赤霉素信号转导途径和油菜素甾醇合成途径，总体上长条形花被片中的基因表达量均显著高于倒阔卵形花被片，说明二者在植物激素信号转导上有明显区别。另外，在这 4 种激素的合成途径中也注释到 38 条差异表达基因。总而言之，植物激素对细胞生长具有重要影响，植物激素与其下游基因共同构成了复杂的花被片形态调控网络。

1.4 红花玉兰花被片转录组测序与形态调控基因筛选

1.4.1 材料与方法

1.4.1.1 试验材料

同 1.1.1.2。

1.4.1.2 转录组测序方法

(1)样品准备

通过转录组测序(RNA-seq)技术能够定量测定每个转录本(RNA)在发育过程中和不同条件下的基因表达水平变化。选择 JH1 和 DB 这两个花被片形状差异最大的红花玉兰，于 3 月初开花前分别在不同植株上取新鲜花芽 3 个，去除苞片后剥取最外轮花被片用锡箔纸包好做好标记，立即放入液氮中，置于-80℃超低温冰箱内备用。

(2)总 RNA 提取和质量检验

使用 Eastep © Super 总 RNA 提取试剂盒(Promega，美国)提取花被片总 RNA，用 Nanodrop 2000 超微量分光光度计(ThermoFisher，美国)检测 RNA 浓度，确保样品符合测序要求(RNA 总量≥20μg，浓度≥ 250ng·μl^{-1})后，将总 RNA 的离心管用 Parafilm 封口后用干冰送样，进行下一步测序准备。

(3)cDNA 文库的构建与测序

使用 Oligo(dT)磁珠将总 RNA 中的 PolyA mRNA 富集起来，之后使用碎片缓冲剂(fragmentation buffer)将 mRNA 分离成短片段。以 mRNA 为模板，用随机引物(random hexamers)合成第一条 cDNA 链。随后，按照双链 cDNA 合成试剂盒的说明进一步获得第二条 cDNA

链。将这些 cDNA 片段用 Qia Quick PCR 试剂盒纯化后，用洗脱缓冲液对这些片段进行末端修复和末端 poly(A)添加。通过琼脂糖凝胶电泳将合适的片段长度筛选出来，并将其作为模板进行 PCR 扩增。之后将产物构建测序文库并送往广州基迪奥生物技术公司用 Illumina HiSeq TM 2000 进行测序。

(4)数据过滤与处理

将测序后获得的原始文件进行过滤从而获得高质量的 clean reads，主要处理步骤包括：删除包含 adaptor 的 reads；去除 N 占比大于 10%的 reads；去除质量碱基(质量值 $Q \leq 5$)占整个 reads 50%以上的低质量 reads。

(5)数据的拼接组装

基于这些高质量读数，使用 Trinity 软件完成转录组组装。通过 Trinity 软件将 overlap 的 reads 聚类，并根据末端配对信息进一步组装连成更长的片段。为了防止 Unigene 的冗余，仅装配两端不能延长的序列。

1.4.1.3 转录组测序数据分析方法

(1)Unigene 表达量分析及功能注释

Unigene 基本功能注释信息包括 Unigene 的蛋白功能注释、Pathway 注释、COG/KOG 功能注释、GO 功能注释等。将所有组装的 Unigene 序列分别与 NR、Swiss-Prot、KEGG 和 COG/KOG 公共数据库进行 BlastX 分析，从而获得功能注释。

(2)COG/KOG 分类

COG 是指 Cluster of Orthologous Groups(直系同源数据库)，在真核生物中被称为 Eukaryote Clusters of Orthologous Groups(KOG)。构成每个 COG/KOG 的蛋白都是被假定为来自于一个祖先蛋白，因此是来自于不同物种的由垂直家系(物种形成)进化而来的蛋白，并且典型地保留与原始蛋白有相同的功能。

(3)GO 分类

GO 是指 Gene Ontology(基因本体论数据库)。根据 NR(NCBI 非冗余核酸数据库，Non-redundant Protein Database)的 Unigene 序列注释信息，通过 Blast2 Go 软件获得 Unigene 序列的 GO 注释。用 WEGO 软件对所有的 Unigene 序列进行 GO 功能注释信息统计及分析，从而了解红花玉兰基因的功能分布特点。

(4)KEGG 代谢通路分析

KEGG 是指 Kyoto Encyclopedia of Genes and Genomes(京都基因与基因组百科全书)，是用于分析基因产物功能及基因产物在细胞中的代谢通路中的功能的数据库。根据 KEGG 数据库信息，对 Unigene 的功能及代谢途径分配进行了进一步注释。

(5)编码蛋白框预测(CDS)

首先将 Unigene 序列与多个蛋白数据库进行 blastx 比对($E<1.0\times10^{-5e}$)，比对顺序遵循以下优先级 NR、Swiss- Prot、KEGG 和 COG/KOG，直至 Unigene 跟所有蛋白库比对完毕。然后，选取 blast 结果中比对相似度最高的蛋白来确定对应 Unigene 序列的编码区序列，并将该编码区的序列参照密码子表翻译成对应的氨基酸序列。最后，用软件 ESTScan 预测跟以上蛋白库皆比对不上的 Unigene 编码区，得到其编码区的核酸序列(序列方向 5′→3′)和

氨基酸序列。

(6)基因表达量的计算

使用 RPKM 方法(Reads Per kb per Million reads)计算基因表达量，计算公式为：

$$RPKM=\frac{1000000\times C}{N\times L}$$

式中，*RPKM* 代表 Unigene A 的表达量，*C* 是比对上的 UnigeneA 的 reads 量，*N* 是比对上的所有 Unigene 的总的 reads 量，*L* 是 Unigene A 序列包含的碱基数量(1000bp)。

(7)Unigene 本地化 blast

基于模式植物拟南芥的已知基因信息推测 Unigene 的功能，在 NCBI 中下载 BLAST 软件并安装，根据 Unigene 的序列信息建立本地化数据库，选择不同的 blast 的类型将要查询的拟南芥基因序列与本地化数据库中的红花玉兰 Unigene 比对得到结果，包括 subject ID (匹配到的 Unigene)、identity(匹配区域的一致性比率)、alignmentlength(匹配区域长度)、evalue(序列匹配的假阳性概率)和 score(序列匹配的得分值)等关键信息。

1.4.1.4 转录组测序结果的验证方法

(1)引物设计

从测序所得的 Unigene 中选择 19 个用 Primer Premier 软件设计实时荧光定量(real-time quantitative PCR，qPCR)的引物。

(2)RNA 反转录为 cDNA

将样品总 RNA 用 M-MLV 反转录试剂盒(Promega，美国)反转录成 cDNA。

(3)qPCR 扩增

使用 Fast Start Universal SYBR Green Master(Roche，德国)将样品 cDNA 采用 ABI Step One Plus 7000 实时荧光 PCR 仪(Applied Biosystems，美国)进行三步法 qPCR 扩增。

(4)基因表达量计算

根据得到的 CT 值，即每个反应管内的荧光信号达到设定的阈值时所经历的循环数，计算出目的基因在红花玉兰不同组织中的表达量。

1.4.2 结果与分析

经过前期红花玉兰花被片多样性调查发现，将红花玉兰原种与其变种的花被片的形态学特征(如长宽比)、细胞学特征(如细胞形状和大小)以及植物激素含量进行比较时存在明显的区别。细胞增殖和细胞扩大的程度会导致花被片表皮细胞的数量和大小发生改变，从而造成花被片纵轴和横轴长度的变化，使花被片的最终形态发生改变。花被片形态变异的特征能够稳定遗传且不受气候环境影响，因此可以推测基因表达水平的时空变化可能是调控红花玉兰花被片形态建成的关键因素。

1.4.2.1 测序样品的形态特征

通过基于高通量的无参转录组测序(denovo RNA-seq)能够定量测定每个转录本在发育过程中和不同条件下的基因表达水平变化。根据 1.2.2.1 的研究结果，红花玉兰在 1 月底解除休眠后至3月初进入始花期前的花被片生长速度大幅升高，因此在2月底进行取材。选择经红花玉兰原种培育出的JH1与红花玉兰变种培育出的DB的花被片进行转录组比较分析。如图1.33A所示，JH1和DB的花型花被片形态有明显区别，二者的形状分别是倒

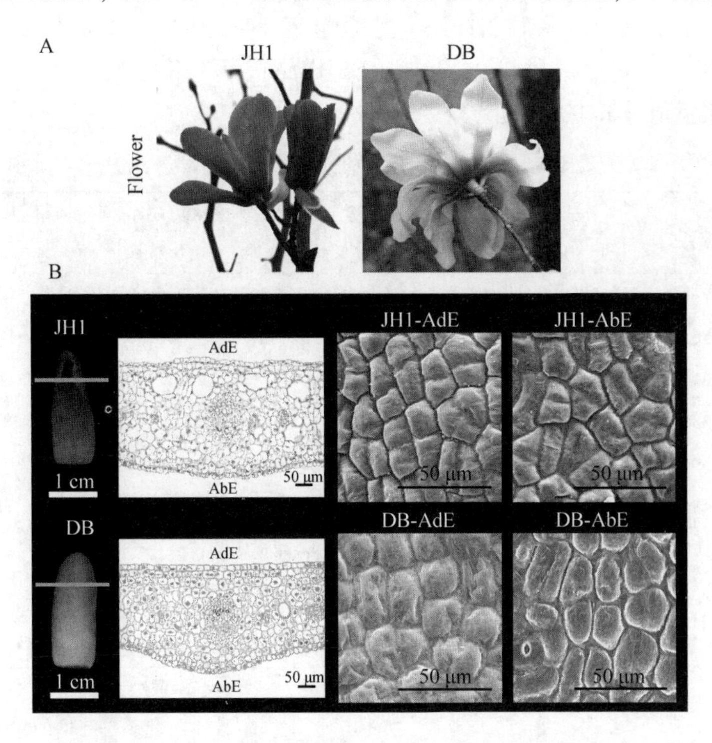

图1.33　红花玉兰转录组测序的样品形态特征

阔卵形和长条形。转录组测序样品的最外轮花被片形态特征如图1.33B所示，从花被片最宽处横切面的石蜡切片对比可以看出，JH1的花被片薄壁组织存在较多的空泡结构。在扫描电镜下观察花被片表皮可以发现，JH1的花被片上下表皮细胞形状为不规则矩形，而DB的花被片上下表皮细胞形状为圆角矩形，其中上表皮细胞有的甚至近圆形。如图1.34所示，两种转录组测序样品中植物激素的含量有较大区别，其中ZT含量DB>JH1，GA3和IAA含量JH1>DB。

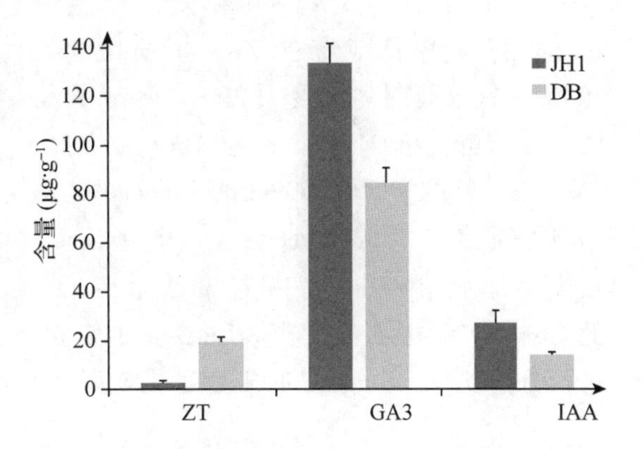

图1.34　转录组测序样品中植物激素的含量

1.4.2.2　测序组装结果和质量评估

对花被片转录组测序后得到raw reads，在Illumina HiSeq TM 2000测序平台初步过滤后得到原始文件clean reads，对下机的clean reads进一步严格过滤获得高质量的clean reads。

如表 1. 10 所示，JH1 样品过滤掉 adapter 和低质量 reads 后得到的高质量 clean reads 数量占其原始 clean reads 数量的 97. 99%，DB 样品过滤掉 adapter 和低质量 reads 后得到的 clean reads 数量占其原始 clean reads 数量的 98. 02%。此步得到的 reads 为短 reads，长度为 150bp。如表 1. 11 所示，过滤后 JH1 样品获得了平均 8659414700bp 的核苷酸序列信息，其中碱基质量值≥ 30 的百分比为 94. 43%；DB 样品获得了平均 7932510800bp 的核苷酸信息，其中碱基质量值≥30 的百分比为 94. 43%。

表 1. 10　数据过滤统计

样品	过滤前 reads 数量	过滤后 reads 数量①	reads 长度 (bp)	GC (%)	adapter (%)	低质量 readsb②
JH1-1	56677718	55642056(98. 17%)	150	47. 35%	23820 (0. 04%)	1011340 (1. 78%)
JH1-2	63710562	62441160 (98. 01%)	150	47. 60%	40596 (0. 06%)	1228284 (1. 93%)
JH1-3	52800014	51630812 (97. 79%)	150	47. 56%	24312 (0. 05%)	1144514 (2. 17%)
DB-1	51145336	50262696 (98. 27%)	150	47. 19%	23142(0. 05%)	859062 (1. 68%)
DB-2	53002394	51892618 (97. 91%)	150	49. 35%	35858 (0. 07%)	1073444 (2. 03%)
DB-3	54502486	53352274 (97. 89%)	150	48. 63%	38544 (0. 07%)	1111266(2. 04%)

①括号内为过滤后 reads 数量的百分比；②括号内为低质量 reads 所占的百分比

表 1. 11　过滤后碱基信息统计

样品	过滤后碱基数 (bp)	Q30 (bp)	Q30 百分比 (%)
JH1-1	8326817680	7872065770	94. 54
JH1-2	9338417265	8827955916	94. 53
JH1-3	7723936037	7279293303	94. 24
DB-1	7521756780	7121939658	94. 68
DB-2	7762582820	7322184371	94. 33
DB-3	7979245539	7522511502	94. 28

将短 reads 用 Trinity 做转录组从头组装，通过 reads overlap 关系得到不含 N 的组装片段，一共组装得到 85042 条 Unigene，GC 百分比为 43. 51%，Unigene 的总长度为 59844720，其中最大长度为 15665bp，最短长度为 201bp，平均长度 703bp。核苷酸序列长度为 200~499nt 的 Unigene 数为 48021 条，占总 Unigene 的 56. 47%；长度为 500~999nt 的 Unigene 数为 19568 条，占总 Unigene 的 23. 01%；长度为 1000~1999 nt 的 Unigene 数为 19568 条，占总 Unigene 的 14. 86%；长度超过 2000nt 的 Unigene 有 4815 条，占总 Unigene 的 5. 66%。另外，对样品 reads 在 Unigene 上的覆盖度进行分析发现，Unigene 的覆盖度平均值为 98. 50%，GC 含量百分比平均为 42. 48%。

1. 4. 2. 3　Unigene 功能注释与分类

通过 blastx 将 85042 条 Unigene 序列比对到蛋白数据库 Nr、Swissprot、KEGG 和 KOG，得到跟给定 Unigene 具有最高序列相似性的蛋白，从而得到该 Unigene 的蛋白功能注释信息。Unigene 与四大数据库注释的注释信息如图 1-35A 所示，注释率为 40. 89%。其中，共计 34484 条 Unigene 注释到 Nr 数据库，注释率为 40. 55%；共计 23410 条 Unigene 注释到 Swissprot 数据库，注释率为 27. 53%；共计 21256 条 Unigene 注释到 KOG 数据库，注释率为 24. 99%；共计 12628 条 Unigene 注释到 KEGG 数据库，注释率为 14. 85%。

利用blastx将红花玉兰花被片转录组Unigene与Nr数据库比对后统计出同源序列所属物种。排名前3的物种分别是莲(*Nelumbo nucifera*)，9050条；葡萄(*Vitis vinifera*)，3340条；可可(*Theobroma cacao*)，2189条。莲是被子植物睡莲目(Nymphaeales)的一个物种，红花玉兰的Unigene与莲的同源序列数最多，说明红花玉兰在被子植物系统进化中的原始性。

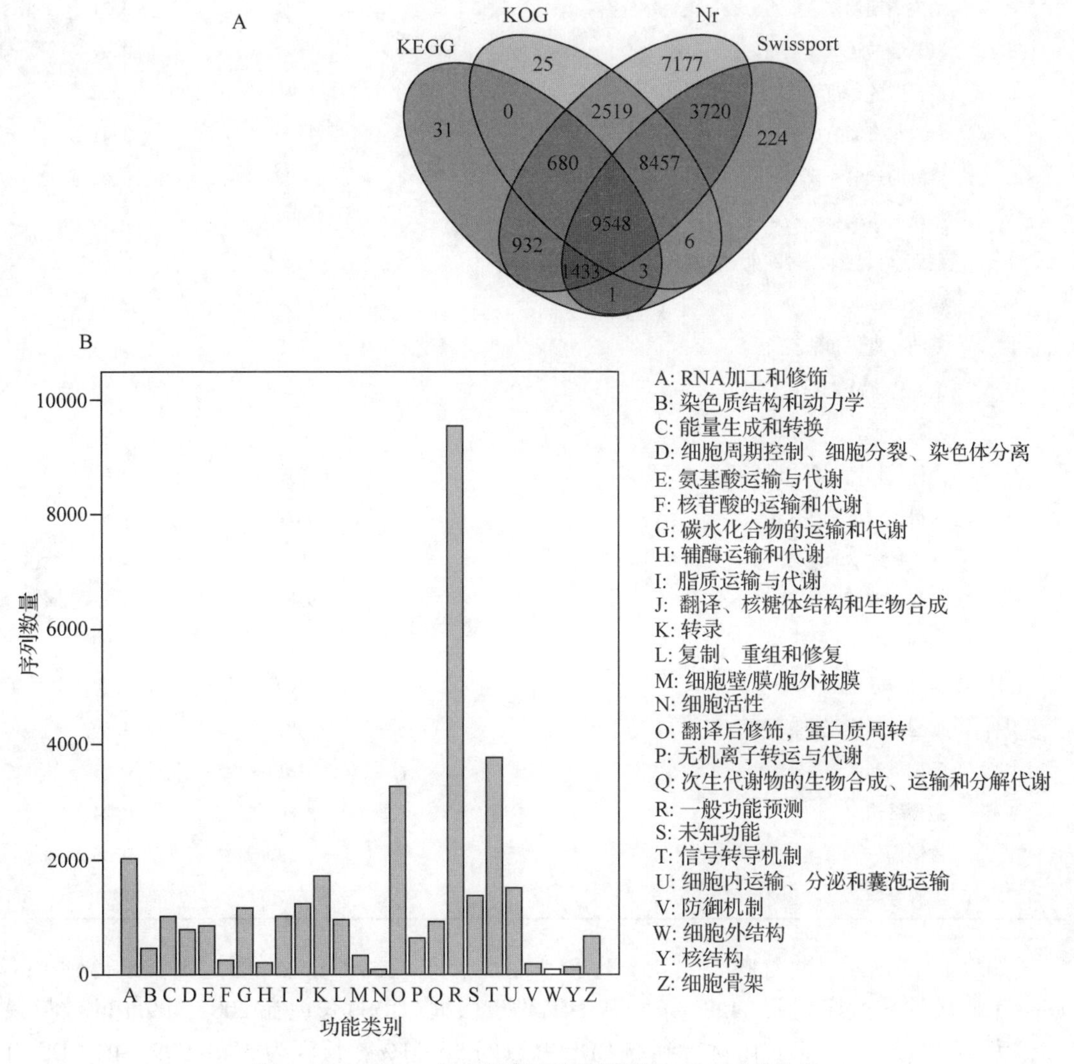

图1.35 Unigene 四大数据库注释结果与KOG功能分类

如图1.35 B和表1.12所示，Ungene的KOG功能共有25类。其中，T：信号转导机制功能的Unigene数有3760条，是注释到KOG数据库中Unigene总数的11.08%，数量仅次于一般功能预测。此外，本研究关注的D：细胞周期调控、细胞分裂、染色体分离功能的基因数有784条，占总数的2.31%。

表 1.12　红花玉兰花被片转录组的 Unigene KOG 功能分类

编号	功能类别	基因数	百分比(%)
A	RNA 加工和修饰	2021	5.95
B	染色质的结构和动力学	455	1.34
C	能量生产和转换	1018	3.00
D	细胞周期调控、细胞分裂、染色体分离	784	2.31
E	氨基酸的运输和代谢	839	2.47
F	核苷酸的运输和代谢	246	0.72
G	碳水化合物的运输和代谢	1159	3.41
H	辅酶的运输和代谢	206	0.61
I	脂质的运输和代谢	999	2.94
J	翻译、核糖体结构和生物合成	1222	3.60
K	转录	1708	5.03
L	复制、重组和修复	948	2.79
M	细胞壁/膜/胞外被膜	338	1.00
N	细胞活性	12	0.04
O	翻译后修饰，蛋白质折叠，分子伴侣	3270	9.63
P	无机盐的运输和代谢	622	1.83
Q	次生代谢物的生物合成、运输及分解代谢	913	2.69
R	一般功能预测	9543	28.12
S	未知功能	1356	4.00
T	信号转导机制	3760	11.08
U	细胞内运输、分泌和囊泡运输	1491	4.39
V	防御机制	181	0.53
W	胞外结构	80	0.24
Y	核结构	123	0.36
Z	细胞骨架	647	1.91

如表 1.13 所示，将红花玉兰花被片转录组测序组装的 Unigene 通过 Blastx 得到 Unigene 编码区的核酸序列共 34283 条，其中编码蛋白框(CDS)长度在 200～499nt 的数量最多，为 12379 条，占 blast 比对得到的 CDS 总数的 36.11%；长度为 500～999nt 的 CDS 有 8243 条，所占比例为 24.04%；长度为 1000～1499nt 的 CDS 有 4546 条，占比为 13.26%。然后将与蛋白库比对不上的 Unigene 用 ESTScan 预测其编码区，一共得到 2381 条 CDS，其中有 84.71%的 CDS 长度为短序列，长度为 200～499nt；500～999nt 长度的 CDS 数量为 254 条，占 EATScan 预测得到的 CDS 总数的 10.67%；CDS 长度为 1000～1499nt 的 CDS 有 42 条，所占比例为 1.76%。

表1.13 红花玉兰花被片转录组Unigene的CDS序列长度分布

长度范围(nt)	Blastx 比对		ESTScan 预测	
	数量(条)	百分比(%)	数量(条)	百分比(%)
<200	4783	13.95	56	2.35
200~499	12379	36.11	2017	84.71
500~999	8243	24.04	254	10.67
1000~1499	4546	13.26	42	1.76
1500~1999	2236	6.52	8	0.34
2000~2499	1030	3.00	1	0.04
>2500	1066	3.11	3	0.13
合计	34283	100.00	2381	100

1.4.2.4 差异表达基因筛选

根据RPKM法计算红花玉兰花被片转录组的Unigene表达量，结果显示一共有84575条Unigene表达，占总数的99.45%。其中JH1样本表达的基因数目为81013条，DB样品表达的基因数目为79146条。

设定FDR(经过FDR校正后的P值)< 0.05与$\log_2^{FC}$(DB样品比JH1样品的表达量差异倍数对数值)绝对值>1的条件筛选得到19343条差异表达基因(differentially expressed genes，DEGs)。如图1.36A所示，在JH1和DB共表达的差异基因有16752条，其中仅在JH1样品中差异表达的基因有1631条(占总DEGs的8.4%)，仅在DB样品中差异表达的基因有960条(占总DEGs的5.0%)。图1.36B为JH1和DB的组间差异分析火山图，比较后得到19343条显著差异基因，其中显著上调基因10716条，显著下调基因8627条。

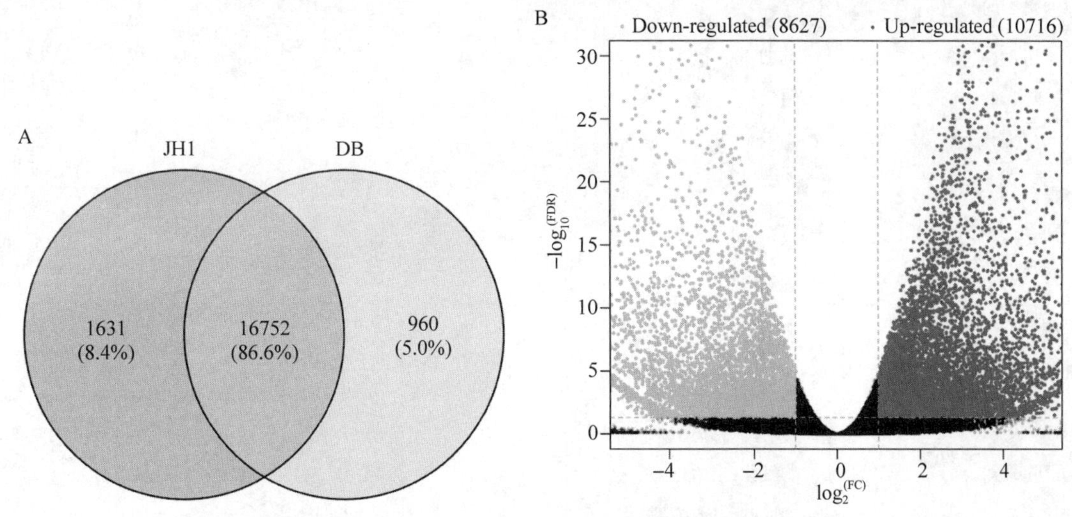

图1.36 红花玉兰花被片转录组差异表达基因统计情况

A：分组间差异基因数量；B：差异基因火山图。

1.4.2.5 差异表达基因 GO 功能显著性富集分析

对差异表达基因按上调下调进行 GO 功能分类统计，结果显示三大功能分类分别是生物过程(biological process)、分子功能(molecular function)和细胞组分(cellular component)与其更细一级的分类(表 1.14)。在生物过程分类中，代谢过程的上调基因数和下调基因数最多，分别为 1896 条和 1382 条；细胞过程仅次其后，上调基因 1767 条，下调基因 1248 条。说明测序样品在该时期细胞代谢十分活跃，与 1.2.2 中预测的结果一致。分子功能分类中，催化剂活性和结合剂活性的差异基因数占主导地位，分别为 3161 条(上调 1700 条，下调 1401 条)和 2856 条(上调 1707 条，下调 1149 条)。细胞组分分类中，细胞和细胞要素的差异基因数占主导地位，且差异基因数量相近，均有 1256 条基因上调以及分别有 788 条和 787 条基因下调。

表 1.14 差异表达基因的 GO 功能分类词条

本体功能类别	基因功能	上调基因数	下调基因数
生物过程	单一生物过程	1360	1030
	多细胞生物过程	297	109
	发育过程	388	168
	生殖过程	223	63
	再生	223	65
	生物调节	614	361
	刺激应答	530	383
	细胞组分的生物合成	449	189
	免疫系统过程	33	37
	多机体过程	62	74
	排毒	1	3
	生长	2	0
	移动	29	26
	信号	116	114
	生物粘附	12	6
	律动过程	3	3
	代谢过程	1896	1382
	定位	346	358
	细胞过程	1767	1248
分子功能	催化剂活性	1700	1461
	转运活性	147	133
	结构分子活性	101	10
	核酸结合转录因子活性	67	30
	抗氧化剂活性	14	25
	翻译调控因子活性	1	0
	信号传感器活性	23	16
	分子功能调节	23	18

（续）

本体功能类别	基因功能	上调基因数	下调基因数
分子功能	分子传感器活性	20	9
	电子载体活性	5	3
	转录因子活性，蛋白质结合	6	1
	结合剂	1707	1149
细胞组分	细胞外区域	31	55
	细胞外基质	2	4
	细胞膜	574	523
	细胞外区域要素	1	3
	膜结合腔体	31	9
	胞间连丝	59	44
	膜要素	383	340
	大分子复合物	351	81
	超分子纤维	2	0
	类核小体	2	1
	病毒体	12	1
	病毒体要素	12	1
	细胞器要素	352	248
	细胞	1256	788
	细胞要素	1256	787
	细胞器	965	608

1.4.2.6 差异表达基因代谢途径显著性富集分析

通过 KEGG 数据库对差异表达基因的代谢途径（pathway）进行显著性富集，确定差异表达基因参与的最主要生化代谢途径和信号转导途径。将 Q 值（经过校正后的 P 值）≤0.05 的代谢途径定义为显著富集。如图 1-37 所示，一共有 15 条代谢途径得到显著富集，纵坐标为富集因子（rich factor），即注释到该代谢途径的 DEGs 数量与注释到该代谢途径的 Unigene 总数的比值，Q 值越接近于 0 则表示该代谢途径的富集越显著，圆点的大小表示 DEGs 的数量。由表 1.15 可知，植物激素信号转导途径有 96 条 DEGs 得到注释；二萜生物合成途径有 15 条 DEGs 得到注释；色氨酸代谢有 16 条 DEGs 得到注释。值得注意的是，植物激素信号转导途径是调控细胞生长发育的重要途径，而二萜生物合成途径和色氨酸代谢途径分别是产生赤霉素和生长素的途径，由此推测 DB 和 JH1 的花被片形态差异可能来源于这 3 个信号转导或生化代谢途径。

表 1.15 差异表达基因显著富集的代谢途径及分类

编号	Pathway ID	Pathway 名称	注释到该 pathway 条目的 DEGs 数量	注释到该 pathway 条目的 Unigene 数量	Q 值
1	ko03030	DNA 复制	51	92	0.000002
2	ko04626	植物—病原体相互作用	220	606	0.000021

(续)

编号	Pathway ID	Pathway 名称	注释到该 pathway 条目的 DEGs 数量	注释到该 pathway 条目的 Unigene 数量	*Q* 值
3	ko00940	苯丙烷类生物合成	81	182	0.000021
4	ko00062	脂肪酸伸长	27	42	0.000021
5	ko00500	淀粉和蔗糖代谢	115	283	0.000021
6	ko03440	同源重组	35	65	0.000135
7	ko00460	氰氨基酸代谢	39	78	0.000313
8	ko03430	错配修复	34	65	0.000313
9	ko04075	植物激素信号转导	96	259	0.006066
10	ko00561	甘油酯代谢	46	109	0.007726
11	ko00904	二萜生物合成	15	25	0.007726
12	ko00380	色氨酸代谢	16	28	0.009895
13	ko00071	脂肪酸降解	26	58	0.033369
14	ko03410	碱基切除修复	27	61	0.033369
15	ko00280	缬氨酸、亮氨酸和异亮氨酸降解	29	67	0.033593

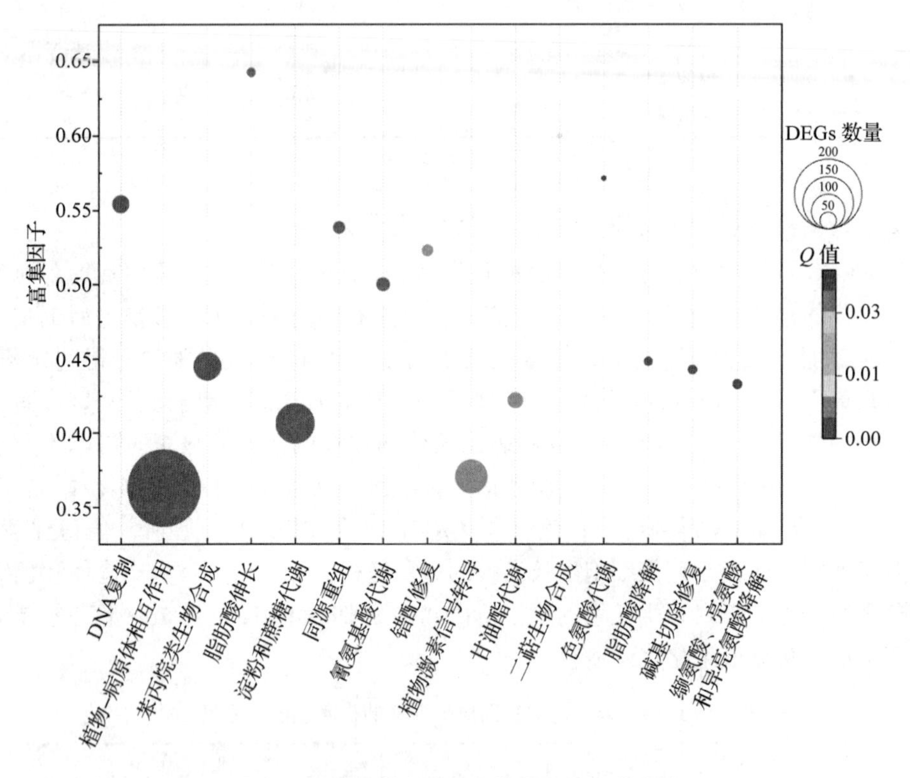

图 1.37 差异表达基因显著富集的代谢途径

KEGG 植物激素信号转导途径如图 1-38 所示，包括生长素、细胞分裂素、赤霉素、脱落酸、乙烯、油菜素甾醇、茉莉酸和水杨酸等 9 种植物激素，从中选择已知参与花瓣形态发育调控的4种植物激素对其信号转导通路进行详细分析(图1-38★)，图中方框表示基因产物，将DB样品与JH1样品差异基因的表达量相比，上调的基因所在位置为正三角标记，下调的基因所在位置为倒三角标记，同时有正三角和倒三角的方框表示该位置既有

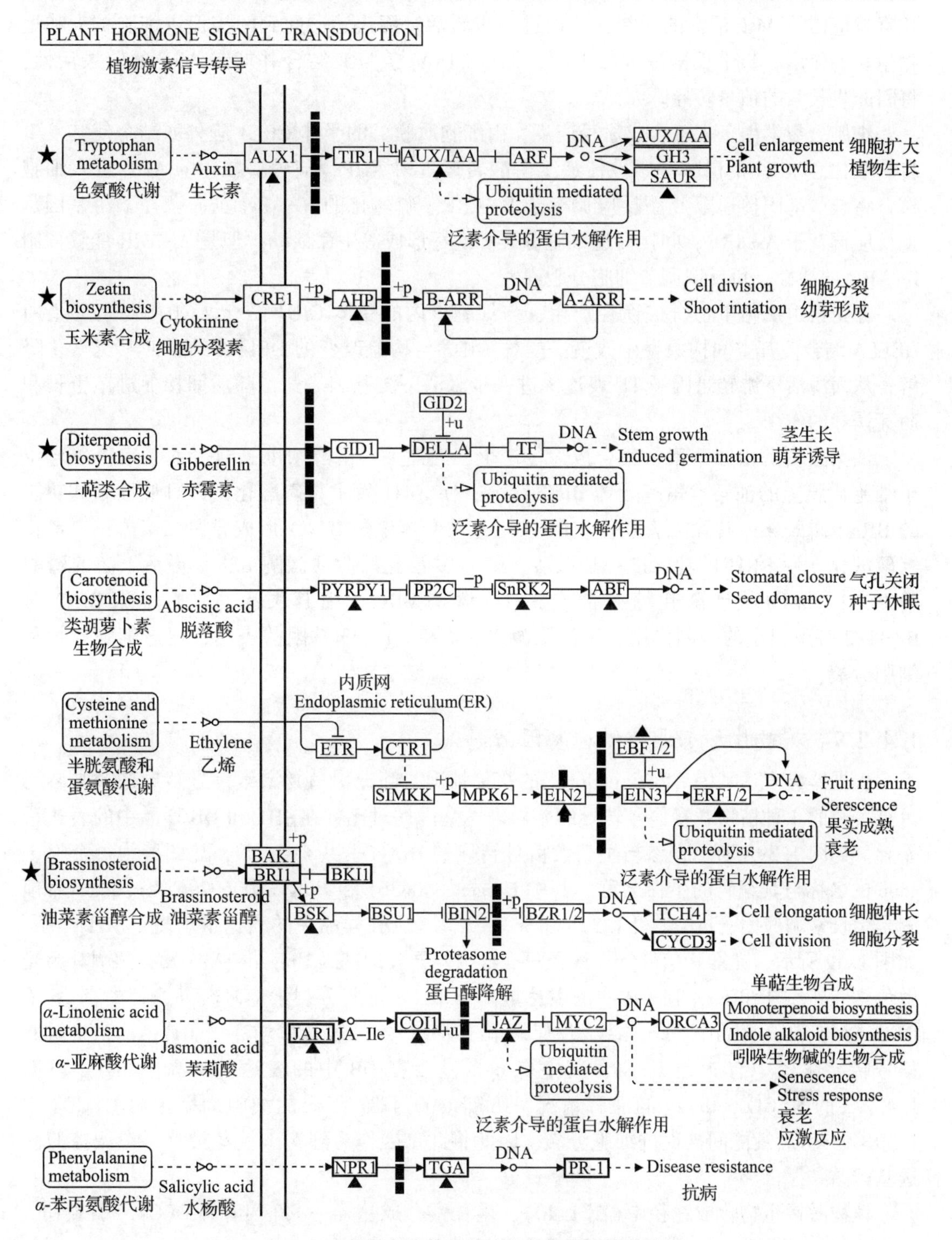

图1.38　差异表达基因的植物激素信号转导途径

上调基因又有下调基因。

生长素由色氨酸代谢途径产生，由细胞质膜上的生长素输入载体 AUX1 转运至细胞核内，生长素受体 TIR1 与生长素早期响应蛋白 AUX/IAA 泛素化并降解后可解除 AUX 对生长素响应因子 ARF 活性的抑制，从而进一步激活基因表达，起到间接促进细胞扩大和植物生长的作用。当生长素浓度较低时，AUX/ IAA 与 ARF 结合并抑制 ARF 的转录活性，将阻断生长素的信号转导。

细胞分裂素由玉米素合成途径产生，由细胞质膜上的受体 CRE1 胞外域结合使其发生自磷酸化。CRE1 的磷酸基团被传递至磷酸转运蛋白 AHP，随后磷酸化的 AHP 进入细胞核，将磷酸基团传递至 B 型反应调节子 B-ARR。磷酸化的 B-ARR 正向调控下游基因 A 型反应调节子 A-ARR，间接促进细胞分裂和幼芽形成等生命活动。但是 A-ARR 能够抑制 B-ARR 的活性，负反馈调节细胞分裂素。

赤霉素由二萜生物合成途径产生，与细胞核内的受体 GID1 结合，GID1 与阻遏蛋白 DELLA 结合使其空间构象发生改变。受体 GID2 与构象改变的 DELLA 结合使其泛素化降解，从而激活下游转录因子 TF 表达，进一步激活下游基因表达，随后间接促进茎生长和萌芽诱导的作用。

油菜素甾醇由油菜素甾醇合成途径产生，当油菜素甾醇浓度高时，油菜素甾醇与位于细胞质膜上的油菜素甾醇受体 BRI1 结合，使 BRI1 发生自磷酸化，并且使抑制其功能的 BRK1 磷酸化，解除二者互作。BRI1 与其共受体激酶 BAK1 形成异源二聚体，二者相互磷酸化，使 BRI1 的功能进一步激活。BRI1 磷酸化后激活激酶 BSK，激活下游的磷酸酶 BSU1。BSU1 去磷酸化糖原合成 3-O-激酶 BIN2，使其失活，从而解除 BIN2 对 BZR1/2 转录因子的抑制作用，激活下游 TCH4 和 CYCD3 基因的表达，促进细胞伸长和细胞分裂。

1.4.2.7 花被片形态调控候选基因筛选

根据差异表达基因 KEGG pathway 的富集情况，筛选出植物激素信号转导途径中参与重点关注的 4 种植物激素信号转导的差异表达基因，对比其在 JH1 和 DB 样品中的表达量差异。如图 1.39A 所示，参与生长素信号转导的 DEGs 一共有 38 条，热图旁为每个 Unigene 的名称与其编码的蛋白名称。其中 Unigene0006361 和 Unigene0069296 经过 blast 后预测是生长素响应因子 ARF(图 1.39A 中★)，二者在 DB 样品中的表达量均高于 JH1 样品。如图 1.39 所示，赤霉素信号转导途径只有 1 条差异表达基因 Unigene0063078，预测其为光敏色素互作因子 PIF3，在 DB 中的表达量高于 JH1；细胞分裂素信号转导途径中有 10 条 DEGs 参与，DB 样品中 5 条预测为反应调节子 ARR-A 的表达量均高于 JH1；油菜素甾醇信号转导途径中有 7 条 DEGs，其中有 6 条基因在 DB 中的表达量均高于 JH1。根据 1.4.2.3 的 KEGG pathway 的注释情况，Unigene0014787 编码的细胞周期蛋白 CYCD(图 1.39B 中★)后续能间接促进细胞分裂，因此将此基因作为红花玉兰花被片形态调控的候选基因。

植物激素生物合成途径中(图 1.40)，生长素合成途径一共有 14 条 DEGs，其中 Unigene0061571 和 Unigene0061572 编码生长素合成酶 TAA1(图中★)，Unigene0038258、Uni-

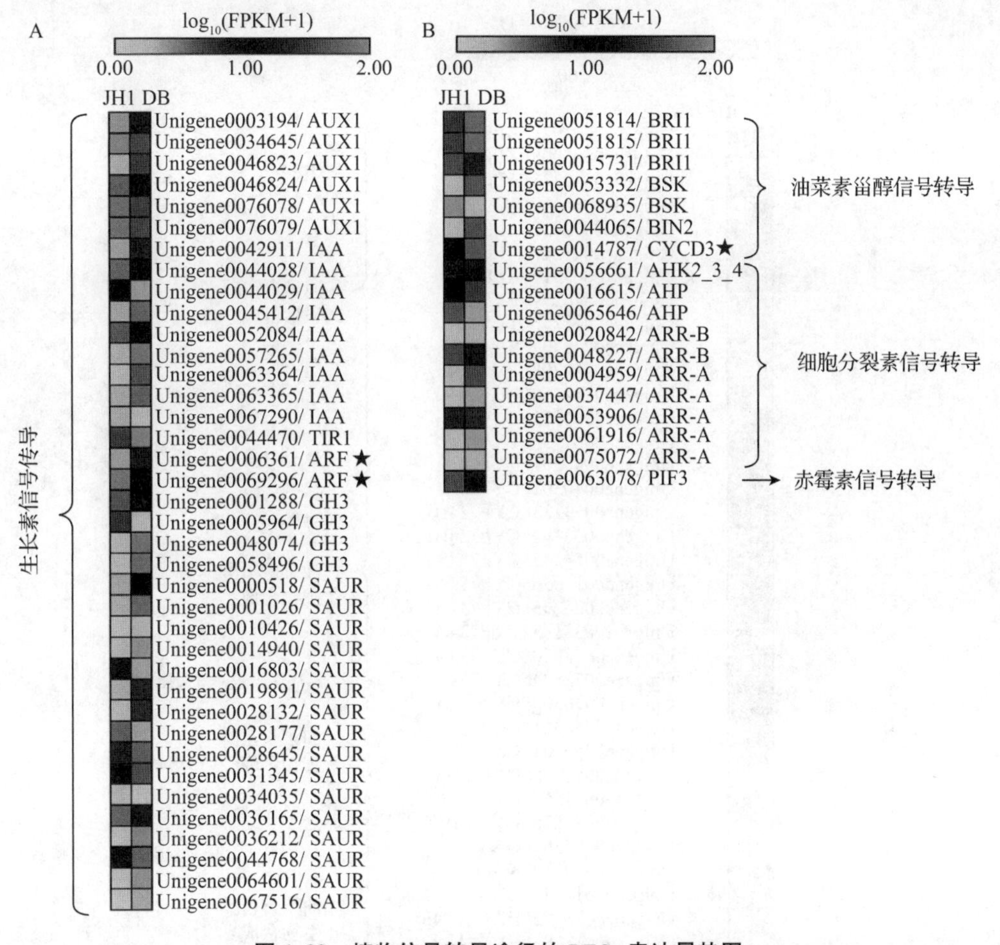

图 1.39　植物信号转导途径的 DEGs 表达量热图

gene0048704 和 Unigene0069208 预测为生长素合成基因 YUCCA。IPA 途径是植物生长素合成的主要途径，色氨酸 Trp 在 TAA1 的作用下生成吲哚丙酸 IPA，再在生长素合成基因 YUCCA 的作用下生成吲哚乙酸 IAA。预测为 TAA1 基因的两个 Unigene 在 DB 中有更高的表达量。油菜素甾醇生物合成途径以及赤霉素生物合成途径均有 10 条 DEGs，细胞分裂素生物合成途径有 4 条 DEGs。

转录因子(transcription factors，TFs)是能够以序列特异性方式结合 DNA 并调节转录的强度以及时空表达的蛋白质分子。将红花玉兰花被片转录组所有 Unigene 预测的蛋白序列同转录因子数据库 plant TFdb 进行 hmmscan 比对注释为转录因子的一共有 1075 条，其中显著差异表达的有 390 条。预测的 TFs 一共来自 41 个家族，注释到每个 TF 家族的 DEGs 数量和占比如图 1.41 所示，DEGs 数量最多的前 3 个 TF 家族为 bHLH、MYB 和 ERF，分别有 43 条(11.0%)、31 条(7.9%)和 29 条(7.4%)。从中选择 9 个在其他物种中具有花器官形态建成调控功能的 TF 家族：bHLH、C2H2、AP2、GATA、TCP、YABBY、Trihelix、GRF 和 ARF。预测属于 C2H2 家族的有 15 条 DEGs，AP2 家族有 10 条 DEGs，GATA 家族有 6 条 DEGs，TCP 家族有 5 条 DEGs，YABBY 家族有 3 条 DEGs，Trihelix 家族有 11 条 DEGs，GRF 家族有 6 条 DEGs，ARF 家族有 2 条 DEGs。

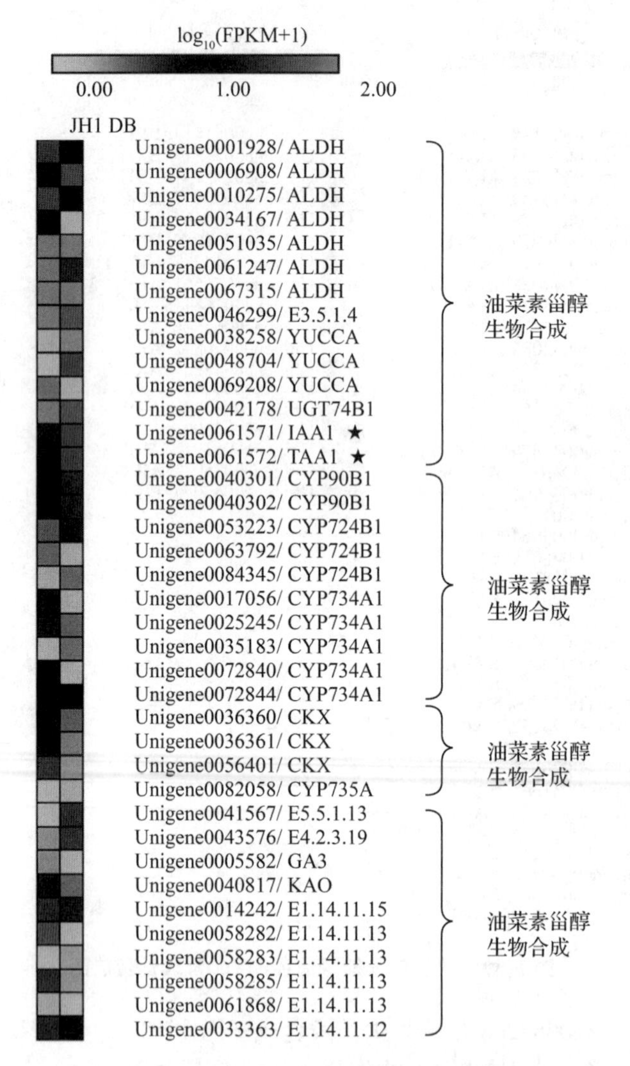

图 1.40　植物激素合成途径 DEGs 表达量热图

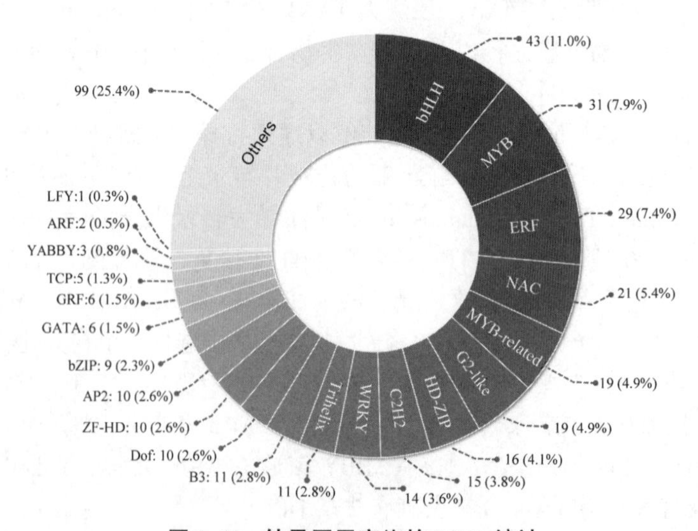

图 1.41　转录因子家族的 DEGs 统计

1.4.2.8 测序结果 qPCR 验证

选择 19 个 Unigene 使用实时荧光定量 qPCR 的方法验证红花玉兰花被片转录组的测序数据准确度。如图 1.42A 所示，qPCR 和转录组得到的各基因表达量变化趋势基本一致，图中 qPCR 的相对表达量值表示为 3 次生物学重复的平均值±*SD*。如图 1.42B 所示，二者的结果相关系数为 0.8277，说明一致性较好。

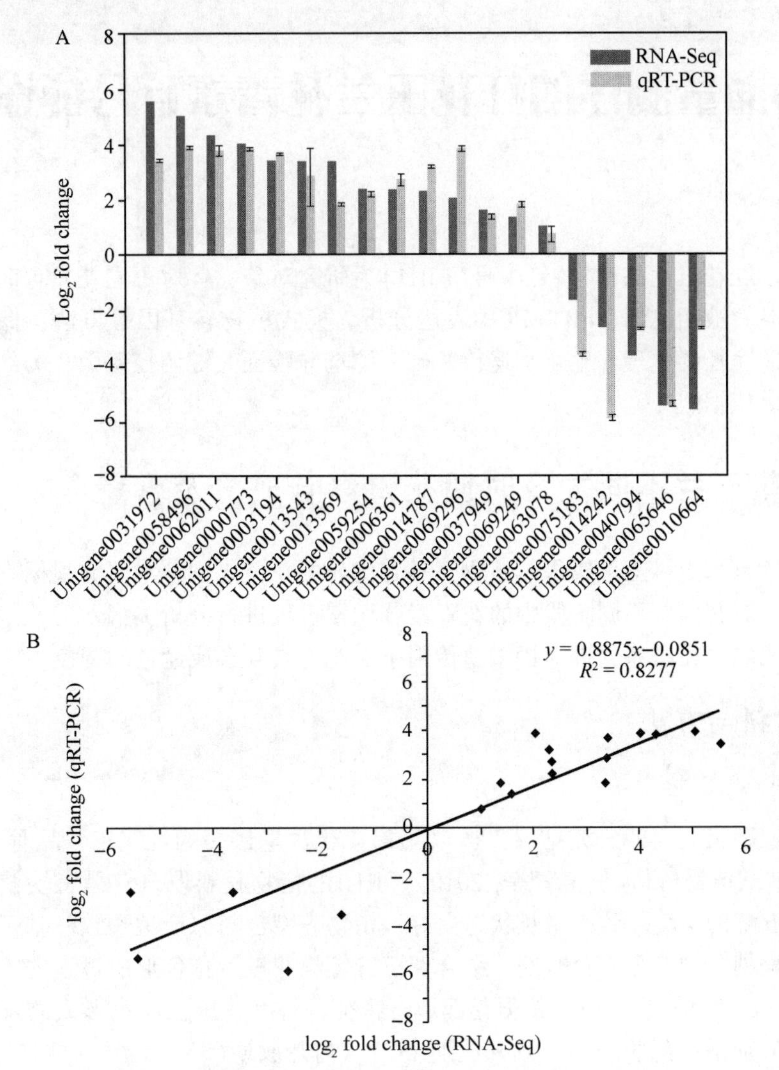

图 1.42　红花玉兰花被片转录组测序的表达量 qPCR 验证

第2章 基于高通量测序的红花玉兰花青素苷合成途径研究

本章节以红花玉兰品种‘娇红1号’(JH1)为研究对象，针对不同花发育时期，利用转录组测序、高效液相色谱、qRT-PCR表达分析、模式植物转基因等方法，探讨红花玉兰花青素苷合成途径的生理、生化和遗传基础，筛选并验证关键调控基因，为红花玉兰花色遗传改良提供依据。

2.1 红花玉兰不同发育时期花青素苷成分及含量分析

红花玉兰是木兰科玉兰属木本植物，具有优异的花色表型。本研究根据本课题组的前期研究结果，对花发育不同阶段中的花青素苷积累过程进行分析，揭示红花玉兰花发育与花青素苷合成的内在联系，进而探索遗传因子对花青素苷合成途径的调控。

2.1.1 材料与方法

2.1.1.1 材料处理

根据本课题组的前期研究结果，选取花青素苷含量最高的红花玉兰品种‘娇红1号’(JH1)作为被试植物材料(贺窑青等, 2010)。JH1的植物材料取自宜昌三峡植物园，与其原产地湖北五峰的生境一致，生长状态良好，植物表型也与原产地一致。基于白玉兰的花形态建成过程划分的五个发育时期，结合贺窑青等红花玉兰花色形成过程的定量分析初步结果（He et al., 2010)，本研究依据花部形态特征，将红花玉兰花色形成的发育过程分为五个阶段，分别是花蕾期(S1)，预开放期(S2)，初开放期(S3)，半开放期(S4)和全开放期(S5)。

2016年2~3月，这5个发育阶段的花被片样品被分别采样。一共选取15株单株作为被试生物重复，每个时期选择3株，每株采集9朵整花。取样后立即用液氮冷冻固定，使用干冰运输，并保存在-80℃条件下。

2.1.1.2 总花青素和总黄酮提取

本研究采取相同方法提取总黄酮及总花青素。分别称取0.8g花被片样品，液氮中充

分研磨至粉末，之后用5ml预冷提取液(甲醇：水：甲酸：三氟醋酸=72：27：2：1)快速研磨后，静至于4℃避光条件下，浸提24 h，每隔6 h旋涡震荡；最后，使用低温离心机，10000 $\gamma \cdot min^{-1}$，4℃离心10min，吸取上清，上清液经过0.22μm有机尼龙滤膜（ANPEL，上海)处理后，-20℃避光保存，用于后期的高效液相色谱(HPLC)分析。

2.1.1.3 总花青素及总黄酮含量测定

利用HPLC法对红花玉兰花被片中的总花青素及总黄酮进行测定。利用Waters公司的联合HPLC系统，包括Waters e2695分离模组，2489 UV/Vis检测器，色谱柱型号为Dikma Diamonsil Plus C18 column（Dikma Technologies，USA）。流动相A为0.1%的甲酸水溶液，流动相B为乙腈，分析条件柱温设定为25℃，流速为0.8mL·min^{-1}，进样体积设置为10 μL。梯度洗脱程序设定如下：20% B，0～3min；20%～30% B，3～5min；30% B，5～10min；30%～50% B，10～40min；最终50%～95% B，40～50min。对于花青素测定，使用UV检测器，检测530nm波长的色谱图；对于总黄酮的测定使用350nm波长下的色谱图。

总花青素和总黄酮的定量分析，采取基于简单线性回归的半定量法，总花青素以cyanidin-3-O-glucoside（Cy3G）作为标准对照品，总黄酮以芦丁作为标准对照品。

每次测定采用3个生物重复，测定重复3次。

2.1.1.4 花青素苷成分的定性分析

花青素苷成分的定性分析采用超高效液相色谱-质谱联用(UPLC-MS)方法进行物质鉴定。使用Waters公司Acquity UPLC-Synapt G2 Q-TOF色谱-质谱联用仪。质谱分析条件参考之前的相关研究，具体为：采用电喷雾电离离子源（ESI)，正离子模式，毛细管电压2.5 kV，锥孔电压30 V，提取锥孔电压4 V。离子源温度为120℃，脱溶剂气体（氮气）温度为400℃，脱溶剂气体流量为800 L·h^{-1}，锥孔气流量50 L·h^{-1}。碰撞气为氩气，MSE扫描模式检测，质量扫描范围m/z为100～1500，低能量扫描时trap电压为6 eV；高能量扫描时trap CE电压为30～50 eV。色谱柱：ACQUITY UPLC BEH C18柱(2.0mm ×50mm，1.7μm)；流速0.4mL·min^{-1}；柱温40℃；进样量：10 μL。流动相A为乙腈，B为0.6%甲酸水溶液，进行梯度洗脱，梯度洗脱参数见表2.1。质谱结果使用MassLynx V4.1、MarkerLynx XS、Umetrics EZinfo 2.0软件分析(美国Waters公司)。

表2.1 UPLC梯度洗脱参数

时间	A(%)	B(%)
0	0	100
3	15	85
5	15	85
9.5	90	10
10	0	100

2.1.1.5 红花玉兰花被片表皮细胞的显微观察

见1.1.1.7。

2.1.2 结果与分析

2.1.2.1 红花玉兰不同花发育阶段的花器官特征

基于形态学和表型特征将红花玉兰的花发育过程定义为5个阶段(S1-S5)。以红花玉兰'娇红1号'(JH1)品种作为研究对象，其各阶段花器官基本形态特征如图2.1所示。

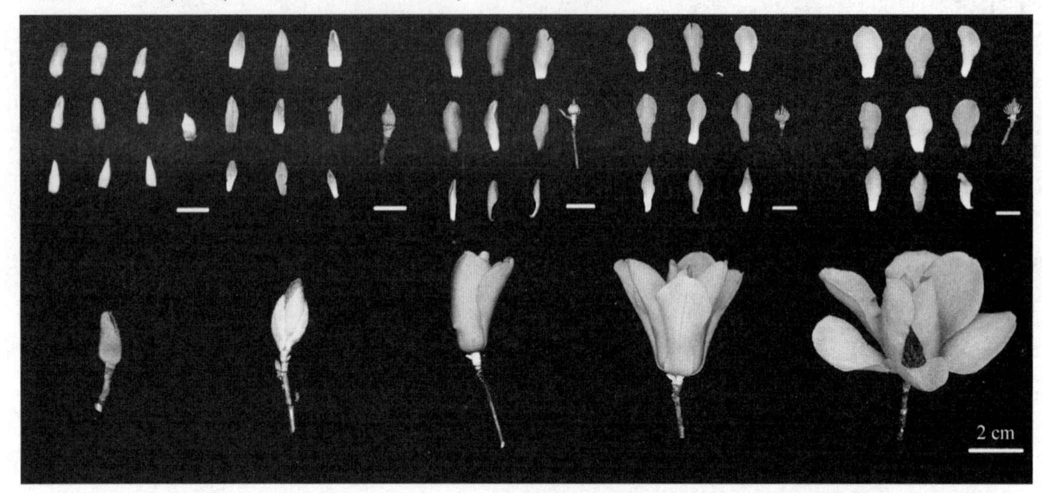

图2.1 红花玉兰'娇红1号'五个发育时期的花被片形态及花色特征

S1阶段：花芽闭合，苞片紧贴花芽下部；雄蕊紧贴花柱的中下部，雌蕊未伸长；所有花器官均无色或淡绿色。S2阶段：外苞片开裂，内苞片仍包裹其他花器官；雄蕊仍紧贴花柱的中下部，雌蕊开始伸长；所有花器官开始呈现粉红色。S3阶段：花被片开始快速伸长，但未完全展开；柱头开放开始能够接收授粉，雄蕊仍然未成熟；花被片内外侧已呈现全红，雄蕊、雌蕊呈现红色。S4阶段：花被片继续伸长，并半开；雄蕊从中轴分离，花药开裂；花被片颜色呈现全红。S5阶段：花被片完全开放；柱头闭合停止接收花粉，所有花药完全开裂；花被片颜色呈现全红，雌蕊花柱开始褪色。

2.1.2.2 红花玉兰不同发育时期的花被片表皮细胞特征

为了观测红花玉兰花被片表皮细胞在各发育时期的形态变化，本研究采取了新鲜样品直接观察和扫描电镜观察两种形式。

通过花被片新鲜样品的体视显微镜观察，初步观察红花玉兰不同花发育时期的花被片表皮细胞花青素积累的过程。结果显示，在花发育阶段S1时，表皮细胞完全无法观测到红色表型，呈无色透明状态。S1-S3期间，花色素积累显著增加。S2阶段，多数细胞已呈现粉红，但颜色较浅；S3阶段，花色素积累继续增长，且不仅体现在红色细胞数量增多，更体现在单细胞中色素含量增加；S3-S5期间，细胞的花色素变化肉眼观测差异不显著，需要通过进一步定量分析确认。

本研究通过扫描电镜观测红花玉兰不同发育时期的花被片表皮细胞形态变化规律(图2.2)。结果显示，在发育阶段S1-S4红花玉兰表皮细胞持续增大，并在S4期达到最大且细胞饱满。S4-S5阶段，细胞增大停止，其中S5阶段部分细胞出现萎缩现象。

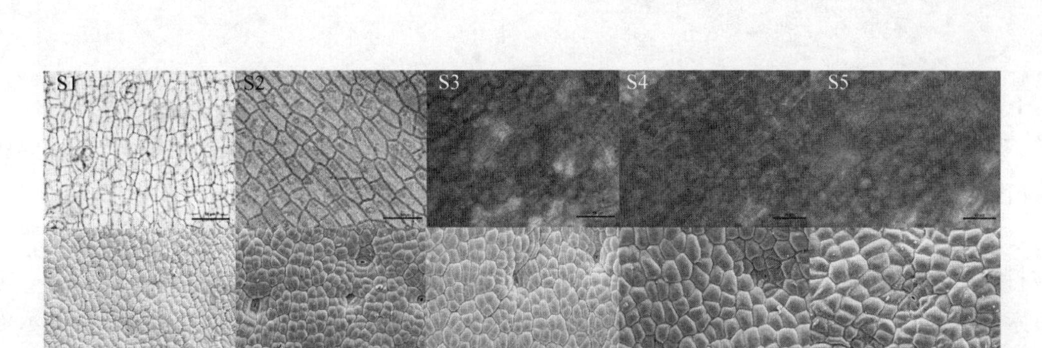

图 2.2　红花玉兰‘娇红1号’五个发育时期花被片表皮细胞显微形态

由此可见，红花玉兰的花被片伸长关键时期为 S2-S4，而花被片花色素的积累关键期为 S2-S3。S3-S4 阶段，红花玉兰花被片发育达到成熟。

2.1.2.3　红花玉兰不同花发育阶段花被片花青素苷积累

为了更加准确分析红花玉兰不同发育时期花青素积累的变化规律，本研究利用高效液相色谱法对红花玉兰不同发育时期花被片的花青素含量进行了定量分析。

根据红花玉兰五个发育时期的 HPLC 色谱图，S1 阶段无法检测到花青素相关物质的吸收峰，表明 S1 阶段红花玉兰 JH1 花被片样品不含花青素成分，与细胞观察结果一致。根据 S2-S5 时期的 HPLC 色谱图可以发现，红花玉兰花被片样品中共检测到 5 个显著的吸收峰，出峰时间分别为 18min、28min、33min、35min 和 43min，且 S2-S5 时期均有且仅有这 5 个吸收峰。这表明红花玉兰花被片样品中至少含有五类花青素物质。

基于峰面积半定量法，本研究进一步对 S1-S5 阶段的花被片总花青素和总黄酮含量进行了定量分析，对红花玉兰的花青素苷色谱图仅统计主要的 5 个显著吸收峰。

花被片总花青素含量在 S1-S5 阶段呈现先上升后下降的趋势，在 S3 阶段达到峰值，总含量为 0.73 $mg \cdot g^{-1}$，到 S4 阶段是总花青素含量少量减少，直到 S5 阶段时总花青素含量开始下降($P < 0.01$)。

由于花青素属于类黄酮物质，且其合成途径是类黄酮合成通路的下游，所以本研究同时测定了总黄酮含量的变化规律。与总花青素含量的变化趋势类似，S1-S5 时期，花被片总黄酮含量变化先升高后降低。但与总花青素变化规律不一致的是，S2 期时总黄酮含量达到最高值 2.61$mg \cdot g^{-1}$。值得注意的是，与花青素苷情况不同，S1 阶段红花玉兰花被片已经大量积累了类黄酮物质(图 2.3)。

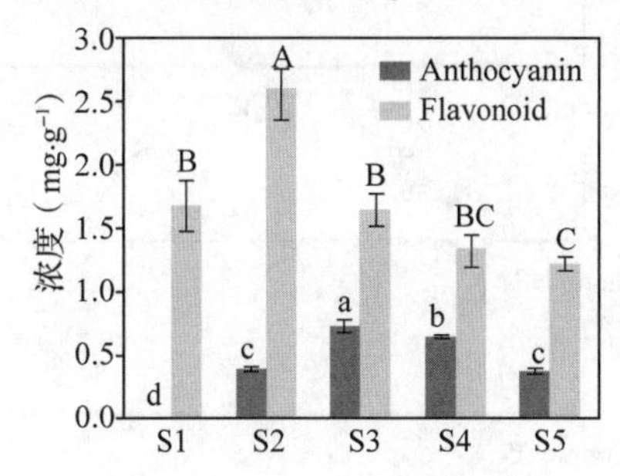

图 2.3　红花玉兰五个花发育时期花被片总花青素和总黄酮含量

注：不同大写英文字母表示总黄酮含量差异显著($P<0.05$)，不同小写字母表示总花青素含量差异显著($P<0.05$)

因此，根据进一步的定量分析结果，红花玉兰 JH1 花被片花青素苷合成关键时期应为 S2-S3。

2.1.2.4 红花玉兰花青素苷定性分析

为了进一步深入了解红花玉兰的花青素苷成分，本研究利用超高效液相色谱-质谱联用仪(UPLC-MS)进一步精确分析不同发育时期的红花玉兰花被片花青素苷的生化物质基础。

与 HPLC 的色谱图不同，UPLC-MS 总离子流图(TIC)中特定波长下一定时间段里所有被打成碎片离子的都会出峰。由于某些物质能在质谱仪中被打成碎片并出峰，但却不一定有紫外吸收，因此在液相色谱图上就不会有显示，所以总离子图一般比液相色谱图显示更多信息。S1 时期由于在 HPLC 分析中没有分离出有效物质，虽然在质谱总离子流图中仍有出峰，但很可能是无色花青素等花青素前提物质，因此本研究不再深入分析 S1 时期。

为了进一步准确分析花青素苷类的峰物质，本研究通过配套软件上的质荷比提取的方法，靶向提取出含有目标质荷比的峰，具体来说就是花青素苷相关的数据，如矢车菊素的母核质荷比 287，飞燕草素 303，芍药素 301，牵牛花素 317，锦葵素 331，天竺葵素 271 等(图 2.4 至图 2.8)。根据靶向提取结果，矢车菊素、飞燕草素、芍药素和牵牛花素均观测到显著的吸收峰，表明红花玉兰花青素苷成分中含有大量这些物质；锦葵素提取图吸收峰较低，有少量杂峰，表明红花玉兰花青素苷成分中可能含有少量该类物质；而天竺葵素提取图则基本呈现杂峰噪音状态，表明红花玉兰花青素苷成分中可能不含有该类物质。该结果表明三条花青素苷合成分支途径中，红花玉兰只包含其中的两个，即矢车菊素和飞燕草素合成途径。

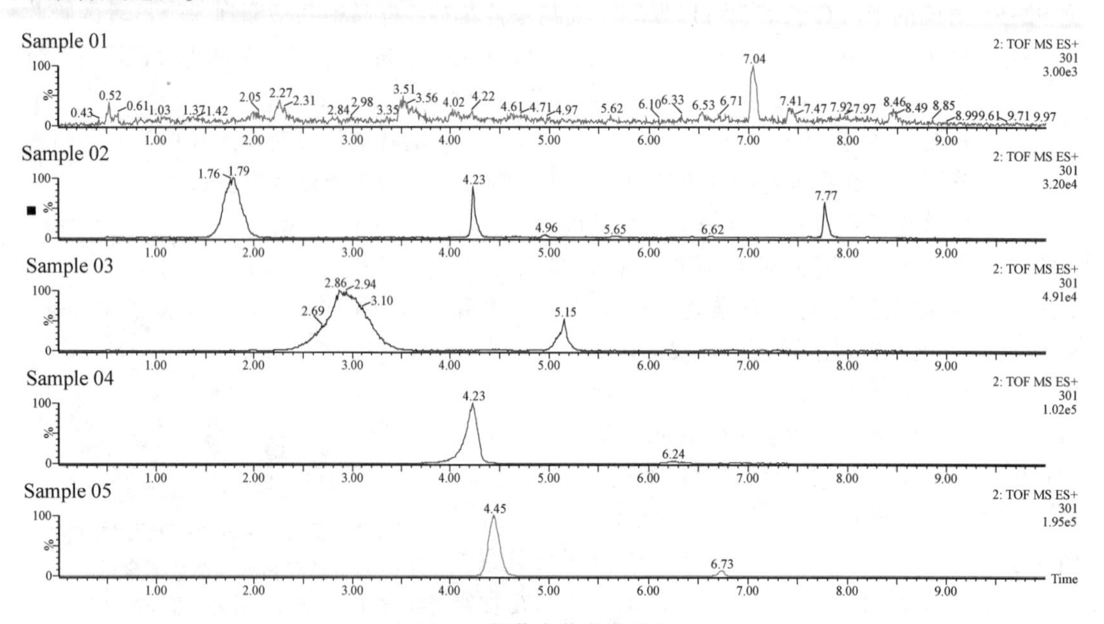

图 2.4 芍药素苷类的提取图

Sample 1-5：S1-S5

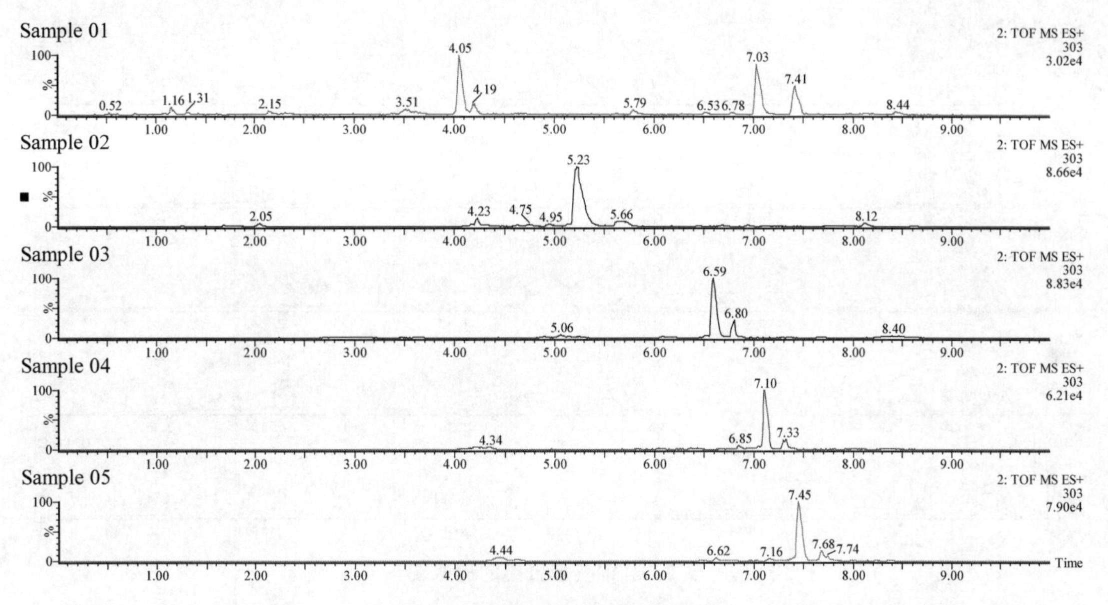

图 2.5 飞燕草素苷类的提取图

Sample 1-5：S1-S5

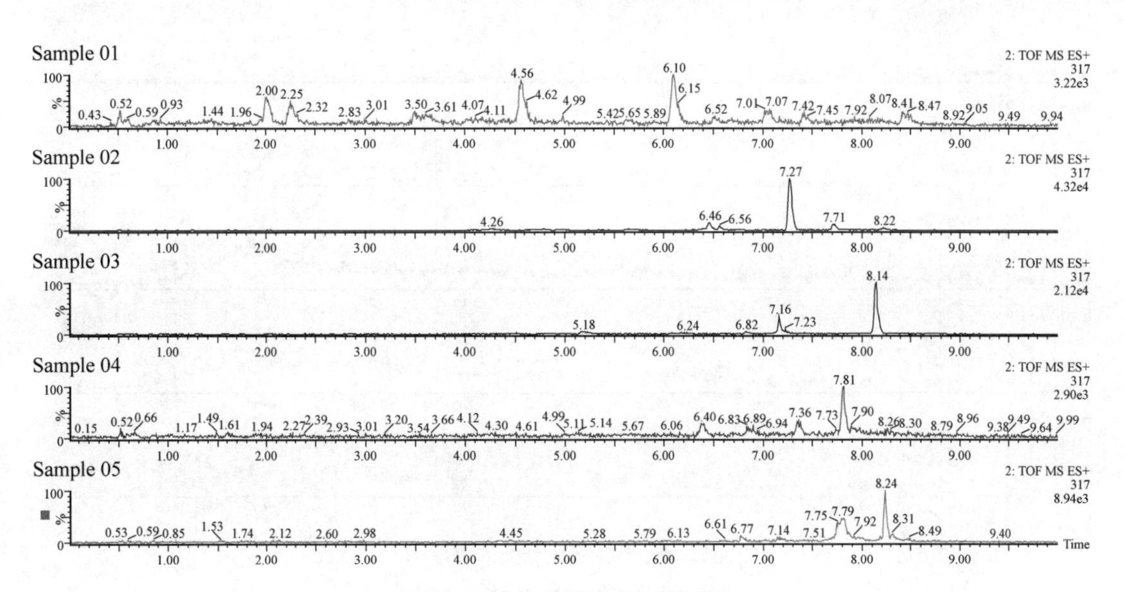

图 2.6 牵牛花素苷类的提取图

Sample 1-5：S1-S5

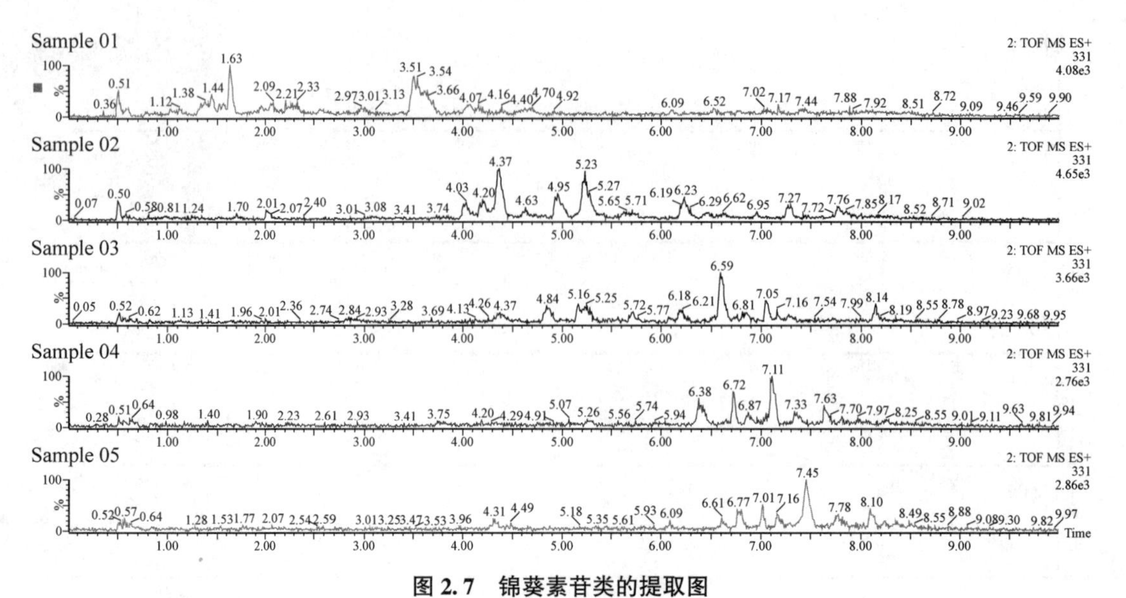

图 2.7 锦葵素苷类的提取图

Sample 1-5：S1-S5

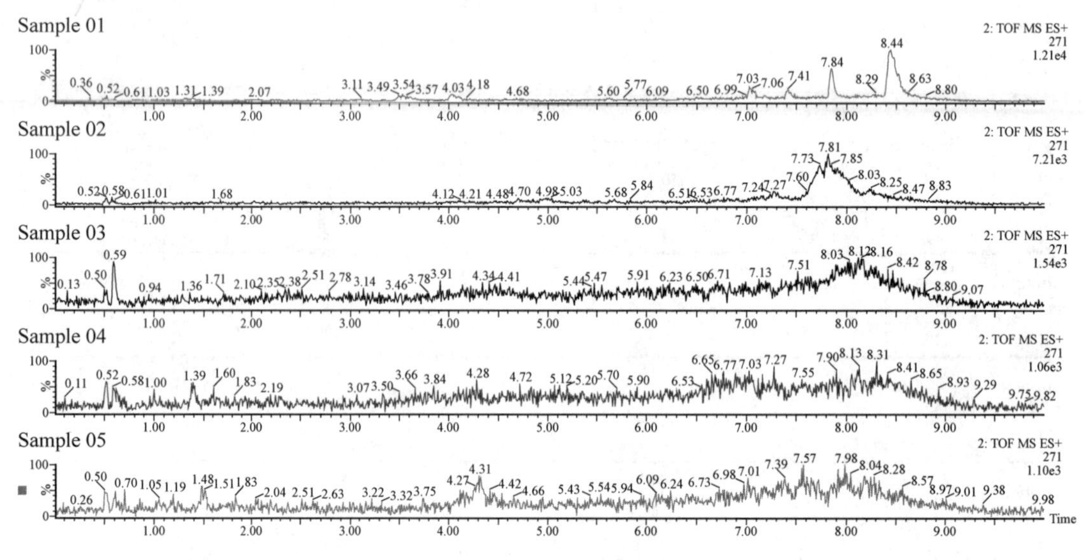

图 2.8 天竺葵素苷类的提取图

Sample 1-5：S1-S5

2.1.3 小结

本章根据红花玉兰花发育特征，将发育阶段分为五个时期，以花色表型最为显著的JH1品种作为研究对象，综合分析了红花玉兰花被片花青素苷合成过程的相关表型的变化规律，主要结果如下：

(1)通过分析红花玉兰花器官S1-S5阶段的形态及花被片表皮细胞结构变化，确定S2-S4阶段为红花玉兰花发育的关键时期，期间细胞持续增大，花色素持续积累。

(2)基于HPLC法，对红花玉兰JH1花被片S1-S5不同发育时期的总花青素和总黄酮含量进行定量分析，结果显示红花玉兰花青素苷合成的关键时期为S2-S3。

(3)基于HPLC的结果，通过进一步使用UPLC-MS，对红花玉兰JH1的花青素苷成分进行定性分析。结果显示，至少包含5个花青素苷成分并确定其母核，最终成功利用荷质比比对鉴定出其中的4个成分，并表明红花玉兰花青素苷合成途径包含矢车菊素苷和飞燕草素苷两个途径。

综上所述，为了深入探究红花玉兰花青素苷的合成和调控，本章从花发育过程出发，综合分析了红花玉兰花青素苷的积累过程，为下一步遗传层面的分析提供了重要的理论基础和数据支撑。

2.2 不同花器官发育时期红花玉兰转录组测序及关键基因筛选

本研究为了揭示红花玉兰花青素苷合成途径的遗传途径，挖掘关键调控基因，使用Illumina测序平台对不同发育时期红花玉兰花器官进行深度转录组测序。通过使用De novo组装、多数据库综合功能注释、差异表达分析，研究花青苷合成的转录特性。

2.2.1 材料与方法

2.2.1.1 材料采集及处理

采用红花玉兰‘娇红1号’品种S1-S5五个发育时期的整花作为实验材料。

2.2.1.2 转录组测序

见1.4.1.2。

2.2.1.3 差异表达基因趋势分析

趋势分析是针对多个连续型样本(至少3个)的特点(样本间包含特定的时间、空间或处理剂量大小顺序)而对基因的表达模式(在多阶段中表达曲线的形状)进行聚类的方法。然后从聚类结果中挑选符合一定生物学特性(如表达量持续上升)的基因集。通过Short Time-series Expression Miner软件(Ernst and Bar-Joseph，2006)，输入所有差异基因的表达量(按生物学逻辑将样品顺序排好)的文件，然后选择参数(-pro 20 -ratio 1.0)，进行趋势分析。对各个趋势中的基因进行GO/KEGG功能富集分析，并通过假设检验计算得到P值。得到的P值通过FDR校正之后，以$Q \leq 0.05$为阈值，满足此条件的GO term和Pathway，定义为在该趋势中显著富集的GO term和Pathway。

2.2.1.4 主成分分析

本研究中，为了揭示样品处理间的关系，采用了主成分分析(PCA)。PCA通过R语言的模块运行计算(http://www.r-project.org/)。通过主成分分析，大量的相关变量(如基因表达量)被转化为一套线性非相关变量，即主成分。

2.2.2 结果与分析

2.2.2.1 转录组序列组装结果分析

本研究一共构建了15cDNA文库，S1-S5五个发育时期，每个时期三个生物重复取样。每个cDNA文库获得51，509，298-80，827，7826个过滤后的高质量测序序列，获得了7，569，376，047-12，091，100，710bp的过滤后高质量数据(表2.2)。

表2.2 S1-S5各文库的测序总数

样品	过滤后测序序列数量(占总数百分比)	过滤后数据量(占总数百分比)
JH1-S3-1	80827782 (98.75%)	11795692435 (96.07%)
JH1-S3-2	76496772 (98.71%)	11160363938 (96.00%)
JH1-S3-3	50626520 (98.61%)	7157988418 (92.95%)
JH1-S2-1	55642056 (98.17%)	7969663789 (93.74%)
JH1-S2-2	62441160 (98.01%)	8951384500 (93.67%)
JH1-S2-3	51630812 (97.79%)	7388897412 (93.29%)
JH1-S1-1	67305018 (98.76%)	9817329921 (96.04%)
JH1-S1-2	76643610 (98.56%)	11168569403 (95.75%)
JH1-S1-3	63506380 (98.79%)	9268370401 (96.12%)
JH1-S4-1	53159384 (98.5%)	7495038622 (92.58%)
JH1-S4-2	53511524 (98.61%)	7552894428 (92.79%)
JH1-S4-3	66474064 (98.03%)	9525676314 (93.65%)
JH1-S5-1	52757122 (97.89%)	7553135372 (93.43%)
JH1-S5-2	51509298 (98.06%)	7376591881 (93.62%)
JH1-S5-3	58776636 (98.17%)	8425583219 (93.82%)

组装后的最长序列即为unigene，其中unigene的拼接长度均大于200 nt。其中长度在200~299nt的unigene数量最多，达到29668个。随着序列长度的增加，unigene数量逐渐减少。值得一提的是，大于等于3000nt的unigene数量达到1558个，这样的长unigene有很大几率为全长序列。最终共获得94805个unigene，平均长度为695nt，N50为1038nt(图2.9)。

为了确保足够的测序深度，根据测序拼接结果，本研究进一步分析了测序序列在最终拼接unigene中的覆盖度。结果显示，包含11~100个reads的unigene数量最多，包含少于10个reads的unigene仅有1195(图2.10)。考虑到unigene的平均长度，该测序覆盖度表明unigene具有较好的拼接质量。

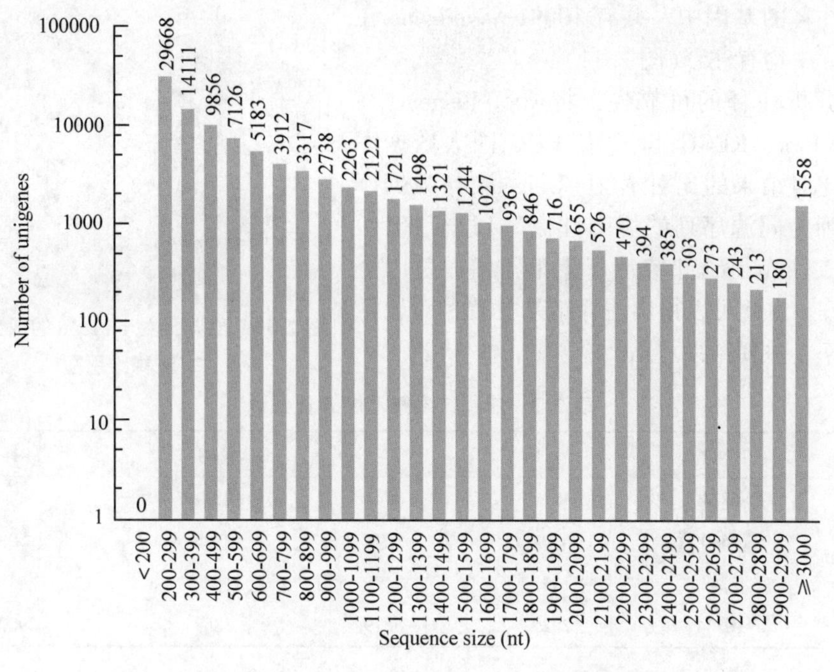

图 2.9 *M. wufengensis* 的 unigene 长度分布图

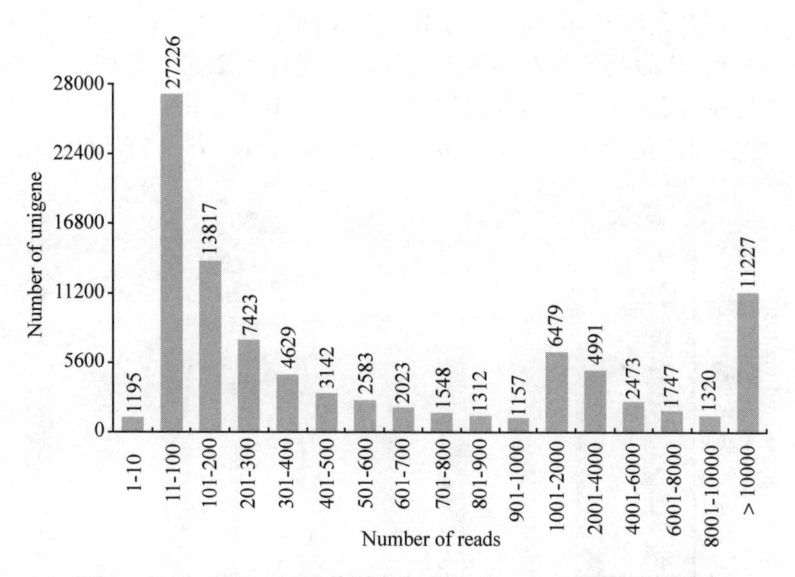

图 2.10 *M. wufengensis* 的测序序列在 unigene 上的覆盖统计图

2.2.2.2 Unigene 功能注释

(1) Unigene 的基本注释统计

基于 Nr、Swiss- Prot、KEGG、GO 和 COG 数据库，通过 BLASTx 对所有的组装 unigene 进行注释。最终，一共有 38204 个 unigene 获得了功能注释，占据总基因数的 40.3%。在获得功能注释的基因中，共有 10091 个 unigene 在四大数据库中均有注释(图 2.11)。

为了分析注释的可靠性，将所有 unigene 在 Nr、Swiss-Prot、KEGG 和 COG/KOG 四大数据库中的最佳比对结果的比对 E 值(Unigene 与数据库中匹配序列为同源序列的假阳性概率)进行统计，将其分为 5 个范围，并统计每个范围内的基因个数(表 2.3)。由此可以得出注释结果有着相对较低的假阳性率，注释结果可信。

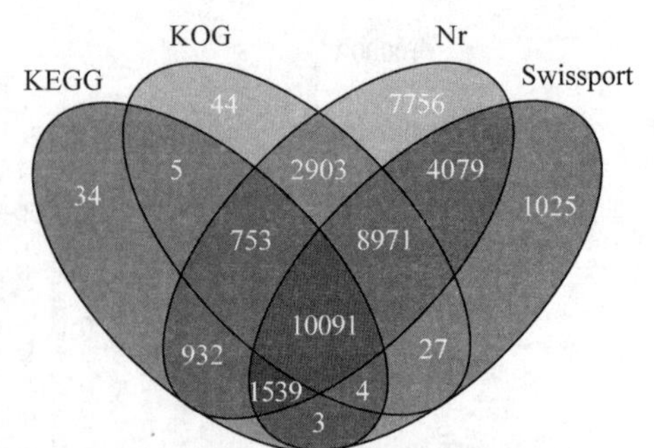

图 2.11　红花玉兰 unigene 的四大数据库注释维恩图

表 2.3　注释结果假阳性 E 值统计

数据库	$1e^{-20}\sim1e^{-5}$	$1e^{-50}\sim1e^{-20}$	$1e^{-100}\sim1e^{-50}$	$1e^{-150}\sim1e^{-100}$	$0\sim1e^{-150}$
KOG	6814	4812	3941	2531	4700
Swiss-Prot	6630	6301	5045	2726	5037
KEGG	2743	2435	2199	1670	4389
Nr	10504	7825	5879	3888	9003

(2) Unigene 的物种分布

利用 blastx 将组装出来的 unigene 序列与 Nr 数据库进行比对后，取每个 unigene 在 Nr 库中比对结果最好(E 值最低)的那一条序列为对应同源序列(如有并列，取第一条)确定同源序列所属物种，然后统计比对到各个物种的同源序列数量。最终，一共是 34.8% 的 unigene 跟已知物种数据库的注释具较强的同源性($E < 1e^{-100}$)。Nr 注释显示出，获得注释数最高的三个物种为莲花(*Nelumbo nucifera*)、葡萄(*Vistis vinifera*)和可可树(*Theobroma cacao*)(图 2.12)。

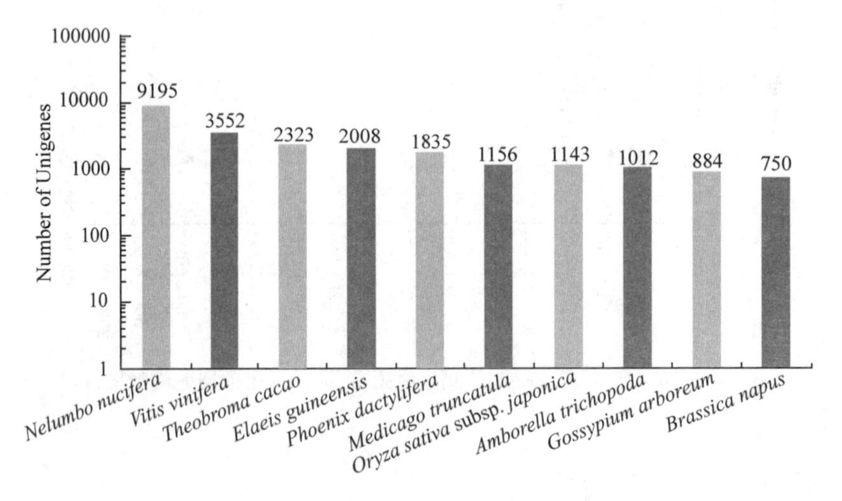

图 2.12　Unigene 注释数最高的 10 个物种

(3) GO 注释分类结果

根据 GO 注释分类结果，共有 23039 个 unigene 获得了 GO 注释并被分配三大类中。在

‘生物过程’大类中，‘代谢过程’所含基因数最高，达到13451个；其次是‘细胞过程’和‘单一组织过程’，分别包含12484和8729个基因。在‘细胞组分’大类中，获得大量注释基因的类别是‘细胞’(8499个)，‘细胞部分’(8495个)和‘器官’(6713个)。对于‘分子功能’这一大类，仅有两个小类获得显著较多的基因注释，分别是‘结合’(12530个)和‘催化活动’(12426个)。

(4)KEGG注释分类结果

KEGG数据库中，一共有7264个基因获得了注释，并被分配在130个KEGG通路里。包含基因最多的通路是‘植物-病害互作’(ko04626)，一共包含597个unigene。在本研究最关注的各代谢途径中，‘碳代谢’(ko01200)包含了最多的unigene，达到401个；其次是‘氨基酸合成’(ko01230)，包含390个unigene；然后依次是‘淀粉和糖代谢’(ko00500)，包含327个基因；‘嘌呤代谢’(ko0ko00230)，包含267个基因；‘嘧啶代谢’(ko00240)，包含217个基因。作为本研究的研究目的，通路‘类黄酮合成’(ko00941)共富集44个unigene；通路‘花青素合成’(ko00942)共富集9个unigene；通路‘黄酮和黄酮醇’(ko00944)富集了6个unigene。

(5)KOG注释分类结果

通过KOG数据库对直系同源蛋白进行分类，最终获得25个KOG分类。基因数含量最高的分类是‘一般功能预测’；其次是‘转录’，包含了占总数9.34%的unigene；然后是复制、重组和修复，包含了占总数8.64%的unigene；只有很少一部分基因富集到了‘细胞核结构’和‘细胞外结构’分类中。值得注意的是，有很大一部分unigene分布到了以下四个类群：‘转录后修饰、蛋白翻转和分子伴侣’(7.44%)，‘翻译、核糖体结构和生物发生’(6.95%)，‘信号转导机制’(6.54%)，以及‘碳水化合物运输及代谢’(5.79%)。

2.2.2.3 Unigene高级注释结果

(1)CDS序列分析

基于NCBI的BLASTx功能，首先利用四大数据库，对转录组unigene CDS区域进行分析预测。比对出CDS区域翻译的氨基酸序列在20-90 aa长度分布最多，达到10668个，

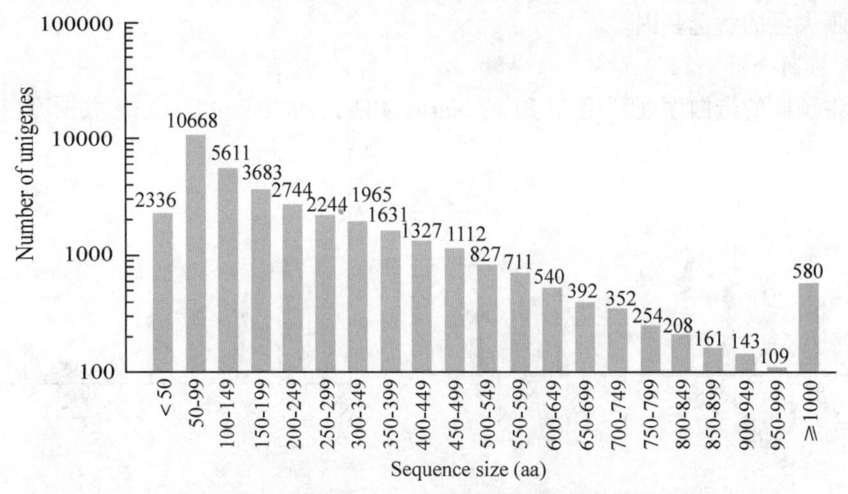

图2.13 通过blast比对得到的CDS翻译得到的氨基酸序列长度分布图

随着氨基酸长度的增加，unigene 数量逐渐减少，长度大于 1000 aa 的一共有 580 个(图 2.13)。对于在四大数据库中没能比对出的 CDS，本研究利用 ESTScan 分析未能在四大数据库取得比对结果的 unigene。利用 ESTSCan 分析得到的氨基酸序列，同样也在 50-99 aa 分布最多，达到 1424 个，而包含长度大于 1000 aa 的 unigene 只有 3 个(图 2.14)。通过预测这些 unigene 的 CDS 序列及注释，最终可以通过包括生物信息学分析在内的生物手段，发掘潜在功能基因，并最终可根据已知序列开展基因克隆及下游基因功能验证研究。

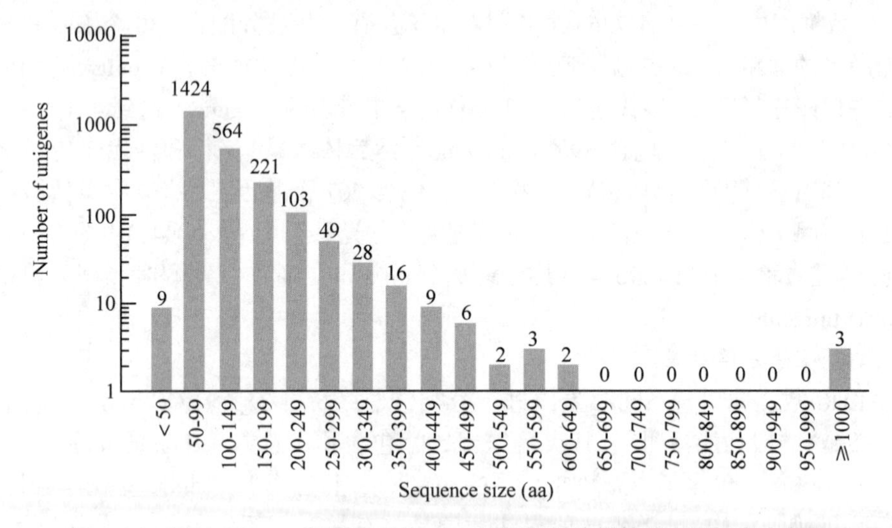

图 2.14　通过 ESTscan 预测得到的 CDS 翻译得到的氨基酸序列长度分布图

(2)转录因子分析

为了进一部深入了解红花玉兰花青素苷合成过程中的调控因素，通过发掘转录组数据，我们将预测的蛋白序列同相应的 TF 数据库(plant TFdb)进行 hmmscan 比对。根据 TF 的比对结果，bHLH 家族比对到了最多的基因，共计 93 个，其次是 ERF，然后是 MYB 和 MYB-related 这两个家族。根据前人的报道，bHLH 和 MYB 家族基因被大量报道与花青素苷合成相关(图 2.15)。依据转录因子比对结果，为进一步筛选红花玉兰花色相关的调控途径提供了大量的备选基因。

(3)R 基因分析

我们将预测的蛋白序列利用 NCBI 的 blastp 功能，同相应的 R-Gene 数据库(PRGdb)

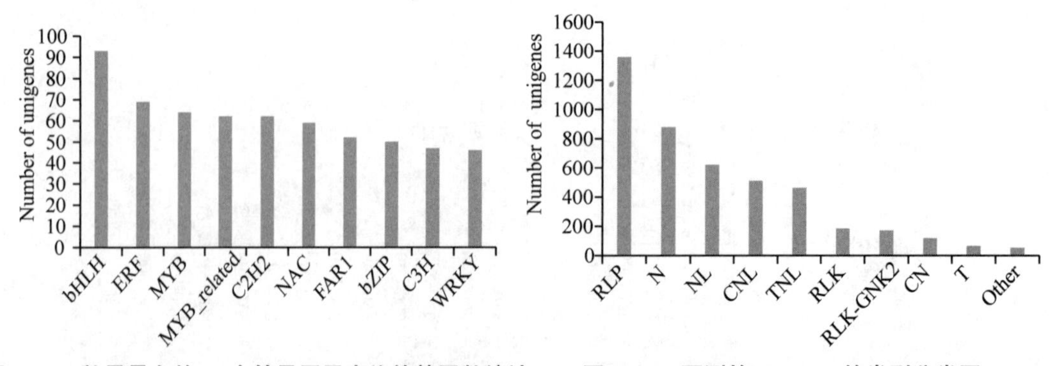

图 2.15　数量最多的 10 个转录因子家族的基因数统计　　**图 2.16　预测的 R-Gene 的类型分类图**

进行比对。结果显示，RLP类(感受器蛋白)富集了最多的基因，达到1358个；其次N类(包含NBS结构域，但没有LRR结构域)基因达到880个，然后是NL类(N端包含NBS结构域，C端包含LRR结构域，不含CC结构域)基因达到622个(图2.16)。虽然本研究的重心不是植物抗逆，但是通过不断发掘转录组数据，可以尽可能地为未来的相关研究提供有利的研究资料。

2.2.2.4 转录组基因差异表达分析及关键基因的筛选

通过*De novo*组装和多数据库的功能注释后，我们首次获得了红花玉兰花被片的转录组数据库。基于该数据库，本研究需要进一步发掘生物信息学数据的生物学意义，找出变量和关键差异点，筛选在花色形成生物过程中的关键差异基因。

(1)样品间的关系

为了探究样品处理间的差异机制，首先需要了解样品间的关系。在RNA组学研究中利用主成分分析(PCA)，将样本所包含的上万个维度的信息(上万个基因的表达量)，降维为数个维度的综合指标(主成分)，以便于进行样本间的比较，同时保证原始数据中包含信息尽可能多地被保留。本研究使用R语言包来进行主成分分析。结果发现PC1可以解释总体方差的84.6%，而PC2仅能解释总体方差的10.4%。且各取样时期的生物重复样本间具有较好的重复性，尤其是S1-S3(图2.17)。

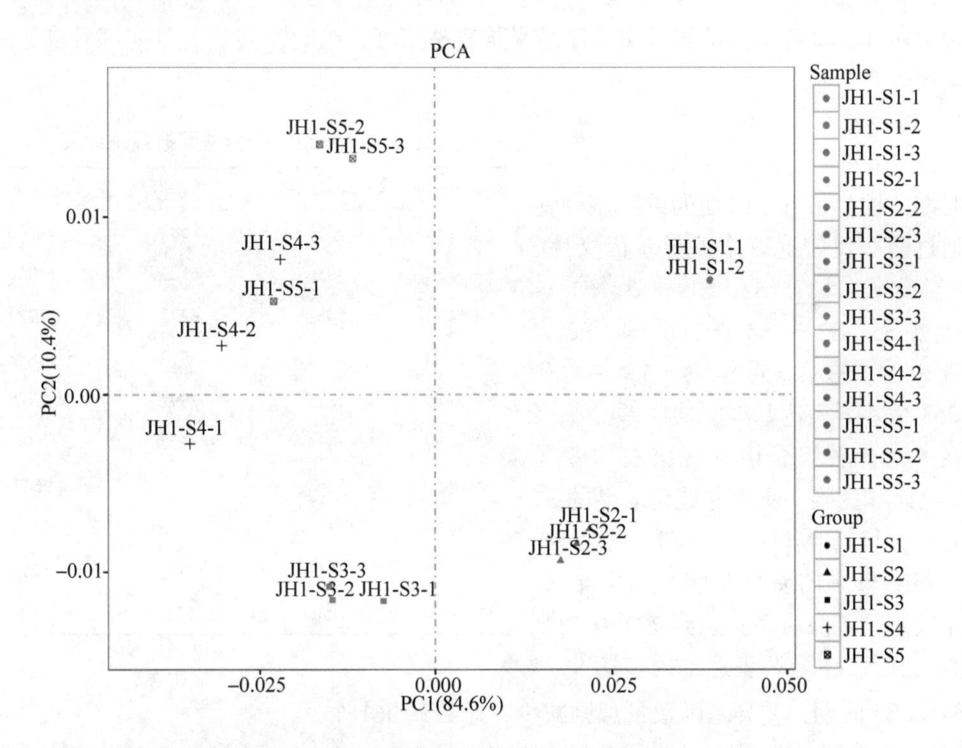

图2.17 基于主成分分析的红花玉兰转录组样品关系分析

通过计算RPKM，本研究同时获得了全体unigene在不同样品及不同发育时期的表达量信息。基于全体基因表达量，对样本的关系进行层级聚类，结果可以看出，不同时期的样品仍然具有较好的重复性，绝大部分的三个生物重复均各自聚为一类。从不同发育处理时间来看，S1 和 S2 聚为一类，总体表达量更为相似；S3、S4 和 S5 聚为另一类；其中 S4 和 S5 由于聚类距离相对较近，所以部分生物重复的样品进入了对方聚类组中(图 2.18)。

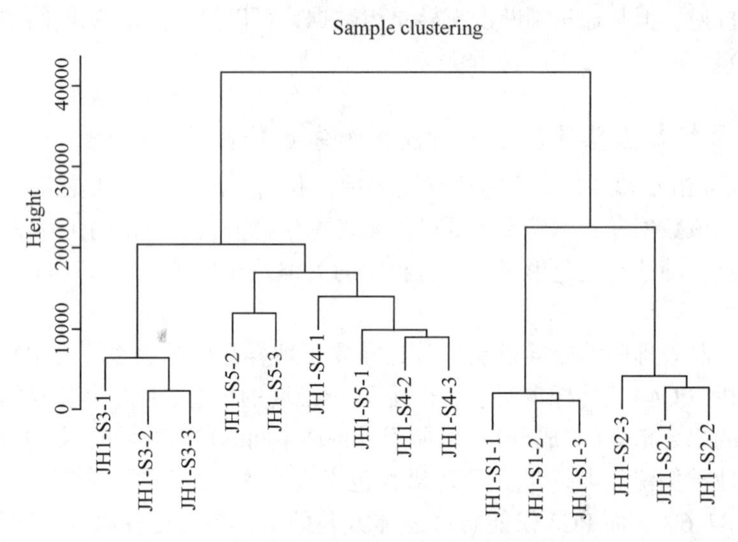

图 2.18　基于总体基因表达量的样品层级聚类

综上所述，红花玉兰的转录组测序结果重复性较好，组间差异显著，能够开展进一步差异基因表达分析。

(2)基因差异表达分析

基于红花玉兰‘娇红 1 号’的 S1-S5 五个时期，构建了五个时期的差异基因文库。通过两两比较这五个差异基因文库，即 10 对比较：S1vs S2，S1vs S3，S1 vs S4，S1 vs S5，S2 vs S3，S2 vs S4，S2 vs S5，S3 vs S4，S3 vs S5，S4 vs S5，一共获得 16063 个差异表达基因，这些差异基因至少在一对比较组合中表现出表达差异(表 2.4)。作为唯一具有非红色表型的 S1 发育时期，与其他各时期比较时，也同样产生了相对较多的差异基因，其中与 S2 时期比较差异基因最多，达到 12140 个差异基因，且 S2 中上调表达基因多达 8584 个。S4 vs S5 时期，差异基因数量急剧减少，总数仅 961 个。

表 2.4　分组间差异基因数量统计表

对比组	下调基因数	上调基因数	总差异基因数
S2 vs S1	3556	8584	12140
S3 vs S1	4936	6123	11059
S4 vs S1	5432	6292	11724
S5 vs S1	6072	5814	11886
S3 vs S2	2875	2892	5767
S4 vs S2	4074	3622	7696
S5 vs S2	5363	4284	9647
S4 vs S3	1326	842	2168
S5 vs S3	3118	1648	4766
S5 vs S4	456	505	961

以 S1 为对照时期，S2 时期是发育阶段变化最旺盛的时期，可能是花青素苷合成和花发育的关键时期。S4-S5 差异基因大幅减少，说明红花玉兰花生长发育基本结束(图 2.19)。

通过差异基因分析，对不同组间的差异基因有了基本了解。然而，面对筛选出的大量

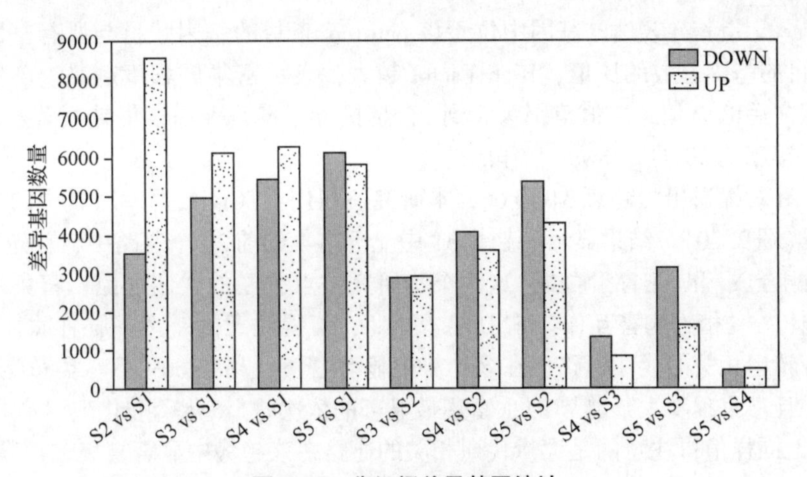

图 2.19　分组间差异基因统计

差异基因，筛选其中的关键基因仍颇具挑战。因此，基于前文筛选出的差异基因，进一步通过趋势分析，对五个发育时期中表达模式相似的基因进行聚类。趋势分析是针对多个连续型样本(至少 3 个)的特点(样本间包含特定的时间、空间或处理剂量大小顺序)而对基因的表达模式(在多阶段中表达曲线的形状)进行聚类的方法。然后从聚类结果中挑选符合一定生物学特性(如表达量持续上升)的基因集。使用软件 STEM：Short Time-series Expression Miner(http://www.cs.cmu.edu/~jernst/stem)输入一个包含每个样品中的基因表达量(按生物学逻辑将样品顺序排好)的文件，然后选择参数，进行趋势分析。

通过趋势分析，一共获得 79 个独立的表达趋势模式，其中有 36 个趋势 unigene 显著富集。为了进一步筛选与花青素苷合成相关的基因表达趋势，本研究进一步对每个表达趋势进行 GO 注释分类，对不同趋势进行基因功能的类群划分。基于 GO 注释分类结果，通过关注 GO 二级分类‘代谢过程’，最终筛选出 9 个富集大量‘代谢过程’基因的表达模式趋势，即趋势 1，2，4，11，13，28，31，54 和 66。其中，表达趋势 13 包含了最高数量的富集基因，其富集基因的表达水平在 S2 急剧下降后趋于平稳。基于筛选出的 9 个与‘代谢过程’相关性较高的趋势，本研究进一部探究花青素苷合成途径基因明显富集的表达趋势。根据‘类黄酮合成’(ko00941)、‘花青素合成’(ko00942)和‘黄酮和黄酮醇’(ko00944)通路基因在不同表达趋势里的分布，富集度最高的趋势为趋势 31(包含 7 个相关基因)和趋势 66(包含 10 个相关基因)。其中趋势 31 中，S2 时期基因表达量少量上升，S3 时期表达量显著下降，之后趋于平稳；而趋势 66 中，S2 时期基因表达量显著上升，之后保持平稳，停留在一个较高的表达量水平上。

针对筛选出的趋势 31 和 66，二者 GO 分类注释的基因分布规律与总体 unigene 的 GO 分类规律基本一致。在‘生物过程’大类中，‘代谢过程’所含基因数最高，其次是‘细胞过程’和‘单一组织过程’；在‘细胞组分’大类中，获得大量注释基因的类别是‘细胞’，‘细胞部分’和‘器官’。对于‘分子功能’这一大类，有两个小类获得显著较多的基因注释，分别是‘结合’和‘催化活动’。这两个趋势所包含的基因分类总体趋势也与转录组获得的所有 ungene 的分布相一致，表明这三大 GO 功能分类中的 6 小类与红花玉兰花发育过程中花青素苷的合成机制可能具有很强的相关性。

Rich Factor 指差异表达的基因中位于该 pathway 条目的基因数目与所有基因中位于该 pathway 条目的基因总数的比值，Rich Factor 越大，表示富集的程度越高。Q 值是多重假设检验校正之后的 P 值，取值范围为 0 到 1，越接近于零，表示富集越显著。该图是用 Q 值从小到大排序前 20 的 pathway 来作图的。

同时，针对筛选出的趋势 31 和 66，本研究还利用 KEGG 数据库对其中的基因进行通路注释分类(图 2.20)。结果显示，趋势 31 中显著富集的前 20 个通路中，首先可以清楚地发现‘类黄酮合成’和‘花青素合成’这两个本研究重点关注的代谢通路；富集最显著的依次是‘核糖体’，‘植物病害互作’和‘DNA 复制’，值得注意的是‘谷胱甘肽代谢’这一涉及花青素苷转运相关的代谢通路也在该趋势中显著富集；趋势 66 中，‘类黄酮合成’同样高度富集，且富集程度大于趋势 31；富集最显著的依次是‘氧化磷酸化’，‘碳代谢’和‘脂肪酸延伸’，同样值得注意的是大量代谢相关的通路在该趋势中显著富集。

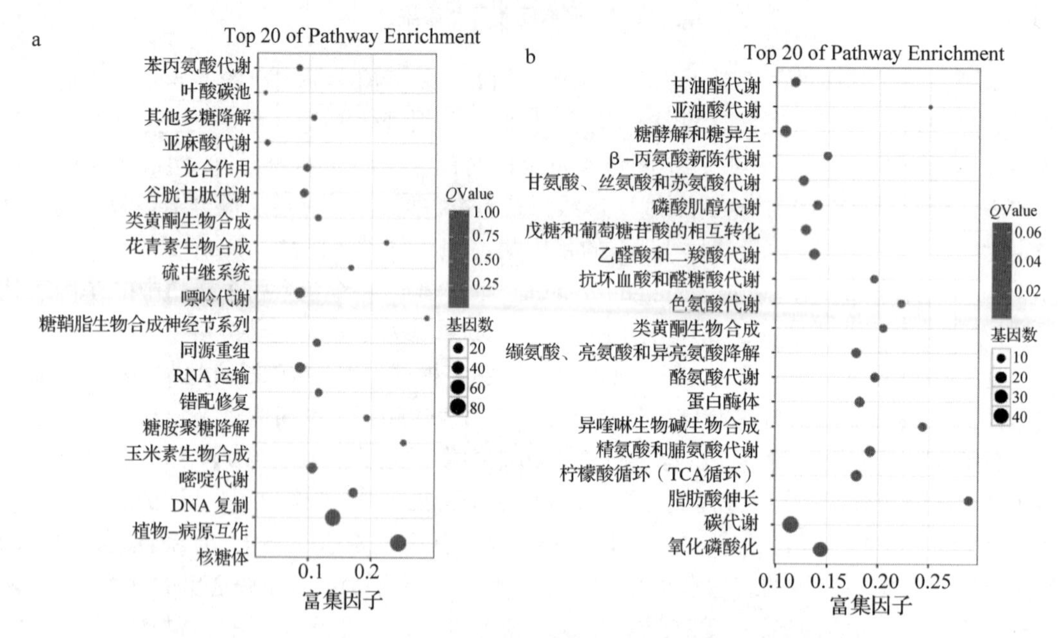

图 2.20　趋势 31(a) 和 66(b) 中基因的 KEGG 通路富集分类注释

因此，根据红花玉兰花青素苷合成的相关结构基因的表达趋势情况，S1-S2 期间是花青素苷合成基因的活跃期，也是花青素苷合成的关键时期。S2 期之后，这些基因的表达趋势分化为两种，暗示 S3-S5 期间，红花玉兰的花青素苷代谢可能进入了下一阶段，同时受到了其他因素的调节。而趋势分析聚类结果中趋势 31 和趋势 66 包含了相对较多的花青素苷合成基因，因此这两个趋势所富集的基因很可能与这些花青素苷合成基因具有上下游调控关系。

(3) 花青素苷合成相关基因的差异表达分析

基于筛选得到的所有差异基因，根据 KEGG 通路注释结果，重点筛选出了花青素苷合成途径及相关通路的差异表达结构基因，并分析这些基因在 S1-S5 五个发育时期的表达模式。

结果显示：*PAL* 基因，除 unigene0047032 外均在 S2 期显著上调表达；同时 *CHS*、

CHI、*F3H*、*F3'H*和*ANS*的所有基因也均在S2时期显著上调表达；*C4H*基因在S1-S4时期基因表达水平持续上升，S5时期表达量略微下降；注释为*4CL*的基因表达模式均不一致，可能存在拼接错误或注释不准确的问题；*ANR*和*LAR*基因则主要是S1和S2两个时期中表达，S3-S5表达量相对较低，由于这两个基因与原花青素合成相关，所以在无色的S1时期有较高的表达；*FLS*基因主要呈现两种表达模式，一种为第二时期显著上调表达，另一种则是在S1和S5时期具有相对较高的表达量，该基因主要参与'黄酮和黄酮醇'(ko00944)通路，因此与其他花青素苷合成通路基因的表达模式不同；*UFGT*基因则是在S1-S2具有相对较高的表达量，之后表达量显著下降；*UGT*基因则出现了三种情况的表达模式，有三个unigene同样表现出了在S2时期的显著上调表达，而有两个unigene仅在S1时期显著表达，还有三个unigene则是在S3-S5时期具有相对较高的表达量。

因此，本研究通过筛选差异表达的花青素苷相关注释基因，成功构建了红花玉兰花青素苷的类黄酮合成途径(图2.21)。同时，根据结果可以发现，大多数被注释为花青素苷合成相关的结构基因在S2时期的表达量显著高于其他时期，这进一步确认了S2时期是红花玉兰花青素苷合成的关键时期。同时，通过全面分析花青素苷合成相关结构基因的表达模式，也为进一步分析相关的关键调控转录因子提供了有力的数据基础。

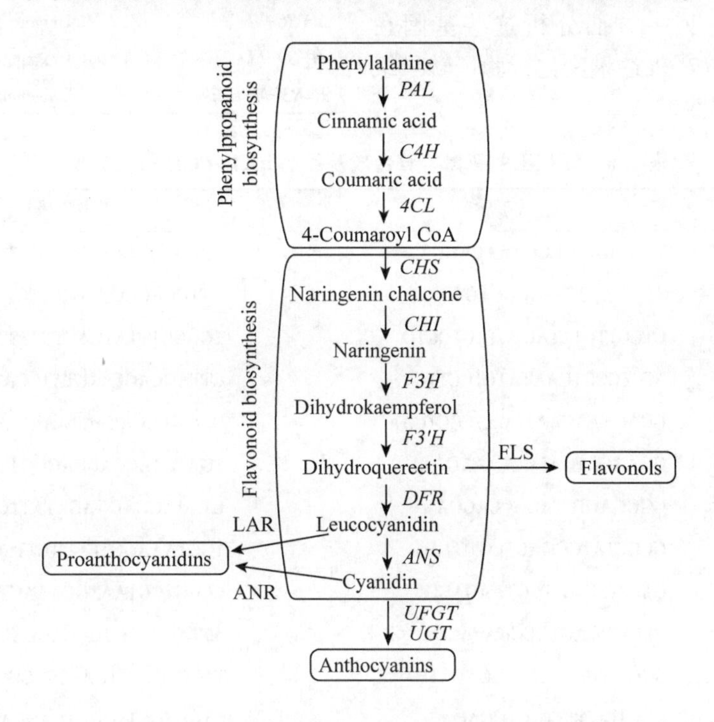

图2.21 红花玉兰花青素苷的类黄酮合成途径

基于趋势分析得到的两个重点趋势表达类群，对其中包含的MYB、bHLH和WD40转录因子编码基因，以及筛选出的花青素苷合成途径差异表达结构基因共表达网络分析(WGCNA)，最终筛选出了四个共表达显著相关的转录因子：unigene33906、unigene35409、unigene35410和unigene64119，其中三个的预测注释为MYB家族转录因子，一个为bHLH家族转录因子。因此，这四个转录因子很可能是红花玉兰花青素苷合成途径的关键调控基因。但共表达分析得到的相关关系，并不意味着一定参与调控，也可能仅是数学统计上的相关，这些转录因子可能参与的是其他表达规律一致的遗传调控途径，因此仍需要进一步实验验证。

2.2.2.5 花青素苷合成相关基因 qRT-PCR 验证

转录组测序拼接后，通过生物信息学计算分析获得了大量基因序列和表达量结果。虽然经过研究人员的不懈努力，尽可能减少了运算的误差，但其获得结果仍然为计算预测结果，具有一定误差。为了验证转录组数据的真实可靠性，本研究针对重点关注的红花玉兰花青素苷合成相关基因，随机选取其中的部分 unigene(表 2.5)，根据转录拼接的已知序列，设计 qRT-PCR 引物(表 2.6)。通过 qRT-PCR 一方面测序 PCR 产物核对 PCR 产物的正确性；另一方面分析这些基因在 S1-S5 的 qRT-PCR 表达量变化，验证转录组差异分析的合理性。

表 2.5 qRT-PCR 验证的 unigene 及对应功能基因名称

基因名称	Unigene 编号
PAL	Unigene0047032
C4H	Unigene0013805
CHS	Unigene0062263
F3H	Unigene0001762
DFR	Unigene0037566
ANS	Unigene0071878
FLS	Unigene0083900
UGT	Unigene0078227
MYB6-like	Unigene0033457
MYB9-like	Unigene0020288
R2R3-MYB like	Unigene0035410

表 2.6 红花玉兰花青素苷合成基因的 qRT-PCR 引物列表

基因名称	上游引物(F)	下游引物(R)
PAL	TAACGAAGCCGAAACAGGA	GAGAATTGGGCGAACATCA
C4H	ACGCATCTTACGCCAGTG	ATTCCAGCCGTTCATTCT
DFR	CTCCTTGTTTACTGTCGTCCTG	TGGGCTTTATCACTTCATTCTC
F3H	TTCTCCGTCAATATCTCCTTC	CTTAGCAGCCTCTATCCATCC
FLS	GCAGAAACAATCCATCCCTCAA	CAGGACGACAGTAAACAAGGAGAA
CHS	GGAAGGTGACGGCAGTGATT	TGATGTACCAGCAGGGATGC
ANS	GGGGACTCTACACCAGGAA	CTAACGGAGGAGATATTGACG
UGT	GCCCTATCGGACTCGTGAAG	TGCTAAAGGTGGCTCTTCGG
R2R3MYB like	CAATCGGTGTCGTAAGAGC	CCCGTCGTAATGGAAAGTA
MYB5 like	TTTATTTAGTGCCGATACCA	ATTACGATGTGCCAGGAG
MYB308 like	GCGAATCATACTCCGACAT	TTGCTGCTTTGACTCTGC
Actin	GGCTGGATTTGCTGGAGAC	GTGGTGCTTCGGTGAGGAG

本研究一共选择了 11 个基因进行 qRT-PCR 验证分析，包括 8 个花青素苷合成相关的结构基因和 3 个 MYB 转录因子编码基因。首先通过对 PCR 产物测序后，利用 NCBI 比对，确认了这些基因的功能比对结果与转录组注释相一致（图 2.22）。

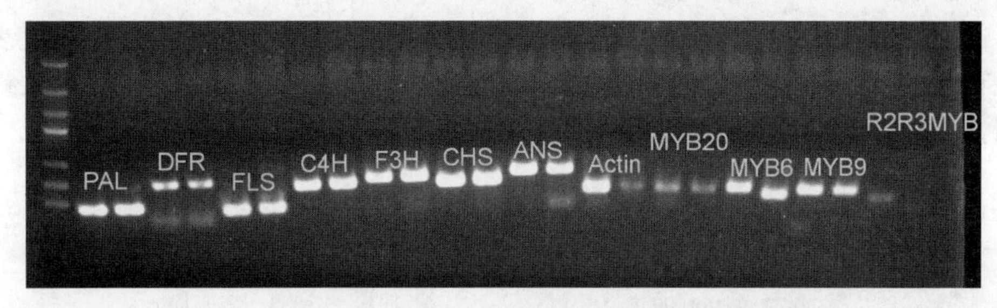

图 2.22　红花玉兰 qRT-PCR 产物的琼脂糖凝胶电泳检测结果

使用筛选出的 qRT-PCR 引物分析了筛选基因在 S1-S5 阶段的表达模式。结果显示，这 11 个基因的 qRT-PCR 表达模式与转录组数据基本一致：*PAL*(Unigene0047032)在 S1-S2 阶段相对表达量显著上升，之后逐渐下降；*C4H*(Unigene0013805)和 *UGT*(Unigene0078227)相对表达量 S1-S5 阶段持续上升；*CHS*(Unigene0062263)、*F3H*(Unigene0001762)和 *FLS*(Unigene0083900)在 S2 时相对表达量最高，之后逐渐下降；DFR(Unigene0037566) S1-S2 表达量均很低，S3-S4 持续上升，S5 开始下降；*ANS*(Unigene0071878)同样在 S2 阶段表达量最高，S3-S5 表达量相对较低(图 2.23)。

检测的三个转录因子 qRT-PCR 结果显示，*MYB6 like* 和 *MYB9 like* 在 S1-S4 持续上调表达(图 2.24)；有意思的是，*R2R3 MYB like* 基因则在 S2-S4 时期表达，且 S2 时期表达量

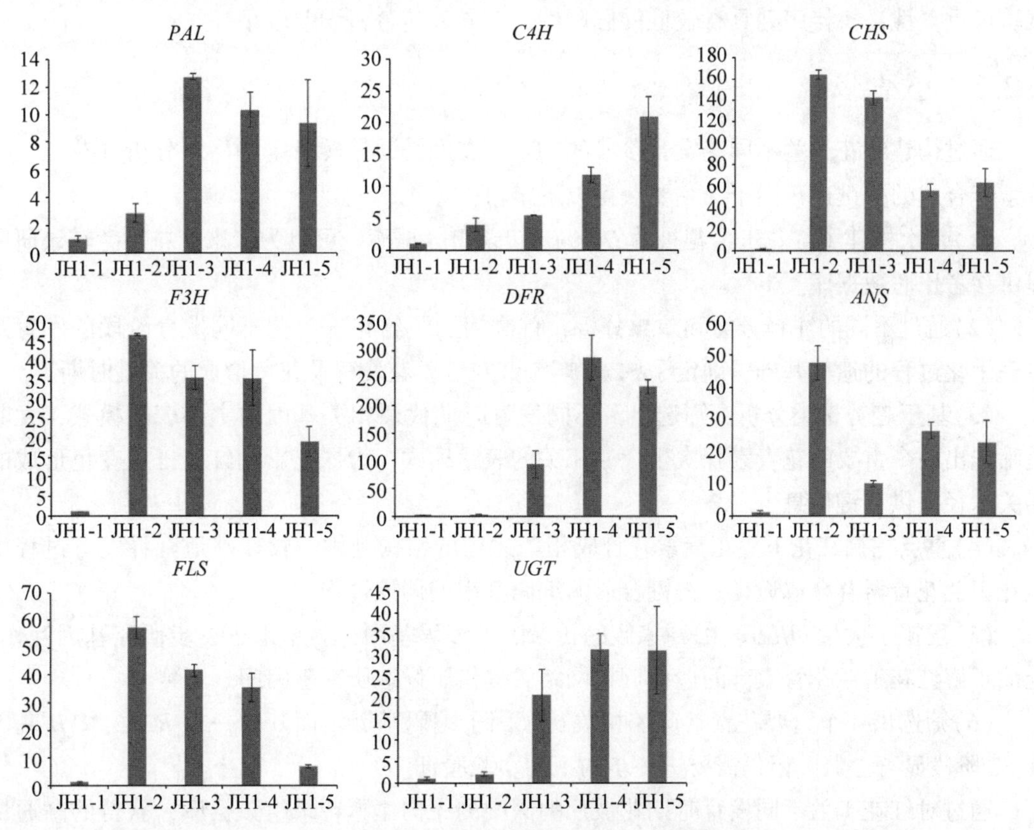

图 2.23　红花玉兰花青素苷合成相关结构基因在不同时期的 qRT-PCR 表达量

注：纵坐标为基因相对表达量

最高，通过查询该基因转录组趋势分析结果，发现其位于趋势 31 中，即之前研究表明的花青素苷重要合成基因的富集趋势，结合 S2 时期也是红花玉兰花青素苷合成的关键时期等证据，暗示该基因可能是红花玉兰花青素苷合成途径的重要调控基因。

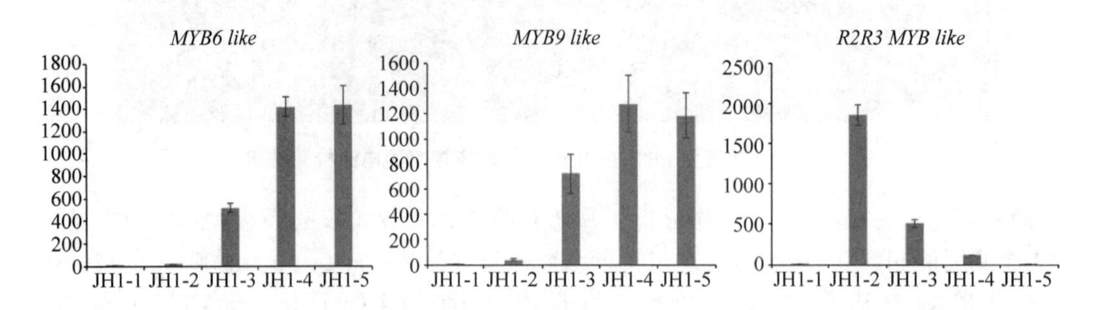

图 2.24　编码 MYB 转录因子的部分基因在不同时期的 qRT-PCR 表达量

注：纵坐标为基因相对表达量

通过相关性分析，qRT-PCR 得出的各基因表达模式与转录组差异基因表达分析结果具有较高的相关性，平均相关性系数达到 0.734($P<0.01$)。qRT-PCR 验证数据的高度一致结果，这进一步表明红花玉兰不同发育时期的转录组数据分析结果具有良好的可靠性和试验可重复性，拼接序列具有较低的假阳性，差异表达分析误差较小。

2.2.3　小结

通过构建红花玉兰不同花发育阶段的 cDNA 文库，通过转录组测序，分析红花玉兰花青素苷合成的关键遗传因子。主要获得以下结果：

(1)首次构建了红花玉兰花被片 *De novo* 转录组数据库，可以为未来红花玉兰转录研究提供参考比对数据库。

(2)通过不同的注释分类和差异分析，首次揭示了红花玉兰花不同发育阶段的发育及生理生化过程的遗传基础，确定了 S2 时期是红花玉兰花发育及花色形成的关键时期。

(3)基于趋势聚类分析，筛选出了不同发育时期代谢相关基因的主要表达模式，尤其是筛选出两个重要的花青素苷次生代谢相关的表达模式，为探究影响红花玉兰花色形成的相关途径提供关键信息。

(4)重点挖掘红花玉兰花青素苷合成相关途径的结构基因，较完整地阐释发育过程中红花玉兰花青素苷合成途径各关键合成酶编码基因的调控过程。

(5)发掘了大量 *bHLH*、*MYB* 家族的转录因子编码基因，为未来进一步研究基因互作，全面了解红花玉兰花青素苷的遗传调控网络，提供了候选研究基因库。

(6)筛选出 4 个重要花青素调控相关转录因子编码基因，而其中一个 *R2R3 MYB* 基因在 S2 阶段显著上调，但仍需要进一步的下游实验验证。

通过对红花玉兰不同发育时期花被片的深度测序构建了转录组数据库，获得的高通量巨大数据，可以作为一个红花玉兰甚至木兰科植物重要的研究功能基因组学的公共信息平台，也为深入研究红花玉兰花青素次生代谢提供了重要的遗传信息。

2.3 红花玉兰 *MwMYB*1 转录因子的克隆及功能分析

根据前人的研究，参与花青素苷合成途径调控的转录因子主要有 MYB、BHLH 和 WD40 三个家族。因此，基于转录组的信息，本研究通过重点关注这三个家族的基因，筛选红花玉兰花青素苷合成的关键调控基因。根据之前的研究结果，本研究筛选出一个 R2R3 MYB 转录因子编码基因，根据其初步比对结果暂时命名其为 *MwMYB*1。

2.3.1 材料与方法

2.3.1.1 植物材料

为了研究 *MwMYB*1 的时空表达模式，分别采集了红花玉兰品种 JH1 花被片的五个发育时期 S1-S5(同 2.1)；红花玉兰品种 JH1 不同组织器官，包括根、心皮、雄蕊、种子、茎、叶柄、幼叶、老叶。

为了研究 *MwMYB*1 的生物功能，同时使用了模式物种哥伦比亚型拟南芥(*Arabidopsis thaliana*)和烟草(*Nicotiana tabacum*)作为转基因平台。

为了研究 *MwMYB*1 的亚细胞定位，使用模式物种小叶烟草(*Nicotiana benthamiana*)作为转基因平台。

样品的处理与保存见 1.1.1。

2.3.1.2 RNA 提取及 cDNA 合成

方法见 1.4.1.2。

2.3.1.3 基因克隆

基于转录组测序数据，凭借获得的 unigene0035410 全长序列信息，首先利用 NCBI 在线工具 ORF finder (https://www. ncbi. nlm. nih. gov/orffinder/)分析获得 *MwMYB*1 的 ORF 序列。根据该 ORF 序列信息，设计扩增全长 ORF 的上下游引物。利用 pfu 高保真酶(全式金，北京)获得 *MwMYB*1 ORF 的 PCR 产物。然后通过 TA 克隆的手段，对 PCR 产物链接 A 尾后，连接到 PMT-19 载体中(Takara，大连)；接着将转化好的 T 载体转化至大肠杆菌，挑取阳性单克隆后扩大培养。一方面提取质粒后测序从而获得并验证实际的 *MwMYB*1 ORF 基因序列（睿博兴科，北京)，多余质粒保存于-20℃冰箱；另一方面，将包含序列正确基因的大肠杆菌单克隆菌群保存于 50%甘油中，并置于-80℃冰箱内保存，供后期其他试验使用。

2.3.1.4 生物信息学分析

*MwMYB*1 的完整 ORF 通过 NCBI 在线工具 ORF finder 预测(http://www. ncbi. nlm. nih. gov/gorf/gorf. html)；保守结构域通过 NCBI 保守结构域搜索在线程序预测(http://www. ncbi. nlm. nih. gov/Structure/cdd/wrpsb. cgi)和 DomSerf v2. 0 共同分析；蛋白结构和功能预

测使用 PSIPRED 3.0 软件预测(http://bioinf. cs. ucl. ac. uk/psipred/);启动子区域顺式作用原件，根据获得的最长启动子序列信息，利用 PlantCare 在线工具预测(http://bioinformatics. psb. ugent. be/webtools/plantcare/html/)

2.3.1.5 载体构建

通过构建基因过表达体系验证 *MwMYB1* 的生物功能。完整的 *MwMYB1* 开放阅读框(ORF)cDNA 序列，被构建到 pBIN438 植物表达载体中(35*S*::*MwMYB1*)(由上海植物逆境研究中心朱晨博士提供，未发布)，载体包含增强型 CaMV35S 启动子，选择标记是卡那霉素。

2.3.1.6 植物转基因

为了研究 *MwMYB1* 的生物功能，同时使用了模式物种哥伦比亚型拟南芥和烟草作为转基因平台。

烟草转基因采用愈伤组织诱导转化法，使用 2 周大烟草无菌苗。无菌条件下，剪取约 0.5cm^2烟草叶片组织，通过侵染含有表达载体的农杆菌进行转化；用共培养基培养 72 h 后，使用包含筛选标记的生芽培养基，诱导愈伤组织芽分化；获得成活新芽后，切取后置于包含筛选标记生根培养基，诱导生根；最后移栽顺利生根的幼苗至土中，通过 PCR 基因型检测确认为阳性的，即为转基因 T0 代。烟草使用 T1 代植株作为研究对象，每种基因型使用三个独立转基因单株系，每个株系选择三株进行分析。

2.3.1.7 亚细胞定位

亚细胞定位采用小叶烟草表皮注射，通过植物活体瞬时转化试验观察融合蛋白在细胞的表达位置。基于之前研究的方法，利用包含植物表达质粒的 LBA4404 的农杆菌菌株注射 4 周大的小叶烟草植株成熟叶片。

每个处理注射 3 株植物作为生物重复，每株注射 3 片成熟叶片。农杆菌注射后 48 h，通过荧光共聚焦显微镜观测荧光结果(Leica SP8，德国)。

2.3.1.8 总花青素含量测定

方法见 2.1.1.2。

2.3.1.9 实时荧光定量 PCR

方法见 1.4.1.4。烟草试验分析的对照基因为 *NtEF1α*(GeneID：927382)，拟南芥试验分析的对照基因为 *AtActin* (GeneID：823805)。

2.3.1.10 烟草光照处理

为了验证转基因植株的光响应表型，本研究利用光照培养箱，对烟草进行不同的光照强度处理，分别为 150$\mu mol \cdot m^{-2} \cdot s^{-1}$、500$\mu mol \cdot m^{-2} \cdot s^{-1}$、1000$\mu mol \cdot m^{-2} \cdot s^{-1}$、光周期为 16h 光照、8h 黑暗。

2.3.1.11 ABA 处理

将生长2周的成熟拟南芥莲座叶分别置于不同 ABA 浓度梯度 MS 培养基中，ABA 浓度为 1 μmol·L^{-1}，5μmol·L^{-1}，10μmol·L^{-1}。每个处理使用3个转基因株系作为生物重复，每个株系中使用3个叶片。

2.3.2 结果与分析

2.3.2.1 *MwMYB*1 ORF 的克隆及生物信息分析

根据转录组测序获得的 Unigene0035410 的编码区域核酸信息，通过 NCBI 的 ORF 比对工具，获得 ORF 序列信息，全长为 699bp。利用 Primer 3 在线工具设计引物，并引入双酶切位点（BamHI 和 SacI），上游引物为 *MwMYB* ORF-F：CGGGATCCATGGGTCAATCAGGAGTACGAAAG；下游引物为 *MwMYB* ORF-R：CGAGCTCGTGGCCATCTAATTGCGCCCAAAG。通过 PCR，连接 T 载体后转化大肠杆菌，通过菌落 PCR 及测序，确认 *MYB*1 的全长 ORF 最终的序列信息，与转录组测序结果一致。

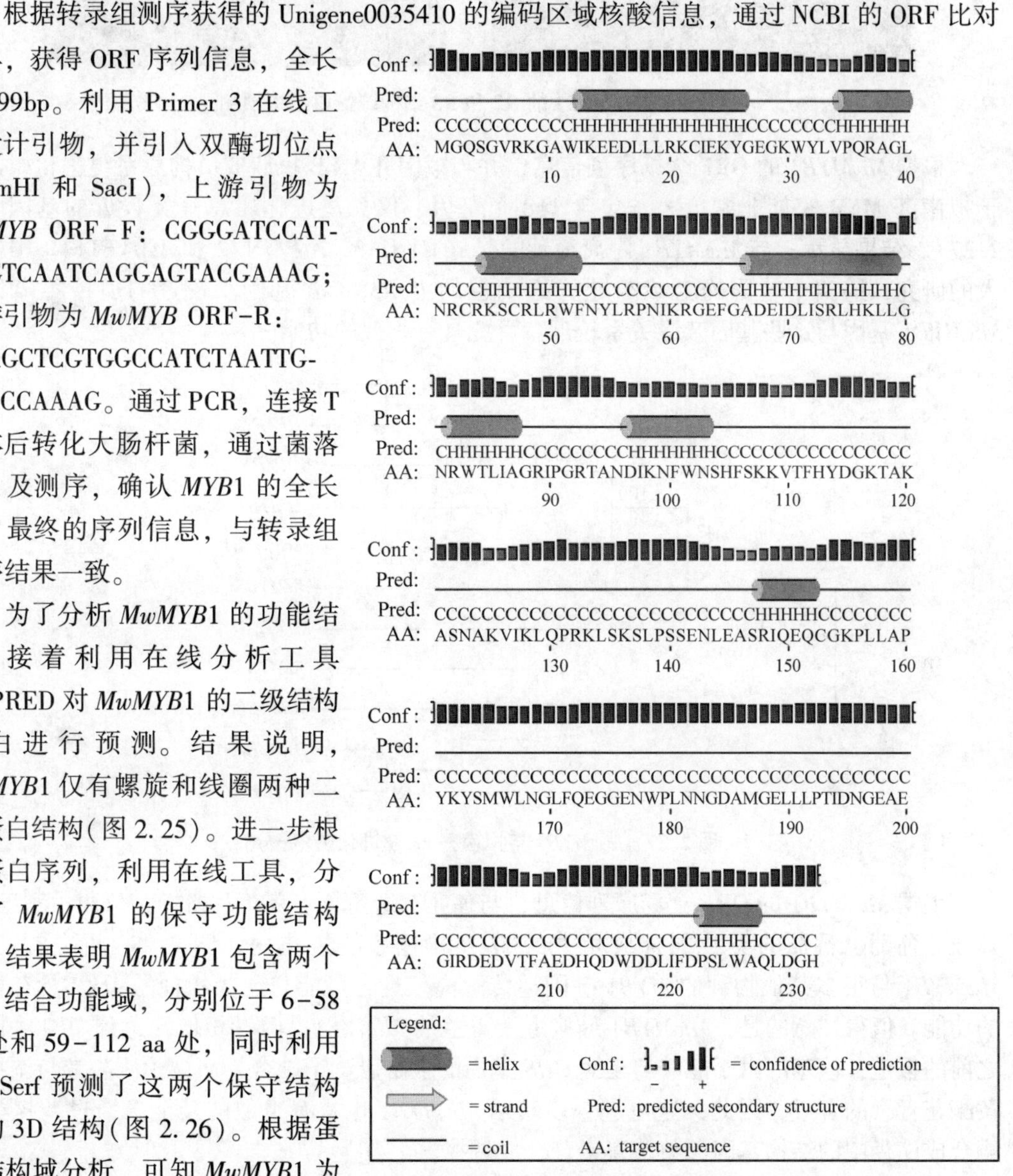

图 2.25 *MwMYB*1 ORF 编码蛋白二级结构预测

为了分析 *MwMYB*1 的功能结构，接着利用在线分析工具 PSIPRED 对 *MwMYB*1 的二级结构蛋白进行预测。结果说明，*MwMYB*1 仅有螺旋和线圈两种二级蛋白结构（图 2.25）。进一步根据蛋白序列，利用在线工具，分析了 *MwMYB*1 的保守功能结构域。结果表明 *MwMYB*1 包含两个 Myb 结合功能域，分别位于 6-58 aa 处和 59-112 aa 处，同时利用 DomSerf 预测了这两个保守结构域的 3D 结构（图 2.26）。根据蛋白结构域分析，可知 *MwMYB*1 为一个 R2R3-MYB 转录因子。

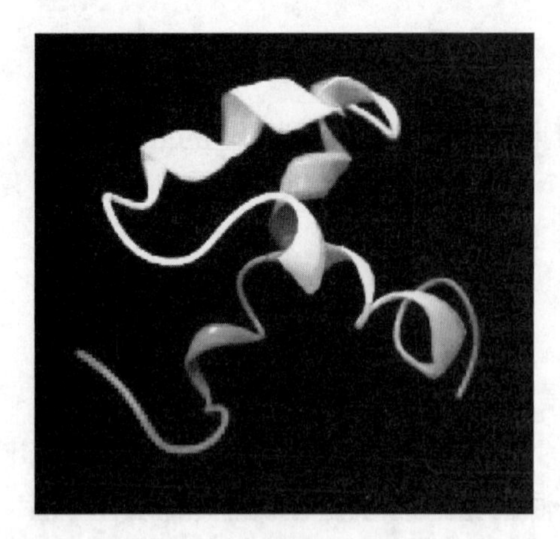
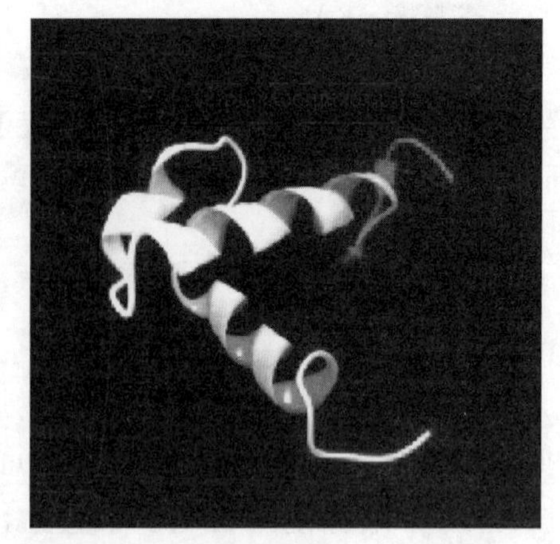

图 2.26　*MwMYB1* 的 R2 和 R3 结构域蛋白结构预测

根据 *MwMYB*1 的 ORF 全场序列信息，并与拟南芥 MYB 家族成员构建系统进化树，由于拟南芥 MYB 家族非常庞大，包含 168 个基因，仅关注进化树总聚类较近的基因（图 2.27）。结果显示，与 *MwMYB*1 距离最近的是 *AtMYB*113、*AtPAP*1/2 和 *AtMYB*114。根据前人的研究，这四个基因均为参与花青素调控的 *R2R3 MYB* 基因。较近的遗传距离说明 *MwMYB*1 基因与这些基因亲缘关系较近，可能具有相似的功能。

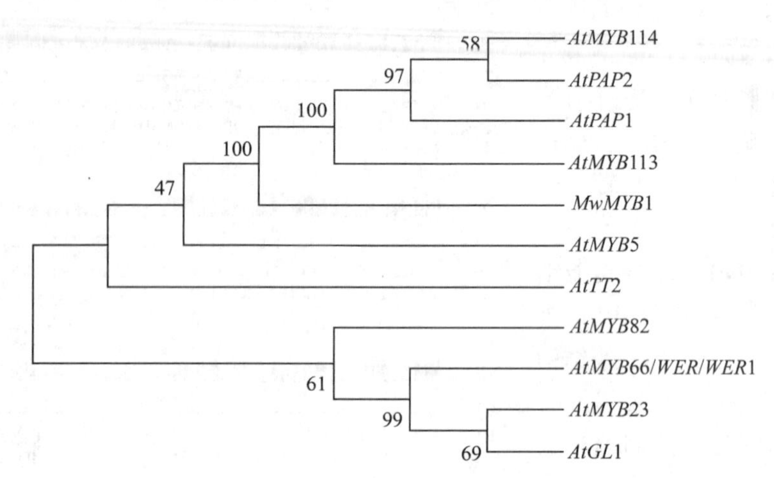

图 2.27　*MwMYB*1 与拟南芥 *MYB* 进化树(部分)

根据 *MwMYB*1 的 ORF 全场序列信息，与莲花、金鱼草、夏堇、树棉、芍药、紫玉兰、荔枝、葡萄、番茄的类黄酮合成相关的 *MYB* 构建系统进化树（图 2.28）。结果表明，*MwMYB*1 与很多其他物种的 *MYB*1 基因遗传距离较近，可能与这些物种的 *MYB* 具有相似的功能。值得注意的是，*MwMYB*1 最接近紫玉兰的 *MlMYB*1，两者相似性达到 79%；根据之前的报道，该基因由于能够与土豆 *CHS* 基因的上游启动子结合，而被预测为参与调控类黄酮花青素的合成。因此，这也进一步暗示 *MwMYB*1 也具有类似的功能，通过调控类黄酮合成途径中的结构基因参与花青素苷合成调控。

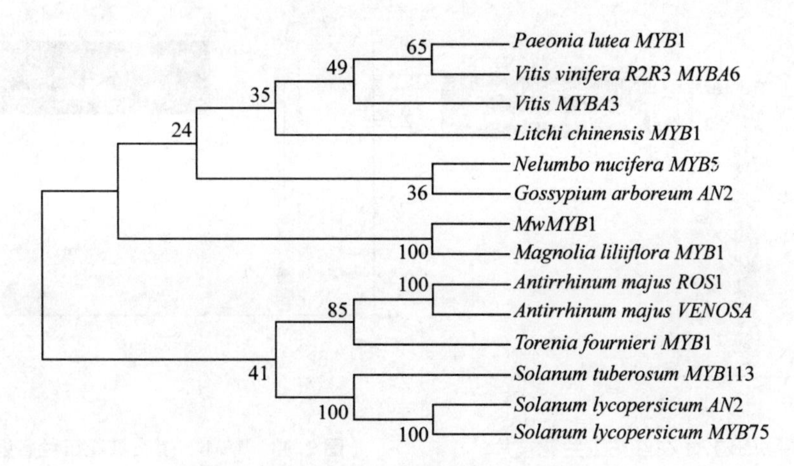

图 2.28 *MwMYB*1 与其他物种 *MYB* 进化树

2.3.2.2 *MwMYB*1 启动子区域的生物信息学分析

为了研究 *MwMYB*1 的表达模式和调控手段，本研究通过染色体步移获得了 1570bp 的 *MwMYB*1 上游基因组序列，作为其可能的启动子区域用于进一步研究。

根据启动子区域的序列信息，利用 PlantCare 在线工具，本研究预测了该区域可能的调控元件。主要包含以下元件：光响应元件，包括 BoxI，G-Box，GA-Motif，chs-Unit 1；茉莉酸甲酯顺势作用原件，包括 CGTCA-motif，TGACG-motif；赤霉素响应元件，包括 GARE-motif，P-box；脱落酸响应元件 motif IIb；水杨酸响应元件 TCA-element；生长素响应元件 TGA-element；伤口响应元件 WUN-motif；胁迫响应顺式作用元件 TC-rich repeats；以及 MYB 结合域 MBS。不过，值得注意的是根据 Plant Care 获得的核酸序列启动子调控元件仅为纯预测结果，具有很高的假阳性，如本研究中发现的根特异性表达元件 as1。因此，真实的启动子调控元件仍需要下游试验验证。

2.3.2.3 *MwMYB*1 的红花玉兰的表达模式分析

为了揭示 *MwMYB*1 的生物功能，本研究通过半定量 PCR 和 qRT-PCR 两种方法，研究红花玉兰本体中的 *MwMYB*1 时空表达模式。

*MwMYB*1 在红花玉兰花被片 S1-S5 五个时期，根据半定量和实时荧光定量(qRT-PCR)的结果，S1 和 S5 时期表达量极低，S2 期表达量显著高于其他时期($P< 0.01$)，S3 到 S4 时期逐渐下降。表明 *MwMYB*1 在 S2-S4 时期均发挥功能，且主要活性时期为 S2(图 2.29)。

本研究进一步分析了 *MwMYB*1 在红花玉兰其他器官的表达模式。半定量和实时荧光定量 PCR 的结果同样保持相似。除花被片外，*MwMYB*1 在心皮的表达量最高，显著高于其他组($P<0.01$)，其次是在幼叶和叶柄中也有较高的表达量；qRT-PCR 由于灵敏度较高，还检测到 *MwMYB*1 在种子和雄蕊中有较低的表达量；其他部位两种方式均无法检测到 *MwMYB*1 的表达(图 2.30)。说明 *MwMYB*1 具有组织特异性表达，可能仅参与部分器官的功能调控。

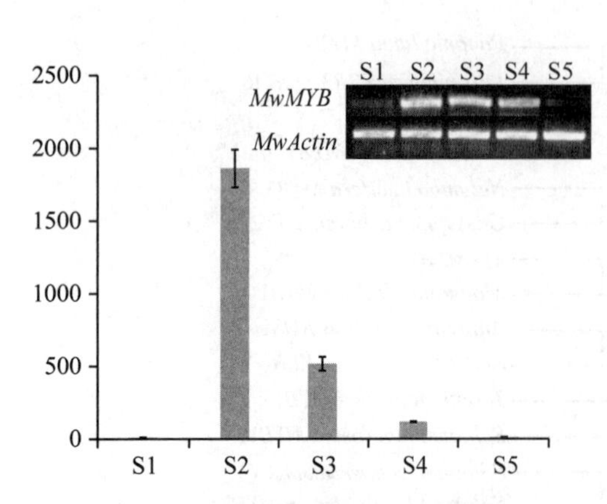

图 2.29　*MwMYB*1 在红花玉兰花被片 S1–S5 时期的相对表达量

注：纵坐标为基因相对表达量，柱形图为 qRT-PCR 结果，右上角黑白图为半定量 PCR 结果

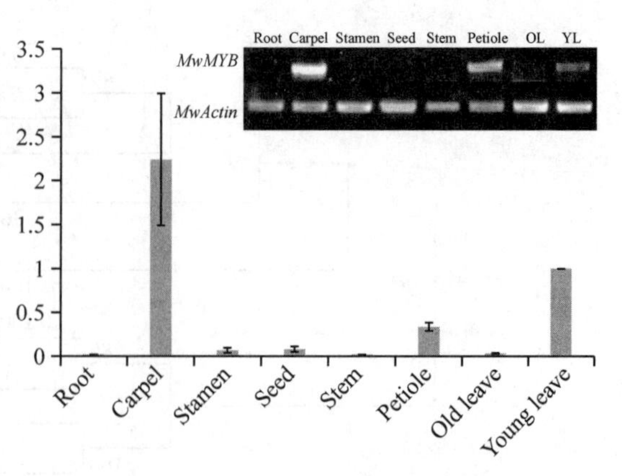

图 2.30　*MwMYB*1 在红花玉兰各器官的组织相对表达量

注：纵坐标为基因相对表达量，柱形图为 qRT-PCR 结果，右上角黑白图为半定量 PCR 结果

2.3.2.4　*MwMYB*1 过表达转基因功能分析

(1)*MwMYB*1 对烟草花青素苷合成的影响

针对获得的 T0 代烟草转基因植株，利用 *MwMYB*1 ORF 上下游引物进行 PCR 阳性检测，最终确认 18 个阳性转基因 T0 代植株(图 2.31)。从中选取 3 个阳性转基因株系(OE1-3)，以 T1 代种子萌发的植株作为研究对象开展基因功能研究和植物表型分析。

经过 4 周的生长，与野生型和转空载体对照组植株对比，三个株系的 *MwMYB*1 过表达植株均表现出显著差异表型，叶片呈现出清晰的深红色，但茎部未观察到表型差异(图 2.32)。放大观察叶片表型，显示叶片的上下两面均呈现红色表型，尤其叶脉处红色显著积累(图 2.33)。继续经过三周的生长后(第七周)，观察烟草植株花部表型。结果显示，过表达株系的花部器官同样表现出显著的红色表型。野生型和转空载体植株仅在花瓣上缘呈现粉红色；过表达株系则花瓣上缘颜色显著加深，且在花冠筒、花萼和雄蕊同时表现出极显著深红色表型，但心皮雌蕊并没有表型差异(图 2.33)。

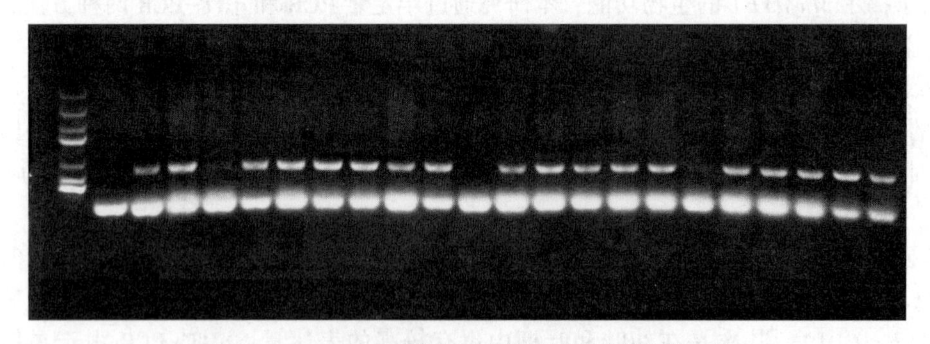

图 2.31　*MwMYB*1 过表达烟草转基因植株的阳性检测

注：泳道 1 为野生型对照；有条带的样品表示能够扩增出完整 *MwMYB*1 ORF，为阳性

图 2.32　*MwMYB*1 烟草过表达植株表型

WT：野生型植株；OE：*MwMYB*1 过表达植株

根据表型差异，本研究进一步利用 HPLC 分析烟草颜色表型的物质基础。本研究使用矢车菊素-3-O-葡萄糖苷作为标准品，进行定性比对和定量分析。结果发现，在 530nm 波长检测下，标准品和样品物质出峰时间一致，均为 31min 左右。因此，在 *MwMYB*1 过表达株系中，可以检测到花青素苷(矢车菊素-3-O-葡萄糖苷)，而对照组中无法检测到物质峰。本研究进一步利用峰面积法，对不同样品的花青素苷含量进行定量分析。定量分析主要检测了整花和叶这两个器官。其中，烟草叶片对照组的株系均检测到花青素苷的吸收峰，而三个 *MwMYB*1 过表达株系中，花青素苷积累显著增高，其中 OE2 株系平均花青素苷含量高达 $2.83mg \cdot g^{-1}$；而花器官中，尽管两个对照组中能够检测到较低水平的花青素苷积累，分别为 0.47 和 $0.57mg \cdot g^{-1}$，但三个过表达株系的花青素苷含量仍显著高于对照组($P< 0.01$)，OE2 株系依然是花青素苷含量最高组，达到 $3.42mg \cdot g^{-1}$(图 2.35)。

图 2.33　*MwMYB*1 烟草过表达植株叶表型

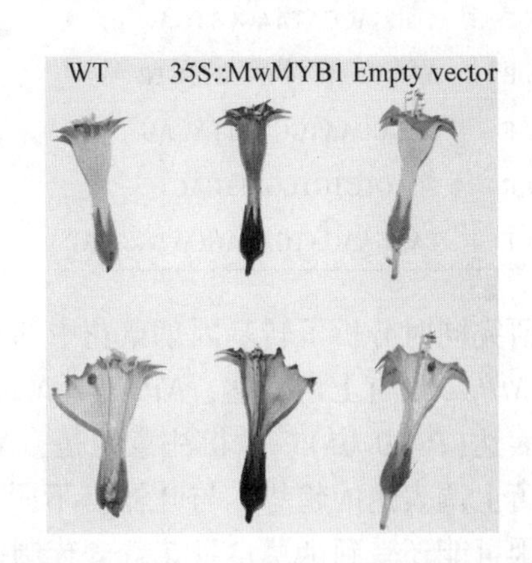

图 2.34　*MwMYB*1 烟草过表达植株花表型

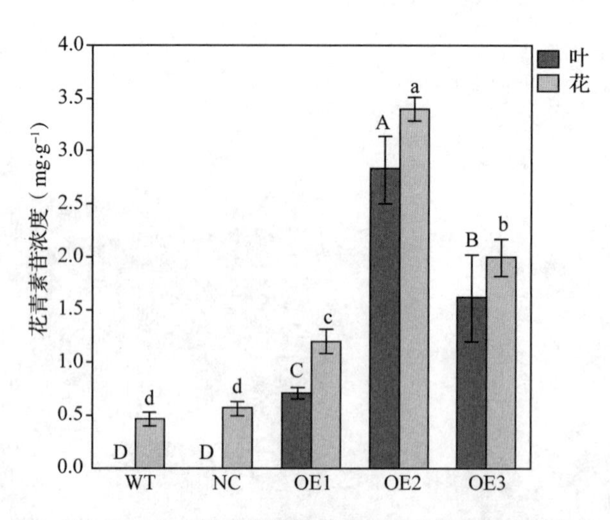

图 2.35　*MwMYB*1 过表达烟草叶和花的花青素苷含量变化

注：不同大写英文字母表示叶片总花青素苷含量差异显著($P<0.05$)，不同小写字母表示花总花青素苷含量差异显著($P<0.05$)

基于转基因植株的表型差异，本研究进一步通过 qRT-PCR 检测的烟草花青素苷合成相关基因的表达差异，引物列表见表 2.7。首先通过检测 *MwMYB*1 在烟草叶片的表达差异，可以发现该外源基因仅在过表达转基因株系中表达，证明过表达转基因成功(图 2.36)。进一步分析叶片中花青素苷合成基因的表达差异，结果显示 *NtPAL* 作为最上游基因，野生型与过表达株系表达量差异不显著($P>0.1$)，而其他被测基因在 OE 植株中均显著上调表达($P< 0.01$)，包括 *NtCHS*，*NtCHI*，*NtF3H*，*NtDFR* 和 *NtANS*。

表 2.7　烟草基因 qRT-PCR 引物

引物名称	序列	引物名称	序列
NtPAL F	ATTGAGGTCATCCGTTCTGC	*NtDFR* R	TGGCGGTATGATGCTAATG
NtPAL R	ACCGTGTAACGCCTTGTTTC	*NtANS* F	CTACATTCCAGCAACAAGTG
NtCHS F	AGCGAGCATAAGGTTGAG	*NtANS* R	GTCCCAGCCCAATAGAAAG
NtCHS R	ACCACCACTATGTCTTGTC	*NtCHI* F	CTTTTCTCGCCGCTAAATG
NtF3H F	GAGGCAATGGGCTTAGAG	*NtCHI* R	TTTCTGCCACCTTCTCTG
NtF3H R	TCAGTGTGTCGTTTCAGTC	*NtEF*1α F	CCTCTTGACCCGCAGTTACAT
NtDFR F	TAAGAAGATGACAGGATGGATG	*NtEF*1α R	TGATTGGTGCAGATCCCTCTA

本研究同时分析了转基因烟草花中的花青素苷合成相关基因的差异。与叶片相同，上游基因 *NtPAL* 没有上调表达，*NtCHS*，*Nt3H*，*NtDFR* 和 *NtANS* 在 *MwMYB*1 过表达株系中显著上调表达($P< 0.05$)。值得注意的是，*NtCHS* 的下游基因 *NtCHI* 与野生型相比，没有表现出显著上调表达的趋势。与叶器官不同，由于烟草花瓣本身即具有一定花青素苷积累，部分基因可能还受到烟草自身花青素苷调控基因控制，因此呈现出了个别不同的表达趋势(图 2.37)。

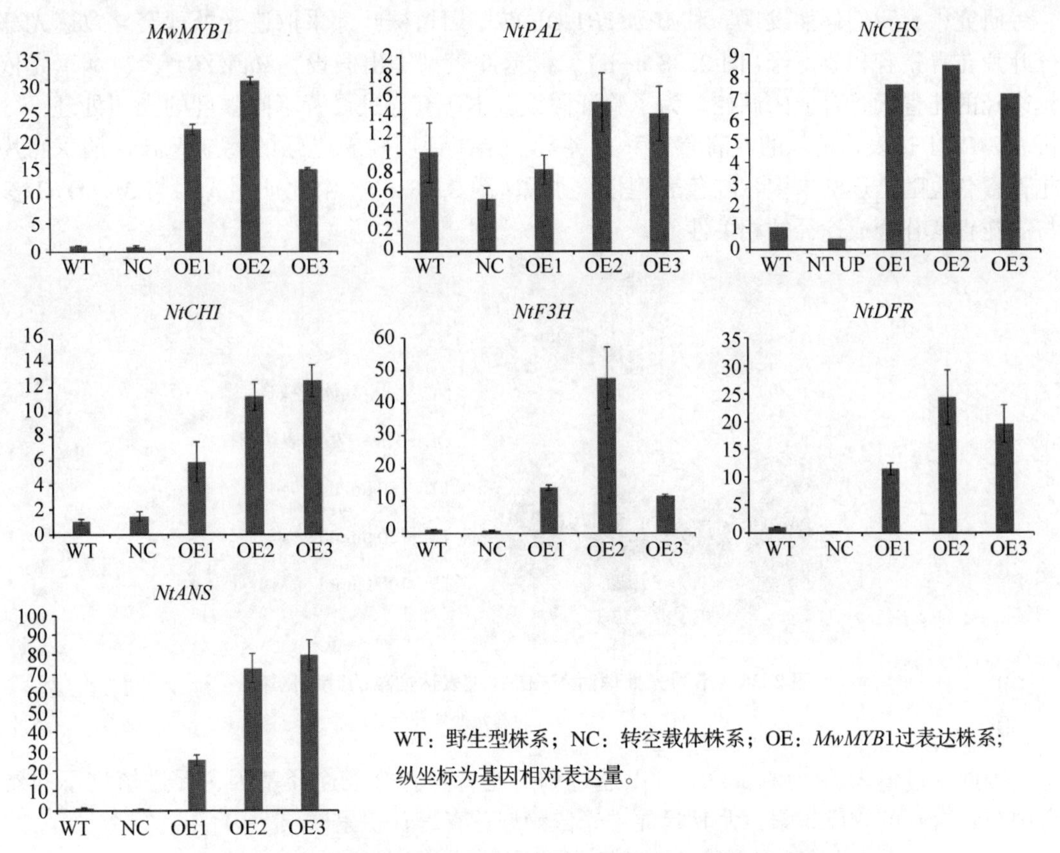

图 2.36　*MwMYB* 转基因烟草植株叶片花青素苷合成基因的表达比较

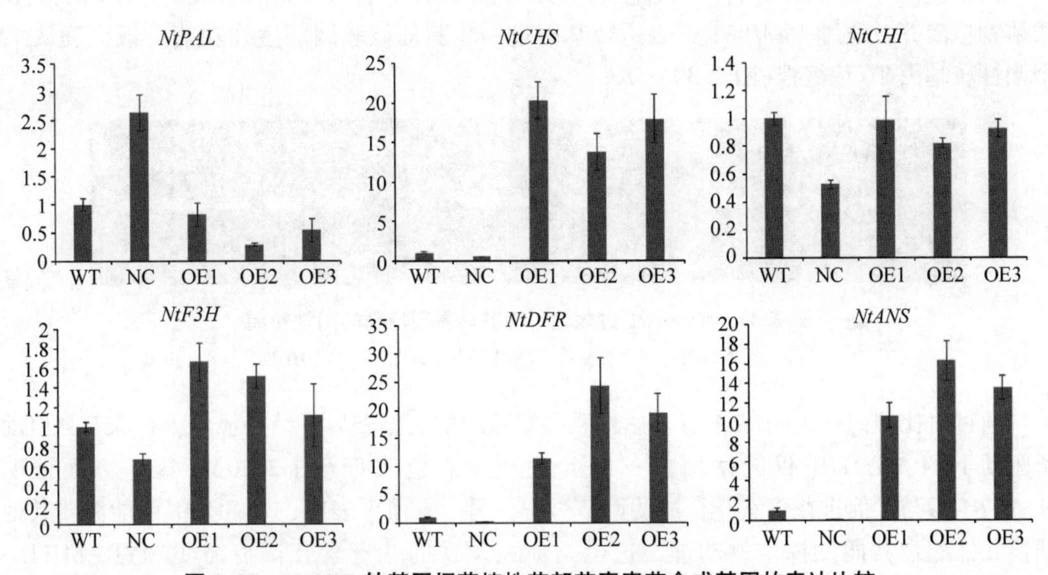

图 2.37　*MwMYB* 转基因烟草植株花部花青素苷合成基因的表达比较

注：纵坐标为基因相对表达量；WT：野生型株系；NC：转空载体株系；OE：*MwMYB*1 过表达株系

研究中，我们偶然发现，对 *MwMYB*1 OE 转基因植株叶片采取遮光处理会导致遮光部分叶片花青素苷积累下降(图 2.38 a-b)。根据此表型提出假设，*MwMYB*1 参与烟草光依赖途径的花青素苷合成的调控。为了验证假设，本研究通过设置不同强度的光照处理，分析 *MwMYB*1 过表达植株的花青素苷积累差异。结果说明随着光强的逐渐提高，烟草叶片花青素苷也随之逐渐增多，红色表型依次加深(图 2.38 c)，由此证明光强与 *MwMYB*1 参与的花青素苷合成途径的相关性。

NC：转空载体植株

OE：*MwMYB1*过表达植株

T1: 150 $\mu mol \cdot m^{-2} \cdot s^{-1}$

T2: 500 $\mu mol \cdot m^{-2} \cdot s^{-1}$

T3: 1000 $\mu mol \cdot m^{-2} \cdot s^{-1}$

图 2.38 不同光处理对 *MwMYB* 过表达烟草的叶色影响

注：黑色箭头处为遮光处理部分

因此，过量表达的 *MwMYB*1 可以通过调控花青素苷合成途径基因，促进植物不同器官中花青素苷的物质积累，尤其是促进光依赖型花青素苷积累。

(2)*MwMYB*1 对拟南芥花青素苷合成的影响

由于使用外源植物作为转基因体系，为了确保研究结果的可靠性，本研究同时利用模式植物拟南芥，通过 *MwMYB*1 过表达转基因进一步验证该基因的生物功能。最终确认 12 个阳性转基因 T0 代植株(图 2.39)。

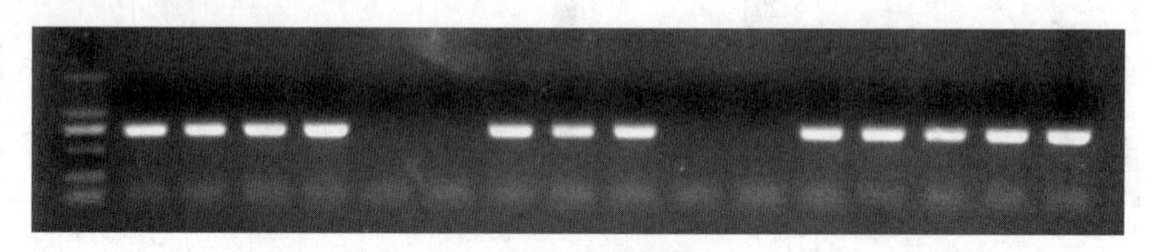

图 2.39 *MwMYB*1 过表达拟南芥转基因植株的阳性检测

注：有条带的样品表示能够扩增出完整 *MwMYB*1 ORF 为阳性

通过对比拟南芥 *MwMYB*1 过表达株系和对照组的表型差异，结果显示，在 35S 强启动子驱动下的 *MwMYB*1 仅能使拟南芥的叶毛产生红色表型(图 2.40)。这一方面证明 *MwMYB*1 参与了促进花青素苷合成的调节过程；另一方面更表明，*MwMYB*1 可能需要其他调控元件配合共同发挥生物功能，这也与前人发现的花青素苷调控需要 MYB-bHLH-WD40 复合元件的结果相一致。

基于转基因植株的表型差异，本研究进一步通过 qRT-PCR 检测的拟南芥叶部花青素苷合成相关基因的表达差异，引物列表见表 2.8。首先通过检测 *MwMYB*1 在拟南芥叶片的表达差异，可以发现该外源基因仅在过表达转基因株系中表达，证明过表达转基因成功（图 2.41）。

图 2.40　*MwMYB1* 拟南芥过表达植株表型

WT：野生型植株

表 2.8　拟南芥基因 qRT-PCR 引物

引物名称	序列	引物名称	序列
AtPAL F	GCGGTTAATGAGGTTGTGA	AtF3'H F	GGTTAAAGCCCAAGAAGAACT
AtPAL R	GTTAGTGAGGCTGCTTGG	AtF3'H R	TGGTGGATGAAGCCTGAA
AtCHS F	ATCTTGGCTATTGGCACTG	AtTTG1 F	TTGTTCTGGTGGTGATGATAC
AtCHS R	CTCCTTGAGGTCGGTCAT	AtTTG1 R	CAATCAGGCTGCGAAGAA
AtF3H F	ATTTCAGAGAGGTATGCCAAG	AtActin F	GCCACACCTCTCACATTG
AtF3H R	ACCAGGTAGACCCAAACTAA	AtActin R	TACCAGCGTCACCATTCT
AtDFR F	GGTCGGTCCATTCATCAC	AtTT8 F	TCTAATGGAGGAAGGTGGAA
AtDFR R	GCACATACTGTCCTTGTCT	AtTT8 R	AACGATGATTGGATGTAAGAAGA
AtANS F	GCTATTCTACGAGGGCAAAT	AtPAP1 F	AGGCTTCTAGGGAATAGGTGGTC
AtANS R	AATCCTAACCTTCTCCTTATTCAC	AtPAP1 R	TGTTGTAGGAATGGGCGTAATGT
AtCHI F	AAGTGACGGAGAATTGTGT	AtTT2 F	AGATTGGCTCCGAGACTT
AtCHI R	GGAGAGAGCGAAGAGGAT	AtTT2 R	GCGTTCAGACAAATACAGATATAC

进一步分析叶片中花青素苷合成基因的表达差异，结果显示，与烟草叶片规律相似，*AtPAL* 作为最上游基因，对照组与过表达株系表达量差异不显著（$p > 0.1$），而其他被测基

因在 OE 植株中均显著上调表达($P< 0.01$)，包括 *AtCHS*，*AtCHI*，*AtF3H*，*AtF3'H*，*NtDFR* 和 *NtANS*(图 2.42)。

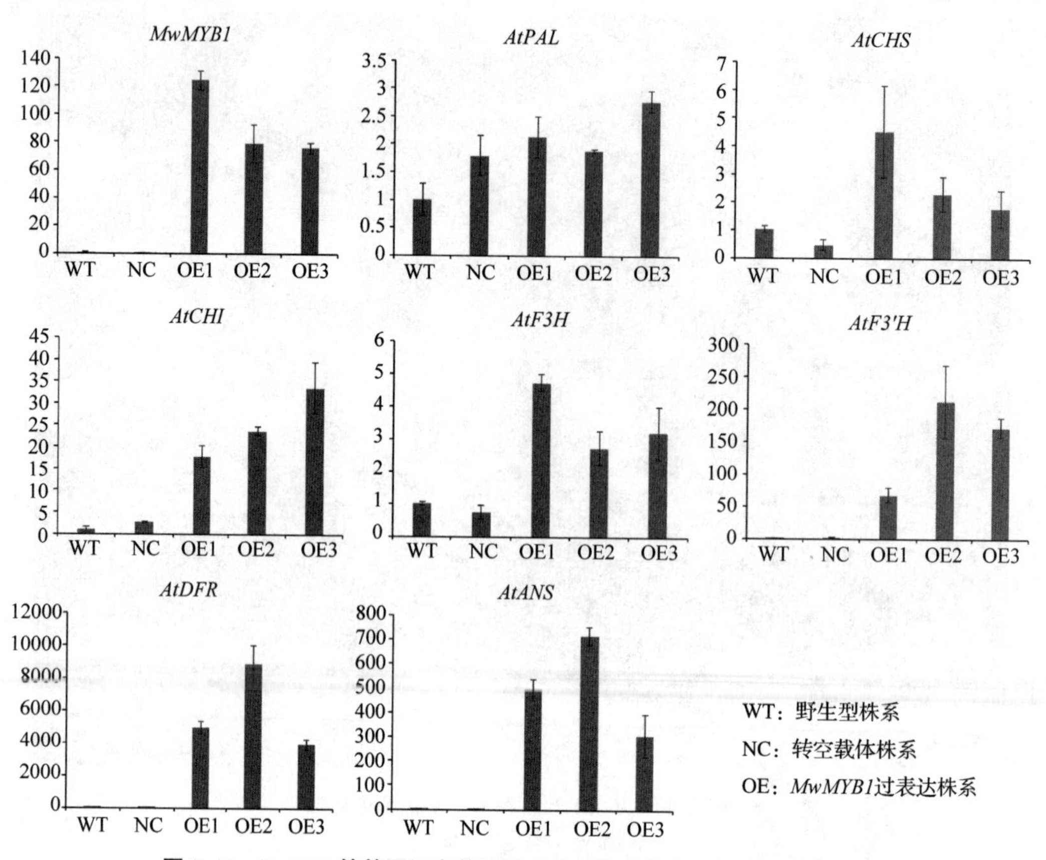

图 2.41　*MwMYB* 转基因拟南芥植株叶片花青素苷合成基因的表达比较

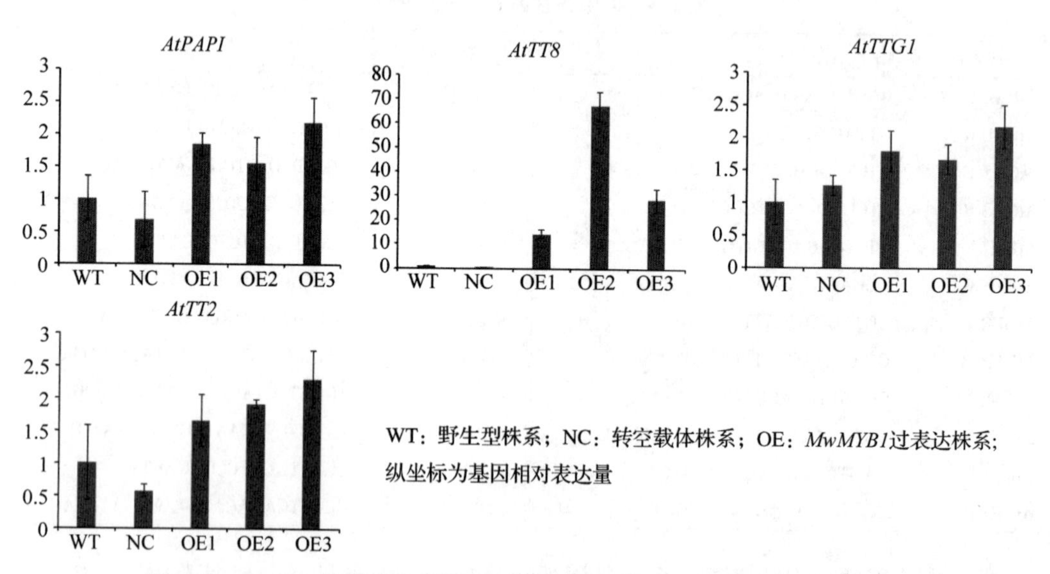

图 2.42　*MwMYB* 转基因拟南芥植株花青素苷调控相关转录因子的表达比较

由于转基因拟南芥表型集中表现在叶毛，根据前人的报道，本研究进一步检测了参与拟南芥叶毛发育的 MYB 复合结构的相关基因。结果发现，拟南芥花青素苷合成关键基因 *AtTT8* 显著上调，而在对照组中表达量基本检测不到；根据前人研究，本研究同时分析了与 *AtTT8* 表达高度相关的 *AtPAP1* 与 *AtTT2*，二者表达量均仅有少量提高；进一步分析 *AtTT2* 共同参与叶毛发育的相关基因 *AtTTG1*，结果显示其表达量也仅少量上升。这表明，在拟南芥中 *MwMYB1* 可能并未直接参与叶毛发育调控，但可能是通过调节 TT8 转录因子或与 TT8 转录因子合作参与调控植物花青素苷合成。

由于 *AtTT8* 基因也被报道在种皮中表达，具有调控拟南芥种皮颜色的功能，因此本研究进一步观测转基因拟南芥的种皮颜色差异。结果显示 *MwMYB1* 过表达株系种皮颜色显著高于对照组（图 2.43）。该结果也进一步证实了 *MwMYB1* 和 *AtTT8* 的潜在互动关系。

通过查询红花玉兰转录组数据库，与拟南芥 *AtTT8* 基因最为相似的为 unigene0064119。有意思的是，该基因不仅表达趋势属于花青素苷合成相关的趋势，更是转录组 WGCNA 分析获得的四个与花青素苷合成基因密切相关的四个转录因子之一，且与 *MwMYB1* 表达有显著相关性。这一结果从侧面验证了 *MwMYB1* 很可能通过与 TT8-like 转录因子互作实现花青素调控功能。

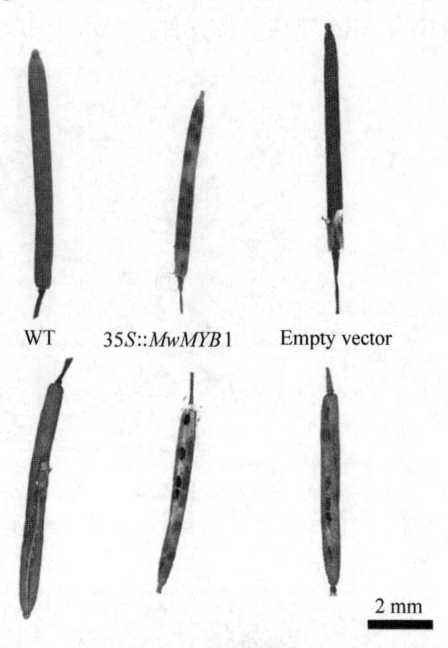

图 2.43　*MwMYB*1 拟南芥过表达植株种子表型

WT：野生型植株

2.3.2.5　*MwMYB*1 启动子功能分析

本研究构建 *PromoterMYB*1::*GUS* 载体，通过拟南芥转基因试验，利用 GUS 报告蛋白指示 *MwMYB*1 的表达位置。通过 PCR 检测最终获得 9 个转基因阳性 T0 代植株(图 2.44)。

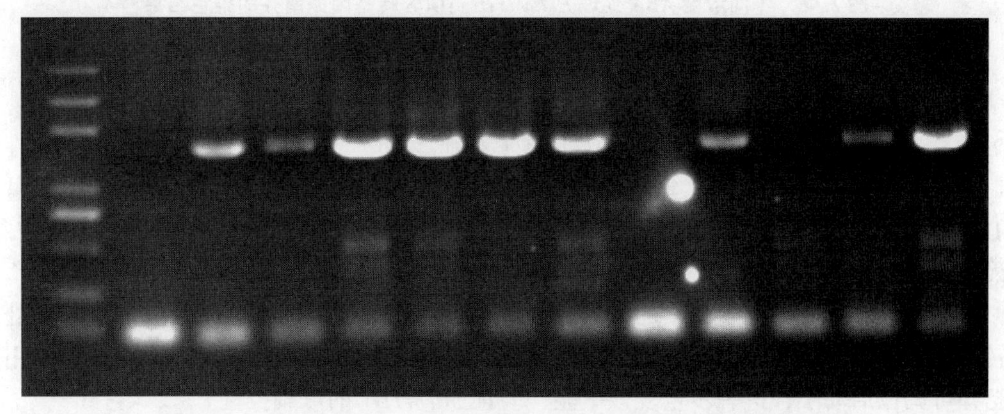

图 2.44　Promoter *MYB*11::*GUS* 过表达拟南芥转基因植株的阳性检测

注：有条带的样品表示能够扩增出完整 *MwMYB*1 ORF 为阳性

结果显示*MawuMYB*1启动子驱动的GUS报告蛋白能在拟南芥叶脉、茎、花萼及心皮中被检测到染为蓝色表型(图2.45)。该结果也与*MwMYB*1在红花玉兰本体的组织特异性表达结果一致，一方面表明研究中使用的启动子序列，包含了主要调控元件；另一方面验证了*MwMYB*1在植物中的主要作用器官。

根据预测的启动子调控元件，本研究进一步验证其中关键调控元件响应信号的生物功能。结果显示，不同浓度的脱落酸(ABA)处理对GUS蛋白的信号表型产生差异。随着ABA处理浓度的增加，GUS染色的程度随之加深(图2.46)。这说明*MwMYB*1的启动子区域包含ABA响应调控元件，暗示了*MwMYB*1基因的表达可能受到ABA的影响。

图2.45　*PMwMYB*1::*GUS*转基因拟南芥的染色结果

a，b，c为35*S*::*MwMYB*1；d，e，f为野生型

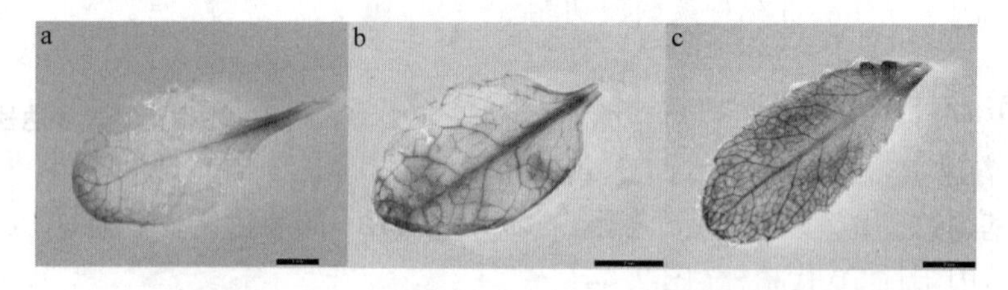

图2.46　不同浓度ABA处理*PMwMYB*1::*GUS*转基因拟南芥的染色结果

a，b，c:1μmol·L^{-1},5μmol·L^{-1},10μmol·L^{-1}脱落酸ABA处理

2.3.2.6　DR5人工启动子调控*MwMYB*1功能研究

为了进一步验证*MwMYB*1能否通过调节启动子调控其转录表达，本研究基因通过使用DR5生长素响应启动子，研究能否通过调节已知人工启动子实现对*MwMYB*1的控制，并最终实现表型的人工调节。

遗憾的是，由于受到生长素的处理，烟草小苗生长受到抑制，不同浓度的生长素处理的转基因植株相对对照组均未体现出花青素表型差异(图2.47)。因此，还需更换使用其他已知可调控启动子，进一步重复该试验，验证*MwMYB*1的可调控性。

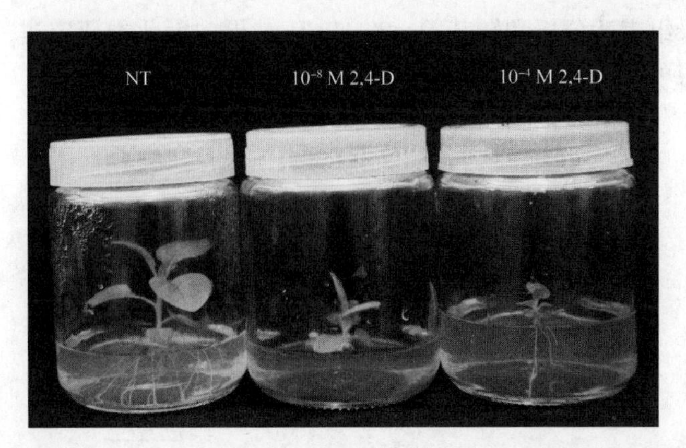

图2.47 不同浓度生长素处理 *DR*::*MwMYB*1 转基因烟草表型

NT：无生长素处理

2.3.2.7 *MwMYB*1 亚细胞定位结果

最后，本研究利用荧光蛋白，分析了 *MwMYB*1 基因的亚细胞定位。结果显示，*MwMYB*::*GFP* 的融合蛋白，仅在细胞核内表达(图2.48)。该结果进一步表明 *MwMYB*1 很可能为转录因子。

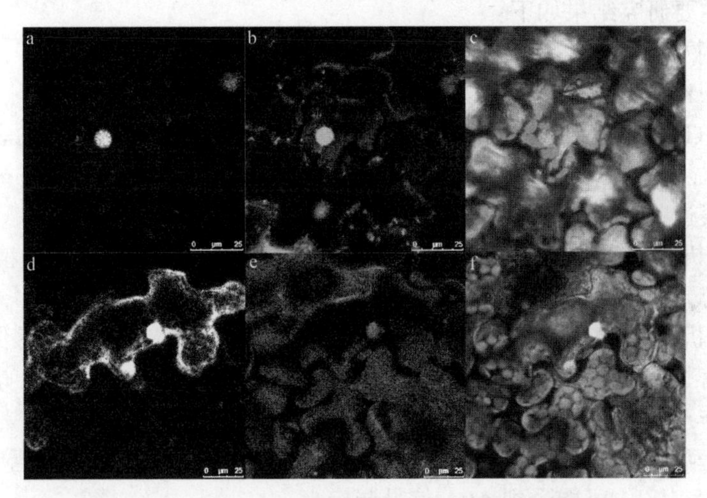

图2.48 *MwMYB*1 基因小叶烟草表皮细胞亚细胞定位

(a,d) 35*S*::*MwMYB*1::*GFP* and 35*S*::*GFP* signal detection;
(b,e) DAPI staining signal detection; (c,f) merged image.

2.3.2.8 *MwMYB*1 花青素调控通路预测

根据试验结果，本研究最终总结并预测了以 *MwMYB*1 为核心的红花玉兰花青素苷合成调控通路(图2.49)。在 ABA 信号的诱导下，*MwMYB*1 转录表达，在与 TT8-lik 转录因子的互作下，调控下游光响应的类黄酮合成途径。由于 MYB-bHLH-WD40 是最常见的花青素调控复合体，因此很可能仍有未发现的 WD40 转录因子参与调控。根据前人的研究，而 *MwMYB*1 转录因子的最近缘转录子紫玉兰 *MlMYB*1 具有结合土豆 CHS 基因上游启动子的能力，结合转录组表达分析和转基因 qRT-PCR 结果，因此本研究进一步预测 *MwMYB*1 的下游调控对象很可能为红花玉兰 CHS 基因。

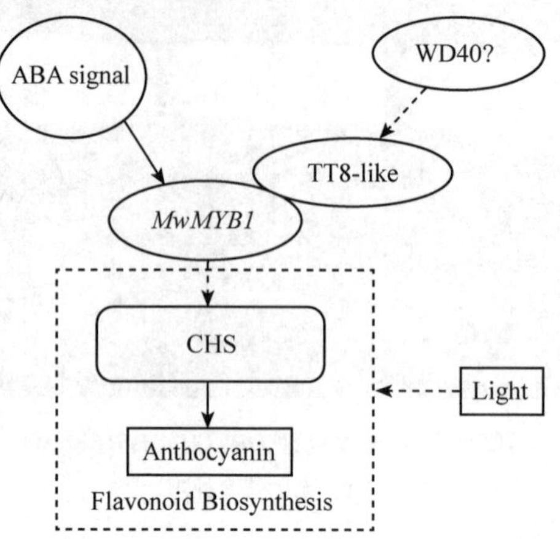

图 2.49　以 *MwMYB*1 为核心的花青素苷调控通路预测图

2.3.3　小结

通过利用模式植物转基因的手段，深入研究了红花玉兰 R2R MYB 基因 *MwMYB*1 家族的生物功能。主要研究结果如下：

(1)通过生物信息学分析，确定 *MwMYB*1 为 R2R3 MYB 家族转录因子，并与其他花青素苷合成相关 *MYB* 基因遗传较近。

(2)通过 qRT-PCR 和半定量 PCR 确定了 *MwMYB*1 在红花玉兰本体的表达模式，即在花发育 S2 时期显著上调表达，S3-S4 逐渐降低；*MwMYB*1 在红花玉兰花被片、心皮、幼叶和叶柄均有表达。

(3)通过分析 *MwMYB*1 过表达转基因烟草，证明 *MwMYB*1 能够促进植物花青素苷合成，并可能参与光依赖型花青素苷合成途径。

(4)通过分析 *MwMYB*1 过表达转基因拟南芥，同时证明 *MwMYB*1 能够促进植物花青素苷合成；但拟南芥转基因植株花青素苷特定积累部位及 qRT-PCR 结果说明 *MwMYB*1 可能通过与 TT8 互作产生生物功能。

(5)通过启动子功能分析，一方面证明 *MwMYB*1 的表达部位包括花萼、心皮和叶片；另一方面表明 *MwMYB*1 可能受到 ABA 信号调控。

(6)通过亚细胞定位试验，证明 *MwMYB*1 仅在细胞核内表达，是一个转录因子。

2.4　红花玉兰 *MwMYB4L* 基因的克隆与功能分析

2.4.1　材料与方法

2.4.1.1　实验材料

(1)植物材料

红花玉兰‘娇红 1 号’S1-S5 不同花期的花朵(每个时期至少采集 5 朵)，2016 年 7 月至 2017 年 3 月采自湖北省宜昌市五峰土家族自治县(红花玉兰原产地)，经液氮速冻处理后，

置于-80℃超低温冰箱内保存；野生型拟南芥(*Arabidopsis thaliana*)和野生型烟草(*Nicotiana tabacum*)的种子均为本实验室保存。

(2)质粒与菌株

转化pCAMBIA1300-DD35S-eGFP亚细胞定位载体，转化pBin438植物表达载体，大肠杆菌感受态DH5α和农杆菌感受态GV3101均为本实验室保存。

2.4.1.2 *MwMYB4L*基因的表达模式分析

(1)组织表达模式分析

首先分别提取红花玉兰‘娇红1号’叶片、苞片、花被片、雄蕊和雌蕊的总RNA各3份，使用艾德莱Aidlab植物RNA提取试剂盒，具体操作步骤同1.4.1.2红花玉兰‘娇红1号’的总RNA提取中所述。

使用Nanodrop 2000测定总RNA浓度后，对获得的红花玉兰‘娇红1号’叶片、苞片、花瓣、雄蕊和雌蕊的总RNA进行消化DNA反应，然后再进行反转录，生成红花玉兰‘娇红1号’叶片、苞片、花瓣、雄蕊和雌蕊5个部位的cDNA，具体操作同1.4.1.2红花玉兰‘娇红1号’的cDNA合成中所述。

反转录生成的红花玉兰‘娇红1号’叶片、苞片、花瓣、雄蕊和雌蕊的cDNA将作为半定量和实时荧光定量反应的模板参与PCR。

基于*MwMYB4L*编码区(ORF)序列，使用primerprimer 5.0设计荧光定量引物qMwMYB4L F(5’→3’)：TCTTGGCAATCGGTGGTCAT和qMwMYB4L R(5’→3’)：ACAGCATCATCAGTGTTGTGTTGAA，以红花玉兰的看家基因Actin作为内参，引物为qMwActin F(5’→3’)：AAGAACATCCCGTCCTCCTTACTG和qMwActin R(5’→3’)：ACCGGAATCAAGCACAATACCTGT。通过半定量RT-PCR方法检测*MwMYB4L*基因在红花玉兰叶片、苞片、花瓣、雄蕊、雌蕊中的组织表达特异性。

(2)不同发育时期表达分析

分别提取红花玉兰‘娇红1号’5个不同发育时期(S1-S5时期)的总RNA各3份，在消化DNA后，进行逆转录，生成S1-S5时期的cDNA。

通过实时荧光定量qRT-PCR方法分析*MwMYB4L*基因在红花玉兰‘娇红1号’5个不同发育时期(S1-S5)的相对表达量。

(3)亚细胞定位

方法见2.3.1.7。

2.4.1.3 *MwMYB4L*基因的转基因功能分析

(1)表达载体构建

方法见2.3.1.5。

(2)植物表达载体的农杆菌转化

将重组质粒pBin438-35S-*MwMYB4L*取10 μL转化至大肠杆菌DH5α感受态中，经扩大培养获得质粒后，再转入农杆菌GV3101感受态中，具体步骤同上文中所述。

阳性GV3101菌株鉴定的PCR引物使用*MwMYB4L*基因的引物，检测pBin438-35S-

MwMYB4L 片段，筛选出的阳性菌株扩大培养后，于超净台中进行保菌，吸取 500μL 菌液于灭菌的 2mL 离心管中，再加入 500μL 30%的甘油，-80℃超低温保存。

(3)拟南芥转化及筛选鉴定

使用在人工气候箱 RXZ-800A 中培养的刚开花的野生型拟南芥一盘(3×4 共 12 盆，规格 6cm×6cm)，采用农杆菌浸染法将目的基因 *MwMYB4L* 转入野生型拟南芥中。

拟南芥的花期一般在 4~5 周左右，浸染一般每隔一周进行一次，如一周内拟南芥花朵数量增加迅速，可适当缩短浸染周期，每隔 3~4 天浸染一次，直至拟南芥花期结束。最后一次浸染后停止浇水，待种子陆续成熟后，将整盘拟南芥从人工气候箱中取出，放置在室内干燥的地方，待种子全部成熟后，继续静置干燥 1~2 周，沿茎基部剪下带有种荚的部位，置于玻璃纸上，通过揉搓使种子全数脱落，然后依次过筛(规格分别为 5 目、10 目和 18 目)，去除种荚、叶片和茎秆等杂质，装于 2mL 离心管中，同时加入 2~3 粒干燥剂，最后保存于 4℃种子箱中。

(4)转基因拟南芥表型分析

连续观察转基因拟南芥的 T0、T1、F1、F2 和 F3 代植株的叶片、茎、花、表皮毛、种子、根系等部位，对比其与野生型以及阳性对照植株之间的表型差异，细节部分于莱卡 MDG41 型体视显微镜下进行观察。

此外，下载花青素合成通路上的关键基因进行实时荧光定量的引物设计，测定 F3 代转基因拟南芥中花青素合成通路上各基因的相对表达量。实验设计的生物重复为野生型拟南芥 2 株，分别为 WT1、WT2；F3 代转基因拟南芥 6 株，其中有表皮毛的 3 株，分别为 *MwMYB4L*-9、*MwMYB4L*-14、*MwMYB4L*-17；无表皮毛的 3 株，分别为 *MwMYB4L*-10、*MwMYB4L*-11、*MwMYB4L*-16。

2.4.2 结果与分析

2.4.2.1 *MwMYB4L* 基因的克隆

(1)红花玉兰‘娇红 1 号’RNA 提取结果

成功提取高质量的红花玉兰‘娇红 1 号’的总 RNA，提取结果如图 2.50 所示，条带清晰明亮，表明提取物浓度较高，质量较好。

(2)*MwMYB4L* 基因的克隆结果

成功克隆了红花玉兰‘娇红 1 号’*MwMYB4L* 基因，克隆结果如图 2.51 所示，该基因的片段大小约 650bp，条带清晰，大小正确。

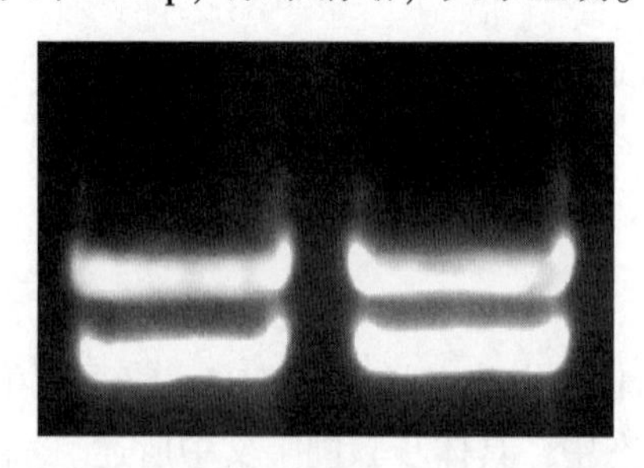

图 2.50 红花玉兰‘娇红 1 号’RNA 提取示例

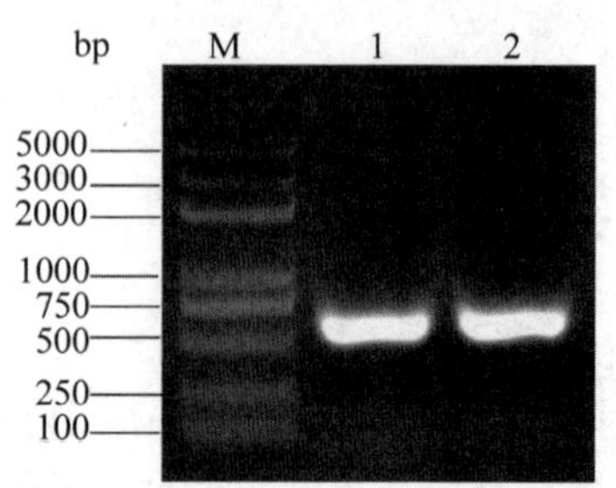

图 2.51 *MwMYB4L* 基因的克隆

2.4.2.2 *MwMYB4L* 基因的生物信息学分析

(1)系统发育树分析

根据系统发育树分析，MYB 家族分为 4 个亚族，分别是 1R-MYB、2R-MYB、3R-MYB 和 4R-MYB，如图 2.52 所示。红花玉兰 MwMYB4L 蛋白属于 2R-MYB 亚族，与樟目和睡莲科植物的 MYB4-like 基因聚类于一个小的分支。

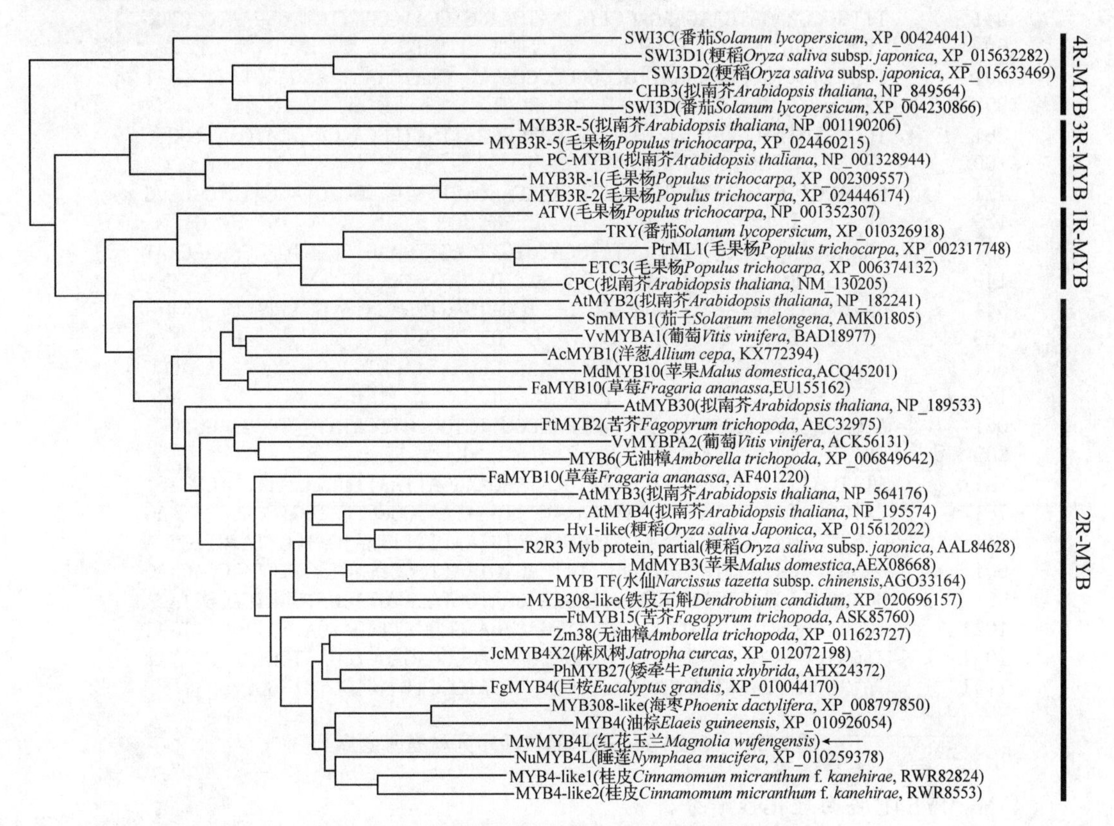

图 2.52 红花玉兰 MwMYB4L 蛋白的系统发育树

(2)序列比对分析

基于 NCBI 上的序列比对结果以及系统发育树分析结果，红花玉兰 MwMYB4L 蛋白定位在 R2R3-MYB 亚族，通过与其他物种中已知的 2R 类 MYB 蛋白进行比对，发现 MwMYB4L 蛋白含有 2R 类 MYB 亚族基因典型的 R2 和 R3 结构域。此外，该蛋白存在 C1 和 C2 基序，在 R3 结构域中还包含一个 bHLH(basic Helix-Loop-Helix)基序，能够与 bHLH 转录因子相互作用，调控植物中类黄酮的生物合成。

(3)*MwMYB4L* 基因的序列结构分析

MwMYB4L 基因 cDNA 序列共 1192bp，包括 36bp 的 5'-UTR、672bp 的 ORF 和 497bp 的 3'-UTR，编码 223 个氨基酸和 1 个终止密码子，如图 2.53 所示。

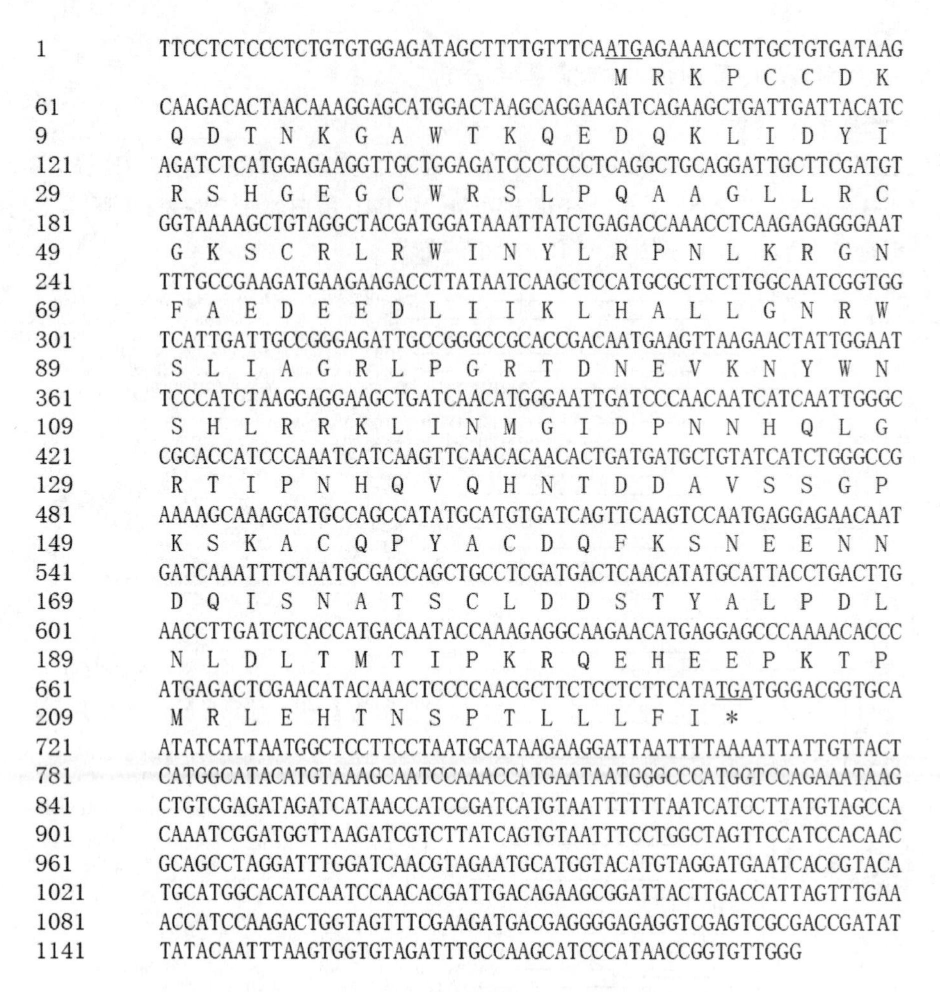

```
1     TTCCTCTCCCTCTGTGTGGAGATAGCTTTTGTTTCAATGAGAAAACCTTGCTGTGATAAG
                                         M  R  K  P  C  C  D  K
61    CAAGACACTAACAAAGGAGCATGGACTAAGCAGGAAGATCAGAAGCTGATTGATTACATC
9      Q  D  T  N  K  G  A  W  T  K  Q  E  D  Q  K  L  I  D  Y  I
121   AGATCTCATGGAGAAGGTTGCTGGAGATCCCTCCCTCAGGCTGCAGGATTGCTTCGATGT
29     R  S  H  G  E  G  C  W  R  S  L  P  Q  A  A  G  L  L  R  C
181   GGTAAAAGCTGTAGGCTACGATGGATAAATTATCTGAGACCAAACCTCAAGAGAGGGAAT
49     G  K  S  C  R  L  R  W  I  N  Y  L  R  P  N  L  K  R  G  N
241   TTTGCCGAAGATGAAGAAGACCTTATAATCAAGCTCCATGCGCTTCTTGGCAATCGGTGG
69     F  A  E  D  E  E  D  L  I  I  K  L  H  A  L  L  G  N  R  W
301   TCATTGATTGCCGGGAGATTGCCGGGCCGCACCGACAATGAAGTTAAGAACTATTGGAAT
89     S  L  I  A  G  R  L  P  G  R  T  D  N  E  V  K  N  Y  W  N
361   TCCCATCTAAGGAGGAAGCTGATCAACATGGGAATTGATCCCAACAATCATCAATTGGGC
109    S  H  L  R  R  K  L  I  N  M  G  I  D  P  N  N  H  Q  L  G
421   CGCACCATCCCAAATCATCAAGTTCAACACAACACTGATGATGCTGTATCATCTGGGCCG
129    R  T  I  P  N  H  Q  V  Q  H  N  T  D  D  A  V  S  S  G  P
481   AAAAGCAAAGCATGCCAGCCATATGCATGTGATCAGTTCAAGTCCAATGAGGAGAACAAT
149    K  S  K  A  C  Q  P  Y  A  C  D  Q  F  K  S  N  E  E  N  N
541   GATCAAATTTCTAATGCGACCAGCTGCCTCGATGACTCAACATATGCATTACCTGACTTG
169    D  Q  I  S  N  A  T  S  C  L  D  D  S  T  Y  A  L  P  D  L
601   AACCTTGATCTCACCATGACAATACCAAAGAGGCAAGAACATGAGGAGCCCAAAACACCC
189    N  L  D  L  T  M  T  I  P  K  R  Q  E  H  E  E  P  K  T  P
661   ATGAGACTCGAACATACAAACTCCCCAACGCTTCTCCTCTTCATATGATGGGACGGTGCA
209    M  R  L  E  H  T  N  S  P  T  L  L  L  F  I  *
721   ATATCATTAATGGCTCCTTCCTAATGCATAAGAAGGATTAATTTTAAAATTATTGTTACT
781   CATGGCATACATGTAAAGCAATCCAAACCATGAATAATGGGCCCATGGTCCAGAAATAAG
841   CTGTCGAGATAGATCATAACCATCCGATCATGTAATTTTTTAATCATCCTTATGTAGCCA
901   CAAATCGGATGGTTAAGATCGTCTTATCAGTGTAATTTCCTGGCTAGTTCCATCCACAAC
961   GCAGCCTAGGATTTGGATCAACGTAGAATGCATGGTACATGTAGGATGAATCACCGTACA
1021  TGCATGGCACATCAATCCAACACGATTGACAGAAGCGGATTACTTGACCATTAGTTTGAA
1081  ACCATCCAAGACTGGTAGTTTCGAAGATGACGAGGGGAGAGGTCGAGTCGCGACCGATAT
1141  TATACAATTTAAGTGGTGTAGATTTGCCAAGCATCCCATAACCGGTGTTGGG
```

图 2.53 *MwMYB4L* **基因的核酸序列与氨基酸序列**

(4)MwMYB4L 蛋白理化性质分析

ProtParam 分析结果显示 MwMYB4L 蛋白的分子式是 $C_{1106}H_{1759}N_{337}O_{340}S_{12}$，蛋白质分子量为 25.6 kD，等电点为 8.39，富含亮氨酸(Leu)，含量为 11.2%，并包含 28 个负电荷氨基酸残基和 17 个正电荷氨基酸残基；亚细胞定位预测结果显示 MwMYB4L 蛋白只在细胞核中表达 nucl:14；疏水性分析显示，亮氨酸(Leu80)分值最大为 2.100，组氨酸(His202)分值最小为 -3.456，疏水位点分布明显多于亲水位点，推测该蛋白为疏水性蛋白；TMTHMM 分析结果显示 MwMYB4L 蛋白不含有跨膜结构域；Signal1P 分析结果显示，在 MwMYB4L 蛋白中没有信号肽结构域，推测其不属于分泌蛋白；NetPhos 分析结果显示，在 MwMYB4L 蛋白中共有 19 个可能的蛋白磷酸化位点，包括 12 个丝氨酸(Ser)位点，6 个苏氨酸(Thr)位点和 1 个酪氨酸(Tyr)位点。

SOPMA 分析结果显示 α-螺旋(Hh)和延伸链(Ee)和 β-转角(Tt)构成了红花玉兰 MwMYB4L 蛋白的基本结构，分别占 28.70%、7.62%和 7.17%；SWISS MODEL 分析结果显示 MwMYB4L 蛋白由 2 对螺旋-环-螺旋结构组成，如图 2.54 所示，再次表明该蛋白属于 2R(R2R3)类 MYB 蛋白。

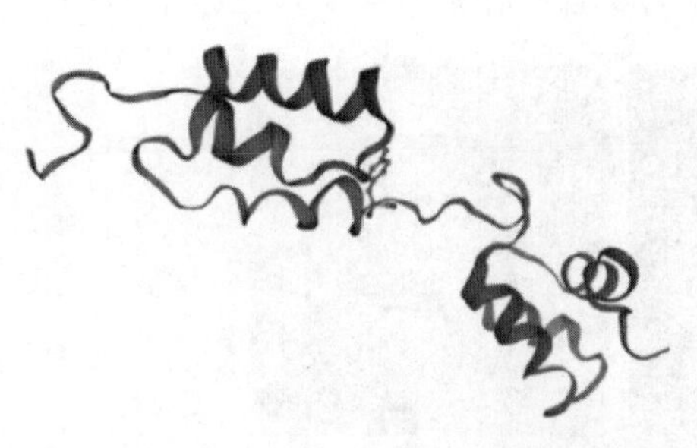

图 2.54 MwMYB4L 蛋白的三级结构预测

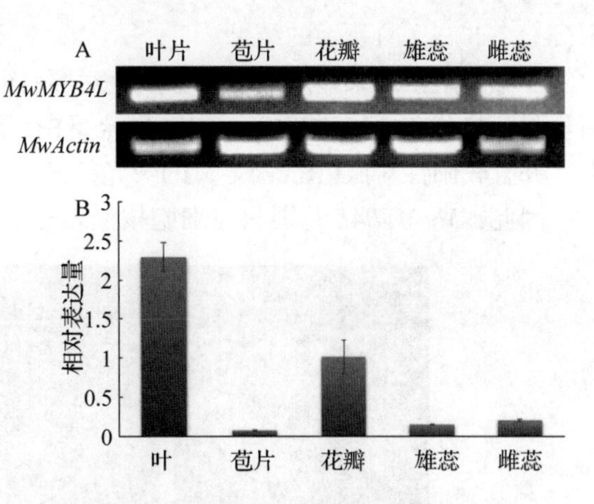

A. 半定量 RT-PCR 分析；B. 实时荧光定量 qRT-PCR 分析

图 2.55 *MwMYB4L* 基因的表达模式分析

2.4.2.3 *MwMYB4L* 基因的表达模式分析

(1) *MwMYB4L* 基因的组织表达模式分析

如图 2.55 所示，*MwMYB4L* 基因在红花玉兰'娇红 1 号'中的组织表达特异性分析结果显示，*MwMYB4L* 在红花玉兰叶片、苞片、花瓣、雄蕊以及雌蕊中均有表达(图 2.55 A)，同时，*MwMYB4L* 基因在不同部位的相对表达量分析结果进一步发现该基因在叶片和花瓣中表达量较高(图 2.55 B)。

(2) *MwMYB4L* 基因在不同发育时期的表达量分析

MwMYB4L 基因在红花玉兰'娇红 1 号'5 个花发育时期的相对表达量结果如图 2.56 所示，在红花玉兰'娇红 1 号'花发育初期(S1—S3 时期) *MwMYB4L* 基因的相对表达量较高，均大于或等于 1；在红花玉兰'娇红 1 号'花发育的后期(S4-S5 时期) *MwMYB4L* 基因的相对表达量发生明显变化，从 1.15 骤降至 0.51，同时，S5 时期的相对表达量也保持在较低水平，小于 0.5。*MwMYB4L* 基因在红花玉兰'娇红 1 号'5 个花发育时期的相对表达量所呈现的变化表明，该基因对红花玉兰的花色建成具有一定的抑制作用，在红花玉兰'娇红 1 号'花发育初期花色较淡，与该基因的高表达密切相关，推测在花发育后期花瓣迅速延展生长但颜色依旧鲜红且艳丽，可能与该基因的下调表达有关。最重要的是，本试验中 *MwMYB4L* 基因在红花玉兰'娇红 1 号'5 个花发育时期的相对表达量变化趋势与最初转录组测序的 rpkm 值的变化趋势基本一致，表明该试验结果正确且可靠。

(3) *MwMYB4L* 基因亚细胞定位的结果分析

在烟草的表皮细胞中，用绿色荧光蛋白(eGFP)作为 *MwMYB4L*(它的 ORF 序列)基因的亚细胞定位指示剂，通过对 3 组野生型烟草分别进行表皮注射带有 *pCAMBIA*1300-*DD35S-eGFP*、*pCAMBIA* 1300-*DD35S-MwMYB4L-eGFP* 的农杆菌 GV3101 菌株和纯水，在激光共聚焦显微镜下呈现出如图 2.57

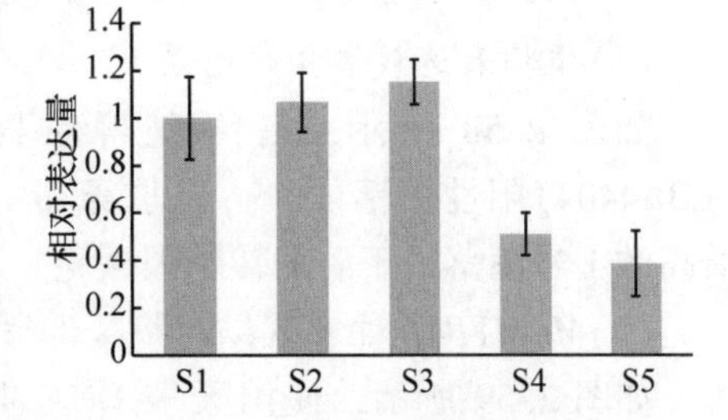

图 2.56 *MwMYB4L* 基因在红花玉兰'娇红 1 号'5 个花发育时期的相对表达量

中(a)、(b)、(c)所示的结果。

亚细胞定位结果显示，相比于阳性对照(图 2. 57 a)和阴性对照(图 2. 57 c)的绿色荧光信号强度与分布，*MwMYB4L*-eGFP 融合蛋白(图 2. 57 b)的绿色荧光信号只分布在细胞核上，并且较阳性对照(图 2. 57 a)的荧光信号更强一些。

因此，*MwMYB4L* 基因只在细胞核上表达，表明该基因有可能是一个转录因子(TF)。

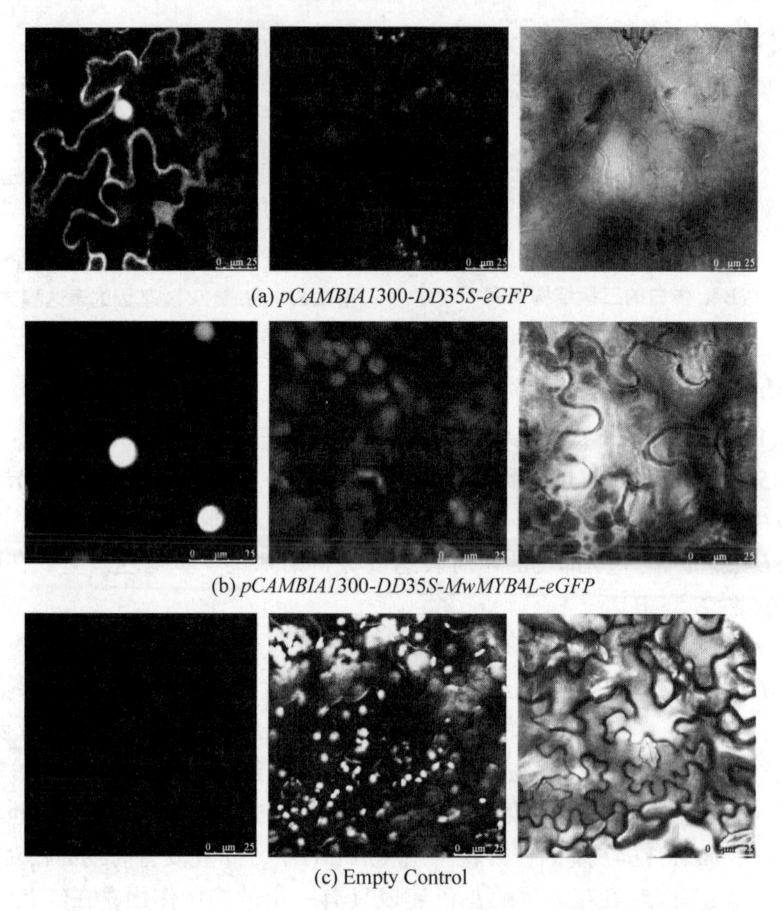

(a) *pCAMBIA1300-DD35S-eGFP*

(b) *pCAMBIA1300-DD35S-MwMYB4L-eGFP*

(c) Empty Control

图 2. 57 烟草表皮细胞中 *MwMYB4L* 基因的亚细胞定位

2. 4. 2. 4 *MwMYB4L* 的转基因功能

(1)植物表达载体构建结果

如图 2. 58 所示，最终获得农杆菌(LBA4404)阳性菌落 4 个，选取条带亮度最高的 1 号菌落用于后期转基因试验。

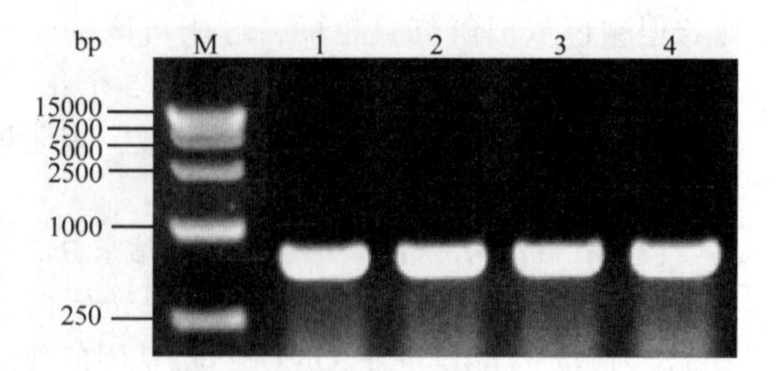

图 2. 58 *MwMYB4L* 菌落 PCR 检测结果

(2) *MwMYB4L* 过表达拟南芥转化结果

如图 2. 59 所示，使用天根 DNA 提取试剂盒共提取了 20 个条带清晰、纯度较高的 DNA 产物，用于后期转基因阳性鉴定。

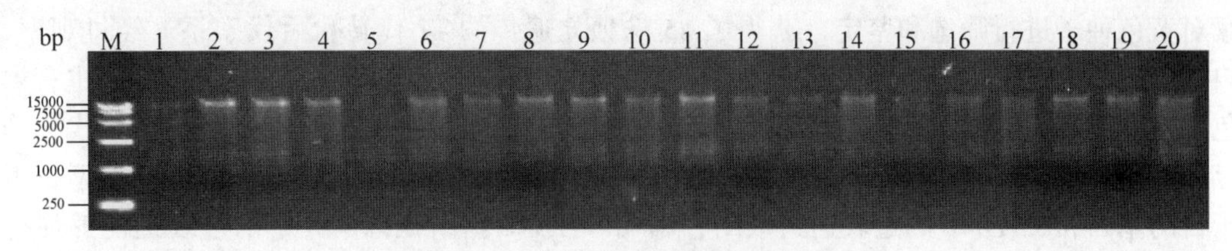

图 2.59 *MwMYB4L* 转基因拟南芥 DNA

如图 2.60 所示，野生型拟南芥被浸染转化后，经筛选和鉴定，最终获得 T0 代阳性植株 20 株，选取其中条带较亮的植株，即图 2.60 中 2 号、3 号、4 号、6 号、7 号、9 号、11 号、12 号、17 号、18 号、19 号、20 号条带所对应的转基因拟南芥植株，作为 T0 代母株，并分株收集其种子，用于获得独立遗传的转化后代家系(T1)。

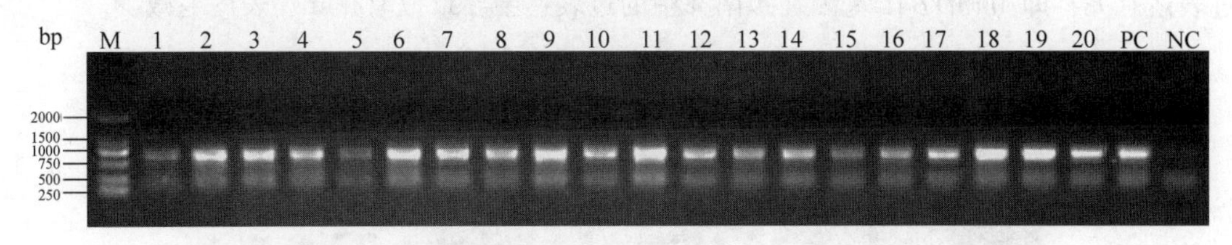

图 2.60 *MwMYB4L* 转基因阳性植株检测（PC 为阳性对照、NC 为阴性对照）

(3) *MwMYB4L* 转基因拟南芥表型分析

野生型拟南芥经过浸染转化后，经筛选和鉴定，获得了 20 株 T0 代阳性转基因拟南芥植株，选取其中的 12 株壮苗，单独收取其种子，用于获取独立遗传的转化后代家系，发现有 3 株 T0 代转基因拟南芥的种子均为黄色种皮，如图 2.61(a)所示。为了进一步确定该表型是否在后代中能够稳定遗传，以及进一步探究种皮褪色与目的基因之间的关系，继

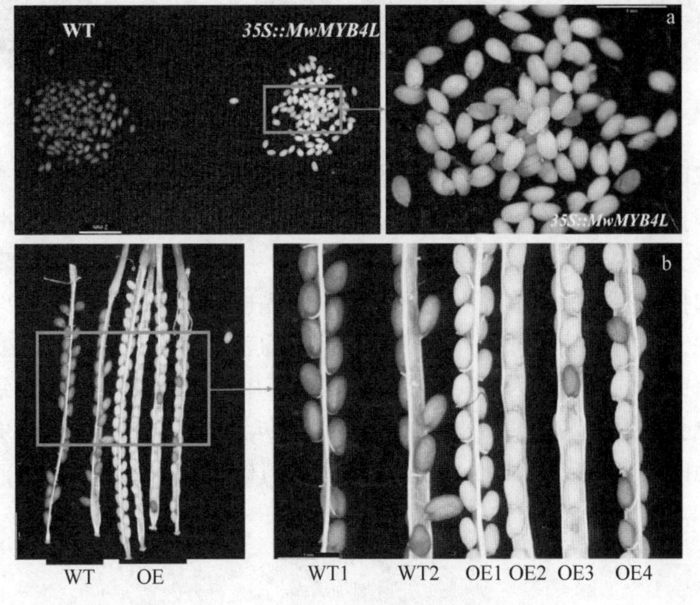

图 2.61 *MwMYB4L* 转基因拟南芥的种子

续对黄色种子进行筛选和鉴定，获得了25株独立遗传的T1代转化后代家系。经过观察，T1代植株中有5株拟南芥所结的均为黄色种子，有6株拟南芥所结的既有黄色种子也有褐色种子。如图2.61（b)所示，其余的拟南芥植株均结褐色种子，继续观察F1~F3代，均存在上述表型。试验表明，黄色种皮这一性状能够在后代中稳定遗传，并且这一表型是由于目的基因*MwMYB4L*的过表达造成的，即*MwMYB4L*基因在拟南芥中的过表达能够使得拟南芥的种皮褪色。

通过观察转基因拟南芥T1代黄色种子的子代植株(F1代)，发现与野生型拟南芥相比，转基因拟南芥中部分植株的叶片表皮毛较少，甚至无表皮毛，如图2.62所示。再连续观察F2和F3代转基因拟南芥植株，均发现有一部分转基因植株叶片的表皮毛明显少于野生型植株，说明表皮毛减少这一性状在后代中能够稳定遗传，并且与*MwMYB4L*基因的过表达有关，即*MwMYB4L*基因在拟南芥中的过表达会导致拟南芥叶片表皮毛减少。

图2.62　*MwMYB4L*转基因拟南芥的叶片

在观察转基因拟南芥T1代黄色种子的子代植株(F1代)的过程中，发现与野生型拟南芥相比，转基因拟南芥植株不仅叶片的表皮毛减少了，茎秆上的表皮毛数量也同样出现了减少，甚至完全无表皮毛着生，如图2.63所示。野生型拟南芥茎秆四周着生了大量的表皮毛，而转基因拟南芥植株的茎秆上几乎无表皮毛，这一性状在后续的F2和F3代转基因植株中均有出现，表明转基因拟南芥茎秆上呈现出的表型与叶片相似，且稳定遗传。综合上述表型，本研究中的目的基因*MwMYB4L*在拟南芥中的过表达不仅会导致其叶片的表皮毛减少，同样也会导致其茎秆的表皮毛减少，可以初步推测目的基因*MwMYB4L*的功能是抑制植物表皮毛的形态建成。因此，转基因拟南芥植株出现了表皮毛减少的表型。

图 2.63　*MwMYB4L* 转基因拟南芥的茎

鉴于实验过程中发现目的基因 *MwMYB4L* 的过表达对拟南芥的表皮毛发育有显著影响，能够抑制拟南芥表皮毛的发生，猜想该基因也可能与拟南芥根毛的形态建成有关，故而设计对照试验。观察拟南芥根毛的发育情况，发现野生型拟南芥的根系与转基因拟南芥的根系有明显差异，野生型拟南芥的根毛多而长，相比之下，转基因拟南芥的根毛较少、较短，根尖也有一定程度的短缩，如图 2.64 所示。由此可见，*MwMYB4L* 基因不仅与植物的表皮毛发育有关，也影响根系的发育，会抑制根毛的发生和伸长。

综合以上表型，*MwMYB4L* 基因能够同时影响种皮颜色、表皮毛和根毛的发育，而且种皮的褪色程度与表皮毛和根毛的抑制强度呈现明显的正相关关系，即种皮褪色的程度越

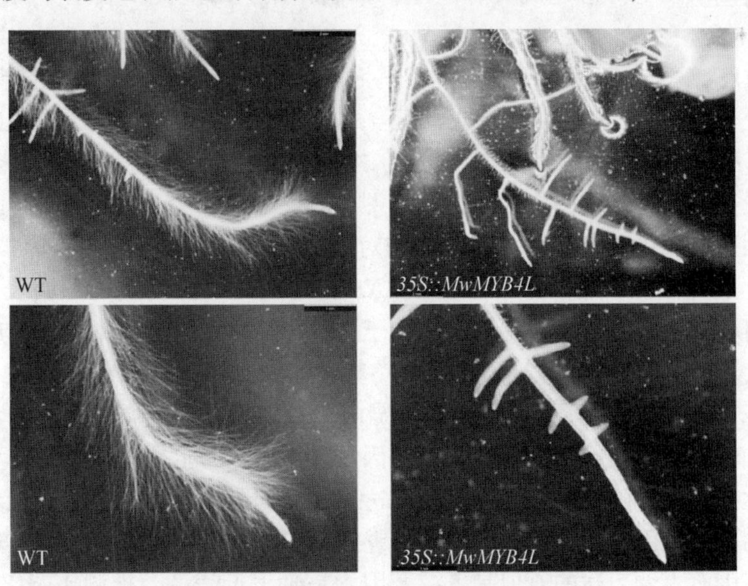

图 2.64　*MwMYB4L* 转基因拟南芥的根系

明显，其表皮毛和根毛的抑制作用越明显。

(4)转基因拟南芥表型与 *MwMYB4L* 基因表达相关性分析

据转基因拟南芥植株的表型分析结果显示，部分转基因拟南芥植株表现为叶片和茎秆上表皮毛明显减少，甚至整株无毛。为了进一步分析转基因拟南芥表皮毛减少这一表型与目的基因 *MwMYB4L* 表达之间的相关性关系，从独立遗传的 F3 代转基因拟南芥中，分别提取 3 株无表皮毛和 3 株有表皮毛的转基因拟南芥的总 RNA，逆转录为 cDNA 后，进行 *MwMYB4L* 基因的实时荧光定量，结果如图 2. 65 所示。

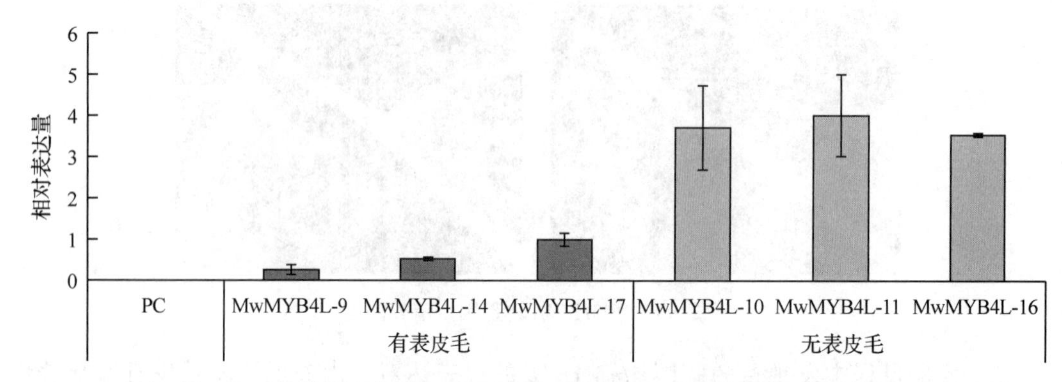

图 2. 65　转基因拟南芥有毛植株与无毛植株中 *MwMYB4L* 的相对表达量

由图 2. 65 可知，转基因拟南芥植株中，*MwMYB4L* 基因在无表皮毛植株中的表达量明显高于有表皮毛植株，*MwMYB4L* 基因在无表皮毛植株中的相对表达量均大于 3. 5，而在有表皮毛植株中的相对表达量均小于 1。由此可见，转基因拟南芥植株表皮毛的多少与 *MwMYB4L* 基因的表达量呈负相关关系，*MwMYB4L* 基因的表达量越高，转基因拟南芥植株的表皮毛越少。因此，本研究通过定量分析，进一步确定了 *MwMYB4L* 基因是一个转录抑制子，对植物的表皮毛形态建成具有一定的抑制作用，与上文中表型分析所推断的结果一致。

(5) *MwMYB4L* 转基因拟南芥中花青素合成通路上各基因的表达量分析

为了探究目的基因 *MwMYB4L* 对花青素合成的影响，选取花青素合成通路中的 7 个基因，分别是 *CHS*、*CHI*、*F3H*、*F3'H*、*DFR*、*ANS* 和 *BAN*(*ANR*)，进行实时荧光定量分析其相对表达量变化，结果如图 2. 66 所示。

由转基因拟南芥中花青素相关基因的相对表达量结果可知，在转基因拟南芥中 *CHS*、*F3H* 和 *F3'H* 呈现上调表达，*CHI*、*DFR*、*ANS* 和 *BAN*(*ANR*)均呈现下调表达，但是 *CHI* 和 *F3'H* 的相对表达量变化较小，变化值小于 3。值得关注的是，花青素合成通路的上游调控基因中，*CHS* 和 *CHI* 之间以及 *F3H* 和 *F3'H* 之间有明显的差异表达，其相对表达量变化在 30~100 之间，而花青素合成通路的下游调控基因均呈现下调表达。花青素合成通路上关键基因的表达量变化结果表明，目的基因 *MwMYB4L* 可能是抑制了花青素合成上游关键基因的表达，从而影响下游关键基因的表达，最终抑制花色素的形成，也可能是花青素合成通路上的下游基因在花青素形成中起关键作用。在转基因拟南芥中，虽然花青素合成通路的上游基因有上调表达的，但是下游基因均呈现下调表达，推测 *MwMYB4L* 基因可能是通过抑制花青素合成通路下游基因的转录，抑制了花青素的合成。

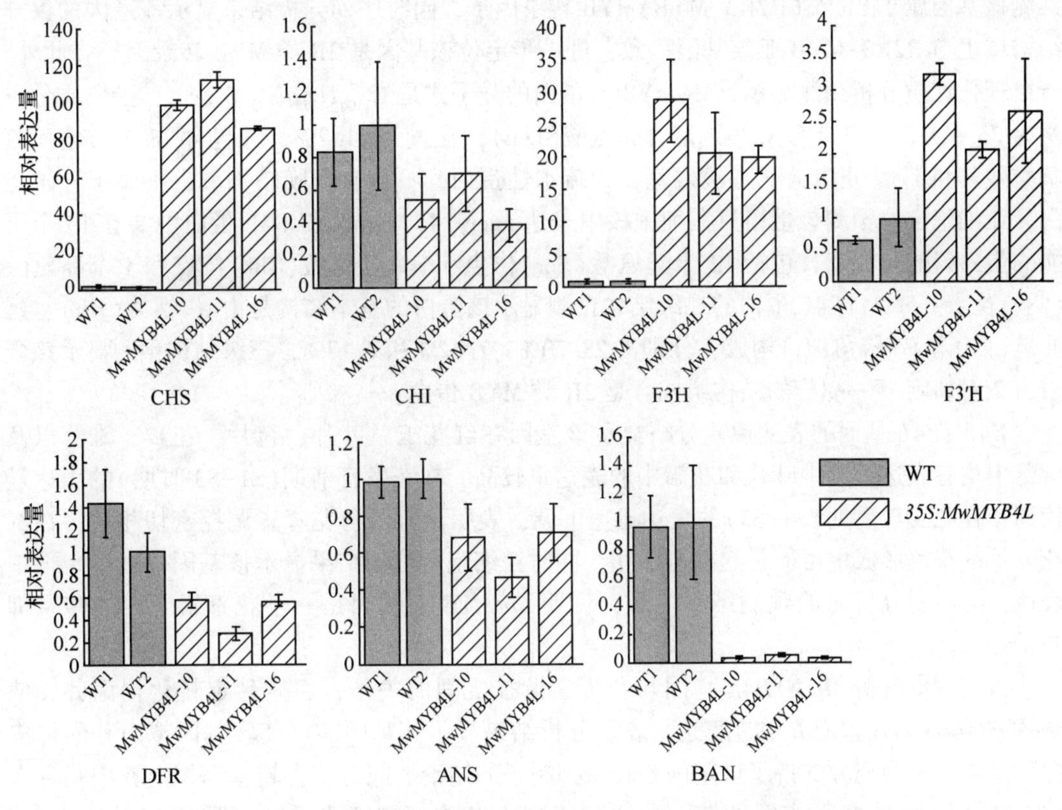

图 2.66　*MwMYB4L* 转基因拟南芥中花青素合成通路上各基因的相对表达量

2.4.3　讨论

红花玉兰属于极度濒危的野生种质资源树种。红花玉兰的花色艳丽，花瓣有深红、粉红、浅红等色，花瓣内外皆红，但内侧略淡，具有极高的观赏利用价值和科学研究价值。本研究中 *MwMYB4L* 基因是从红花玉兰‘娇红 1 号’的 cDNA 文库中获得的与花青素调控相关的新基因。因此，开展对该基因的功能研究对红花玉兰种质资源保护以及新品种培育颇有意义。

MYB 家族基因作为植物中最丰富的转录因子之一，具有高度保守的 MYB DNA 结合结构域，基于 MYB 结构域的数量和位置，分为 4 个 MYB 亚族、1R(R1/2，R3-MYB)亚族、2R(R2R3-MYB)亚族、3R(R1R2R3-MYB)亚族和 4R(含有四个 R1/R2 样重复序列)亚族。虽然在植物的发育过程中，MYB 转录因子的功能呈现多样化，但已有的研究表明花青素的生物合成通常受 2R(R2R3-MYB)亚族 MYB 转录因子(TFs)调控，在决定花的颜色模式形成方面起着关键作用(Zhang et al，2019)。本研究中的目的基因 *MwMYB4L* 是在红花玉兰‘娇红 1 号’花色形成过程中发现的有明显表达差异的基因，从初蕾期到半开期(S1-S3)，该基因呈现稳定的高表达，随着盛花期的到来(S4-S5)，该基因呈现明显的下调表达。为探究 *MwMYB4L* 与花青素调控之间的关系，以及它在红花玉兰花色形成中的作用，本试验克隆了 *MwMYB4L* 这个基因，系统进化分析显示该基因与 R2R3-MYB 转录因子聚于一类，推测该基因属于 2R 类(R2R3-MYB)MYB 转录因子，同时序列分析结果显示该基因的保守结构域也与 R2R3-MYB 亚族基因一致，进一步定位该基因是 2R 类 MYB 转录因子。此外，蛋白理化性质分析预测显示，MwMYB4L 蛋白的分子式是 $C_{1106}H_{1759}N_{337}O_{340}S_{12}$，蛋白质分子量为 25.6kD，等电点为 8.39，富含亮氨酸(Leu)，含量为 11.2%，并包含 28 个负电荷氨基酸残基和 17 个正电荷氨基酸残基，为疏水性蛋白，不含有跨膜结构域，不属于分泌蛋白，亚细胞定位预测该蛋白只在细胞核中表达 nucl:14，在 MwMYB4L 蛋白中共有 19 个可能的蛋白磷酸化位点，包括 12 个丝氨酸(Ser)位点、6 个苏氨酸(Thr)位点和 1 个酪氨酸(Tyr)位点。MwMYB4L 蛋白的二级结构预测显示该蛋白的基本结构是由 α-螺旋(Hh)、延伸链(Ee)和 β-转角(Tt)构成，分别占 28.70%、7.62%和 7.17%，三级结构预测显示该蛋白由 2 对螺旋-环-螺旋的结构组成，是 2R 类 MYB 蛋白。

MwMYB4L 基因的表达模式分析显示该基因在红花玉兰叶片、苞片、花瓣、雄蕊以及雌蕊中均有表达，其中叶片和花瓣中的表达量较高，在花发育前期(S1-S3 时期)的表达量较高，在花发育后期(S4-S5)的表达迅速下调，表明该基因与花青素调控密切相关，在红花玉兰的花色形成中可能是起抑制作用，同时亚细胞定位的结果显示该基因只在细胞核中表达，与序列分析时的预测结果一致，说明 *MwMYB4L* 基因是一个花青素合成的转录抑制子。

为进一步解析 *MwMYB4L* 基因与花青素调控之间的关系，通过稳定转化拟南芥，使 *MwMYB4L* 基因在拟南芥中过表达，表型分析结果显示该基因能够使转基因拟南芥的种皮褪色，这一表型充分支持了该基因是转录抑制子的结论。同时结合转基因拟南芥中花青素相关基因的相对表达结果可知，在转基因拟南芥中，花青素合成通路上游基因 *CHS*、*F3H*、*F3'H* 呈现上调表达，而下游基因 *DFR*、*ANS* 和 *BAN*(*ANR*)均呈现下调表达。表明该基因可能是抑制了花青素合成上游关键基因的表达，从而影响下游关键基因的表达，最终抑制花色素的形成，也可能是花青素合成通路上的下游基因在花青素形成中起关键作用。在转基因拟南芥中，虽然花青素合成通路的上游基因有上调表达的，但是下游基因均呈现下调表达，推测 *MwMYB4L* 基因可能是通过抑制花青素合成通路下游基因的转录，抑制了花青素的合成。就目前关于花青素合成途径的研究来看，DFR 是花青素合成途径中控制花色素苷的关键结构基因，许多基因对花青素合成途径的调控主要集中在 DFR 基因上。因此，*MwMYB4L* 基因应该是通过抑制花青素合成通路下游关键基因的转录来抑制花青素的形成。在前人的研究中，R2R3-MYB 在花青素调控方面就具有双向性，有的起促进作用，有的起抑制作用。例如胡萝卜中的 *RsMYB*1 基因在拟南芥中的稳定表达使整个拟南芥植株产生了红色色素沉积(Lim et al., 2016)，在矮牵牛中的高表达提高了花青素生物合成的结构基因(*PAL*、*CHS*、*DFR*、*ANS*)的表达量，从而增加了营养器官和花瓣中的花青素含量；此外，苦荞中的 *FtMYB*15 在拟南芥中的过表达也增加了其叶片和种皮的色素沉积，葡萄中的 *VvMYBA*1、苹果中的 *MdMYB*10 都能够增加植物中花青素的积累，还有茄子中的 *SmMYB*1，其过表达能够激活茄子再生芽中的花青素积累(Zhang et al., 2014)。当然，还有一些起负调控作用的 MYB 蛋白，如草莓中的 FaMYB1 转录因子在烟草中过表达导致其花朵色素减少，并且花色苷和其他黄酮类化合物含量水平也减少，另外，矮牵牛中的 PhMYB27 也是一个抑制花青素合成的转录因子，通过其 c 末端 EAR 结构域抑制花青素相

关因子的转录(Albert et al., 2014)。本研究中的 *MwMYB4L* 基因也是一个花青素合成的抑制子，组织特异性表达分析显示，*MwMYB4L* 基因在红花玉兰的叶片以及花器官各轮结构中均有表达，但该基因的过表达只使得拟南芥的种皮褪色，却没有影响到花，可能是因为拟南芥的花瓣本身就是白色的。因此，经过本研究的试验分析，*MwMYB4L* 基因是一个花青素相关的转录抑制子，它在拟南芥中的过表达下调了 *CHI*、*DFR*、*ANS* 和 *ANR*(*BAN*)的表达量，从而降低了拟南芥中的花青素积累，使其种皮褪色。

基于转基因拟南芥的表型分析，本研究还发现转基因拟南芥的表皮毛明显减少，甚至整株无毛。结合目的基因 *MwMYB4L* 在无毛和有毛的转基因植株中的表达量分析，无毛植株中 *MwMYB4L* 的表达量显著高于有毛植株，表明该基因具有抑制表皮毛形态建成的作用，与胡清楠等人对 *PtrRML*1 基因的研究结果一致。在他们的研究中，*PtrRML*1 基因除了能抑制拟南芥表皮毛发生，对根毛的发生有促进作用，但是在本研究中，*MwMYB4L* 基因虽然具有抑制表皮毛发生的作用，但该基因对根毛的发育具有抑制作用，恰好与胡清楠对 *PtrRML*1 基因的研究结果相反。这可能与 PtrRML1 蛋白和 MwMYB4L 蛋白的结构差异有关，本研究中的 *MwMYB4L* 基因是 R2R3-MYB 转录因子，而 *PtrRML*1 基因是 R3 MYB-like 转录因子，*PtrRML*1 基因比 *MwMYB4L* 基因少一个 R2 结构域，因此在功能上有相似之处，也有明显差异。

综上所述，MYB 家族在植物的生长发育过程中的作用是丰富多样的，其中功能分化最多的是 2R(R2R3-MYB)亚族。本研究中的红花玉兰花青素相关 MYB 基因 *MwMYB4L* 是一个 2R 亚族的 MYB 转录抑制子，除了具有抑制花青素合成的作用，对表皮毛的形态建成以及根毛的发育也同样具有抑制作用。红花玉兰是一个非常原始的类群，根据 *MwMYB4L* 基因克隆和功能研究，结合前人对 R2R3-MYB 基因的功能研究推测，花青素调控可能就是 2R 类 MYB 家族的一个原始功能，并且花青素合成通路下游基因的表达对花青素合成的影响更大。

2.4.4 小结

本研究从红花玉兰‘娇红 1 号’中分离得到一个未被注释的 MYB 家族新基因 *MwMYB4L*，该基因属于 2R MYB 亚族，具有 R2R3-MYB 基因典型的序列结构特征，是一个转录因子。*MwMYB4L* 基因在红花玉兰的叶片及花器官各轮结构中均有表达，在花发育的前期(S1-S3 时期)表达量较高，在花发育后期(S4-S5 时期)呈现明显的表达下调。转基因功能分析显示 *MwMYB4L* 基因在花青素合成过程中起负调控作用，同时具有抑制表皮毛发生和抑制根毛发育的功能。此外，该基因在转基因拟南芥中的过表达有可能是通过下调 *CHI*、*DFR*、*ANS* 和 *ANR*(*BAN*)的表达，从而降低转基因拟南芥中的花青素积累，使其种皮褪色。

综上所述，红花玉兰花青素相关 MYB 基因 *MwMYB4L* 是一个典型的 2R(R2R3-MYB)亚族的转录抑制子，具有负调控花青素的合成、抑制表皮毛形态建成以及抑制根毛发育的作用。

第 3 章 红花玉兰 *APETATAL*1 和 *AGAMOUS-LIKE*6 同源基因克隆和功能研究

红花玉兰种内具有丰富的花色、花型及花被片数目等自然变异，使其成为研究被子植物花器官形态建成和发育演变的理想材料。传统花发育 ABCDE 模型中 *AP*1 是决定外侧花器官特征的 MADS-box 基因，但目前对基部被子植物和基部双子叶植物的表达模式分析研究推测 *AGL*6 基因亚族可能具有 A 类基因功能。本章节对红花玉兰中 *APETATAL*1-like 和 *AGAMOUS-LIKE* 6-like 基因及 *AP*1/*SEP*/*AGL*6 亚族成员进行同源克隆，分析其表达模式和验证其功能，以揭示红花玉兰 *AP*1 和 *AGL*6 同源基因在花被片发育中的作用。

3.1 红花玉兰 *AP*1 同源基因克隆及功能分析

3.1.1 材料与方法

3.1.1.1 植物材料

2016 年 5 月至 2017 年 7 月，采集红花玉兰和多瓣红花玉兰不同发育阶段的花芽材料。2018 年 6 月在湖北省三峡植物园采集白玉兰和厚朴花芽。所有材料均立即使用液氮冷冻并存放在-80℃冰箱。

用于转基因进行功能分析的 *ap*1-10(CS6230)、*agl*8-1(CS3759)突变体拟南芥种子和 Col-0 野生型种子从 *Arabidopsis* Biological Resource Center(ABRC)购买。

3.1.1.2 基因克隆

方法见 2.3.1.3。

3.1.1.3 *AP*1 同源基因特征结构域分析

用 TMHMM 对经 DNAMAN Version 9 翻译后的氨基酸序列进行蛋白的跨膜结构域分析，用 SignalP 4.1 分析信号肽，通过 Uniprot 查询同源蛋白亚细胞定位信息预测表达位置，再通过 NCBI CDD 预测结构域，同时将所有 mRNA 序列输入 NCBI blastx 检索数据库中的同源基因，选取完整翻译区的序列并使用 MUSCLE 进行翻译后比对，用 BioEdit 截取氨基酸 C 末端制图。

3.1.1.4 种子植物 *AP*1 同源基因系统进化树构建

将 *MawuAP*1 cDNA 序列输入 GenBank 和 OneKP 数据库进行 Local Alignment Search Tool (BLAST)，将得到的不同物种 *AP*1 同源基因编码区用 MUSCLE 进行翻译后比对。使用 MEGA 6.0 软件进行最大相似法构建系统进化树，bootstrap 设置为 1000 次。

3.1.1.5 *MawuAP*1 在红花玉兰中表达的组织特异性

用基因克隆引物对红花玉兰花器官各部位 *MawuAP*1 和 *MawuACTIN* 的 cDNA 进行 PCR 半定量分析，以确定其组织表达特异性。

为了分析 *MawuAP*1 基因表达的组织特异性，从红花玉兰的心皮、雄蕊、内外侧花被片、苞片、叶片中提取总 RNA 进行定量 PCR 分析。

3.1.1.6 *MawuAP*1 在花器官发育不同阶段的表达模式

为了分析 *MawuAP*1 在不同发育时期的各个花器官中的表达水平，以全年不同发育时期红花玉兰的不同花器官 RNA 为模板合成 cDNA 并进行实时定量分析。

3.1.2 结果与分析

3.1.2.1 *MawuAP*1 基因克隆及结构域分析

利用同源基因克隆技术得到 *MawuAP*1 mRNA 全长为 763bp。将氨基酸序列输入 NCBI CDD 数据库比对分析发现，其具有 MADS-box 家族基因特有的 MADS 区和 K 区，以及次级保守的 I 区和不保守的 C 区。经 TMHMM 检测后未发现穿膜结构域，Signal 4.1 检测无信号肽结构域，Uniprot 查询该同源蛋白在细胞核内表达，为此预测 *MawuAP*1 在核内表达。

将 *MawuAP*1 与木兰类、基部双子叶和核心双子叶植物 *AP*1-like 基因的 C 区进行序列比对，结果显示在木兰类植物和基部双子叶植物 *AP*1-like 基因中有 2 个共同的 AP1 motif，一个为 FUL motif，另一个为 paleoAP1 motif。paleoAP1 motif 结构域在核心双子叶植物中被 euAP1 motif 取代。*MawuAP*1 与木兰类植物和基部双子叶植物的 *FUL* 同源基因以及核心双子叶植物的 *FUL* 同源基因均具有 paleoAP1 motif，以此推测 *MawuAP*1 与 *AtFUL* 比 *AtAP*1 亲缘关系更近。

3.1.2.2 *AP*1 同源基因系统进化树

分析红花玉兰 *MawuAP*1 及其他物种的 *AP1/SQUA* 同源基因组成的系统进化树后发现，红花玉兰 *MawuAP*1 与其他木兰类植物 *FUL* 同源基因和基部双子叶植物 *FUL* 同源基因聚类在一起形成 *FUL-like* 进化支，而核心双子叶植物的 *APETALA*1*-like*(*euAP*1)、*FRUITFULL-like*(*euFUL*)和 *AGAMOUS-like* 79 (*AGL*79)亚族基因聚类在一起。而且，在木兰类植物中仅有一个 *FUL* 同源基因，在基部双子叶植物中有 2 个 *FUL* 同源基因，而在核心双子叶植物中，*FUL-like* 祖先基因分为两支：一支为 *euAP*1-*like*，其中包括拟南芥的 *AP*1 和 *CAL*；另一支为 *euFUL-like*，再次分支为 *AGL*79 和 *FUL*。

被子植物 *AP*1 系统进化树(图 3.1)表明，*AP*1-*like* 基因亚族在被子植物进化过程中至少发生了 4 次基因重复事件，其中在基部双子叶植物中发生了一次，单子叶植物中发生了一次，而在核心真双子叶植物经过 2 次基因重复事件产生了 3 个进化系 *euAP*1、*euFUL* 和 *AGL*79，这与发表的 *euFUL* 比 *euAP*1、*AGL*79 亚族与木兰类植物和基部双子叶植物 *FUL-like* 基因在结构与功能上更相似的结果一致。*euFUL-like* 和 *FUL* 同源基因通常在所有组织

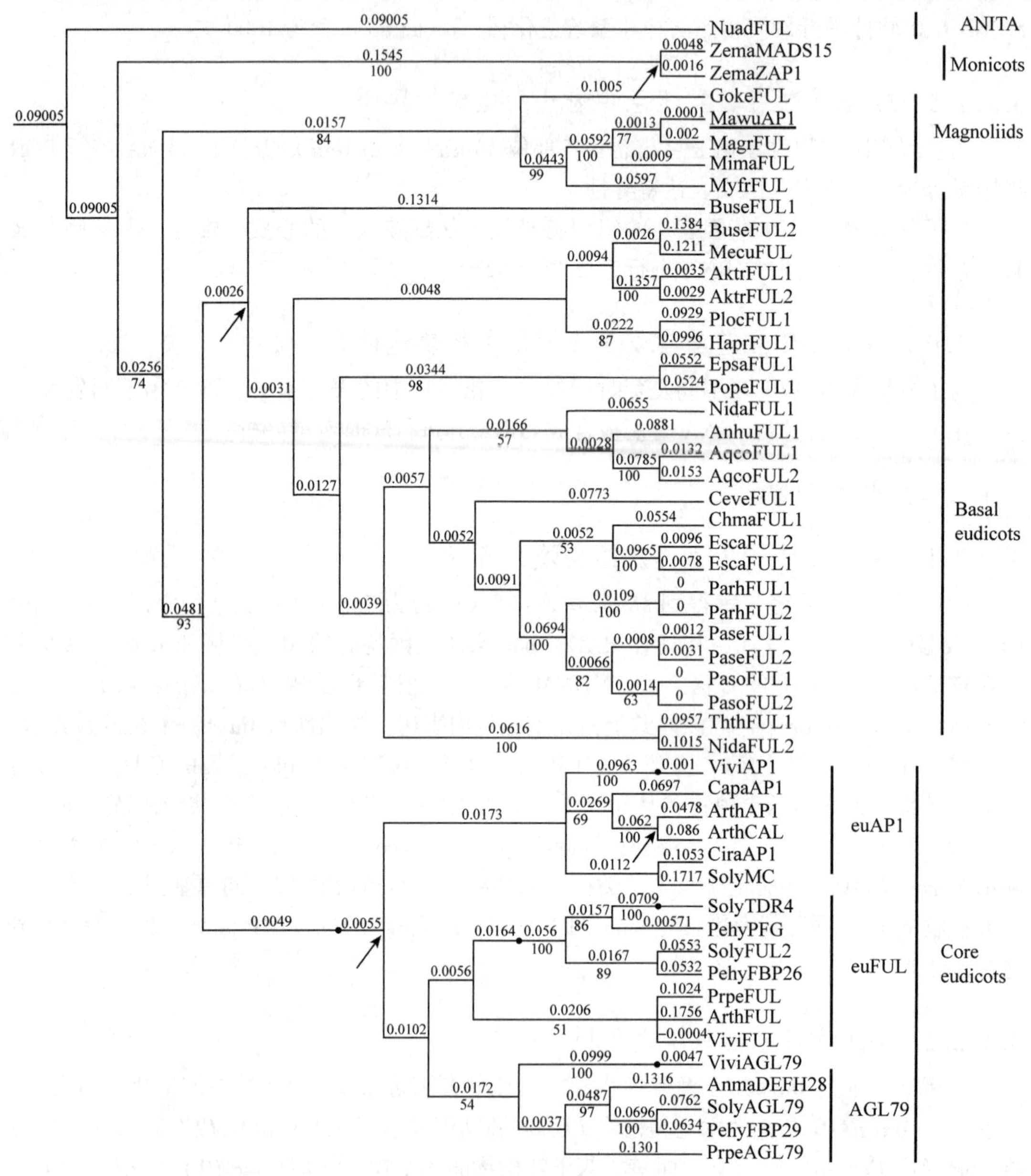

图 3.1　红花玉兰 *MawuAP*1 在被子植物中系统进化分析

注：箭头指向预测的基因重复事件，下划线标明 *MawuAP*1，boottrap 大于 50%标注。

中均有表达，因此推测 *AP1/SQUA* 同源基因祖先可能对各轮花器官都有调节功能。拟南芥 *FUL* 属于 *euFUL-like* 进化系，具有保守的C末端，参与调控拟南芥花原基和果实发育，由于 *MawuAP1* 在结构上与拟南芥 *FUL* 相近，因此 *MawuAP1* 很可能具有拟南芥 *FUL*(*euFUL-like*)祖先基因促进早花和调控果实发育的功能。由共同祖先基因起源的拟南芥 *AP1* 获得了调控第一、二轮花器官发育的A类基因功能。

3.1.2.3 *MawuAP1* 组织表达特异性及表达模式分析

为了研究 *MawuAP1* 基因在红花玉兰中的表达模式，利用半定量PCR对红花玉兰叶片、苞片、花被片、雄蕊和心皮进行分析，结果表明 *MawuAP1* 在所有花器官和叶片中均有表达(图3.2)。

实时定量PCR分析 *MawuAP1* 在不同发育时期花器官中的表达，结果显示 *MawuAP1* 在不同时期的各轮花器官中持续表达，5~6月花芽分化早期和次年2~3月花芽快速生长期在各轮花器官均高水平表达，其中在苞片、外侧花被片和心皮中表达水平最高，7月到次年1月花芽休眠期，在各轮花器官中均呈低水平表达(图3.3)，这一结果表明 *MawuAP1* 在花器官中的表达水平与花器官增大速率呈正相关性。

MawuAP1 在雄蕊、心皮和花被片的生长过程中均起重要作用，这与拟南芥 *FUL* 在促进心皮发育的功能一致，但与拟南芥 *AP1* 仅在第一、二轮花器官中特异表达并调控萼片与花瓣发育的功能不同。因此 *MawuAP1* 与 *FUL-like* 祖先基因功能更相近，*MawuAP1* 没有分化出拟南芥 *AP1* 的A类基因功能。

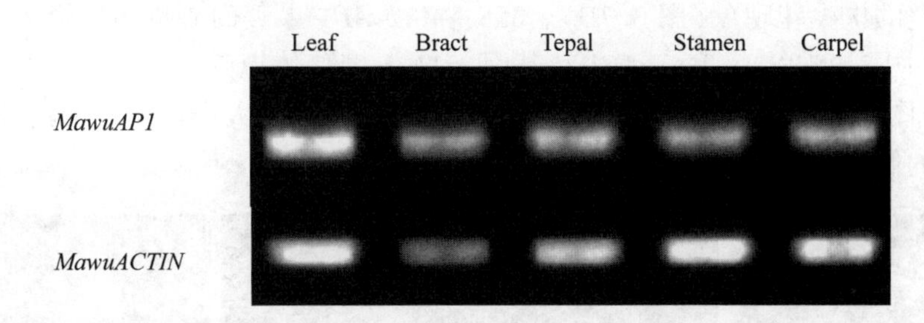

图3.2 *MawuAP1* 和 *MawuACTIN* 半定量PCR分析确定其组织表达特异性分析

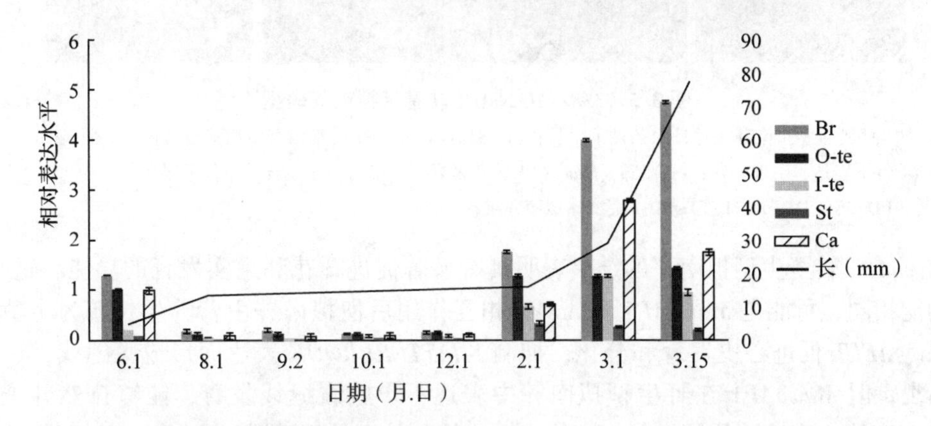

图3.3 一年中不同发育时期、不同花器官的 *MawuAP1* 基因相对表达水平分析

注：所有 *MawuAP1* 的表达水平均按照 *MawuAP1* 在红花玉兰第一轮花被片中的表达水平进行标准化处理。

3.1.2.4 *MawuAP*1 转基因拟南芥功能分析

系统进化分析显示 *MawuAP*1 与 *AtFUL* 同源关系更近，因此以 *agl*8-1 突变体作为功能验证的试验材料。将 *CaMV*35*S*::*MawuAP*1 在拟南芥野生型中过表达，在 *agl*8-1 突变体中恢复表达，转基因苗基因型的鉴定结果如图 3.4。

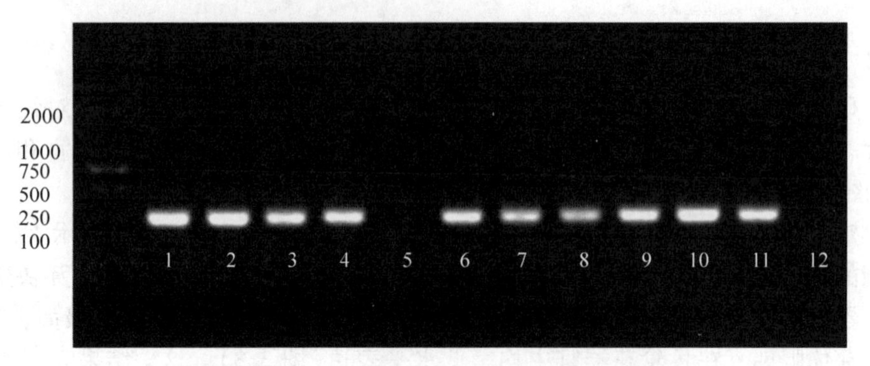

图 3.4　*MawuAP*1 转基因野生型拟南芥基因型鉴定

12 泳道：以野生型拟南芥基因组为模板的阴性对照

*MawuAP*1 过表达拟南芥共获得转基因苗 60 株，在长日照和短日照下全部表现出明显的早花(图 3.5A-B)、矮化(图 3.6)和果荚增粗(图 3.7F)现象。其中 17 株(28.3%)萼片、花和果荚明显增大(图 3.7C、F)，8 株出现矮化增粗生长，顶生花第一、二轮花器官之间出现多个完整的次生花现象(图 3.7D)。35*S*::*MawuAP*1 果荚的心皮边缘隆起，与外露的假隔膜平齐(图 3.7F-G)。*MawuAP*1 转基因 *apl*8-1 突变体拟南芥共获得转基因苗 60 株，均表现早花(图 3.5C)，其中 20 株的花和果荚恢复为野生型大小(图 3.7E)，但不能使其发育出外露的假隔膜(图 3.7H)。

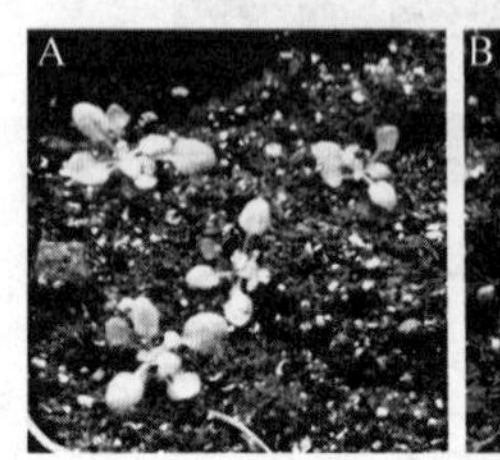

图 3.5　35*S*::*MawuAP*1 转基因拟南芥表型

(A)野生型拟南芥在短日照条件下生长；(B)35*S*::*MawuAP*1 转基因野生型拟南芥在长日照条件下表达，出现早花；(C)35*S*::*MawuAP*1 转基因野生型拟南芥在短日照条件下早花；(D)35*S*::*MawuAP*1 在 *agl*8-1 突变体拟南芥早花。

*MawuAP*1 转野生型拟南芥的结果表明具有显著促进开花和果实发育的功能，这与 *AtFUL* 功能相同，可能是 *MawuAP*1 与 *AtSVP* 相互作用后使拟南芥由营养生长转为生殖生长的结果。*AtFUL* 促进心皮发育和分化，抑制 *SHATTERPROOF* 表达而形成腹缝线，让果荚自然开裂，但 *MawuAP*1 在野生型拟南芥中表达不影响腹缝线发育，能够自然开裂。在 *agl*8-1 突变体中表达不能够恢复突变体心皮边缘与外露的假隔膜融合的表型，而是使心皮

伸长、心皮顶端隆起，因此 *MawuAP1* 仅具有促进心皮伸长的功能。过表达 *MawuAP1* 拟南芥出现的完整次生花出现在完整顶生花第一、二轮花器官之间的表型，与过表达拟南芥 *AP1* 出现的表型不同，这表明 *MawuAP1* 不具有决定外侧花器官特征的功能。*MawuAP1* 在 *agl*8-1 拟南芥突变体中表达不出现次生花包围顶生花的表型的原因可能是由于缺失 *AtFUL* 与 *AtSOC1* 相互作用使得花分生组织无法形成，这表明 *MawuAP1* 不具有决定花分生组织的功能，这可能是由于 *MawuAP1* 不能替代 *AtFUL* 与 *AtSOC1* 相互作用而参与花分生组织的决定。以上试验结果表明红花玉兰 *MawuAP1* 并没有分化出参与花分生组织决定和花被片发育的功能。

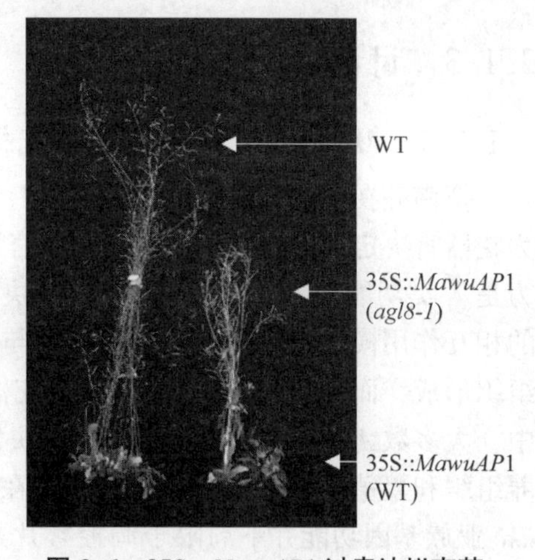

图 3.6　35*S*::*MawuAP1* 过表达拟南芥的矮化和侧枝夹角减小

对拟南芥 *AtFUL* 研究表明，*AtFUL* 抑制 *AtSAUR*10 在茎干和花序中表达，继而调控侧枝夹角，*MawuAP1* 在 *agl*8-1 突变体拟南芥中表达时表现为小夹角，这表明 *MawuAP1* 不具有抑制 *AtSAUR*10 在茎干和花序中表达的功能。

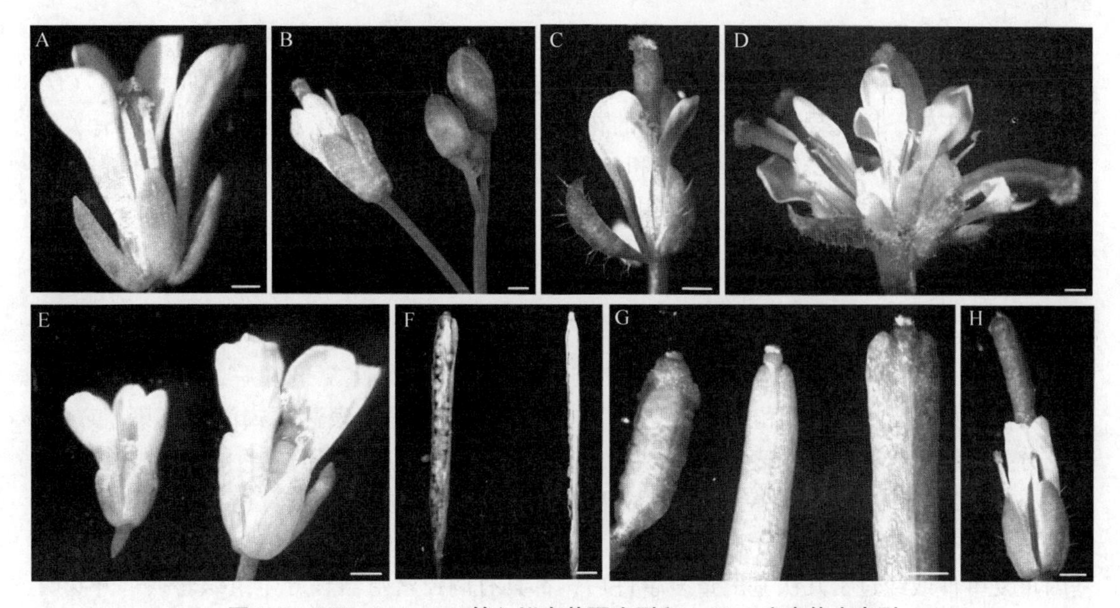

图 3.7　35*S*::*MawuAP1* 转入拟南芥野生型和 *agl*8-1 突变体中表型

(A)Col-0 野生型；(B)空表达载体 pBI121 转基因野生型拟南芥表型；(C-D)含有 35*S*::*MawuAP1* 的 Col-0 野生型，表型逐渐增强；(E)*agl*8 突变体花表型(左侧小花)比 35*S*::*MawuAP1* 转基因 *agl*8-1 突变体花表型(右侧大花)小；(F)35*S*::*MawuAP1* 转基因野生型拟南芥果荚(左)比野生型果荚(右)粗；(G)*agl*8-1 突变体果荚表型为心皮完全不发育(左)、野生型(中)、35*S*::*MawuAP1* 转基因野生型拟南芥(右)的果荚表型为心皮边缘细胞隆起与外露的假隔膜平齐(右)；(H)35*S*::*MawuAP1* 转基因 *agl*8-1 突变体果荚表型为果荚伸长，没有外露的假隔膜。比例尺为 500μm。

3.1.3 讨论

3.1.3.1 *MawuAP*1 不具有决定花被片性状的功能

拟南芥在花器官发育过程中，*AP*1 和 *FUL* 均具有双重功能，早期为花原基决定，晚期为花器官决定功能，是调控诱导花器官形成通路的枢纽，因此 *AP*1/*SQUA*-like 曾一度被认为是 A 类功能基因。它们与开花时间决定转录因子及花同源异形转录因子均会形成二聚体的相互作用模式有关，*AP*1 和 *FUL* 如与 *SVP*、*SOC*1 和 *AGL*24 组成复合蛋白体调控花分生组织形成，而与 *AG*、*PI* 和 *AP*3 组成花器官决定蛋白四聚体。但是在除拟南芥之外的物种中，大多数 *AP*1/*SQUA* 同源基因不仅决定萼片、花瓣形成而特异在花器官中表达，还在营养组织和繁殖组织中普遍表达，同时在花序和花原基中高水平表达。这表明 *AP*1/*SQUA*-*like* 亚族基因功能并不局限于调控萼片或花瓣发育，还在营养生长和繁殖发育中起作用，尤其在花序和花分生组织形成中起重要作用。已有研究证明 *AP*1 和 *CAL* 是由十字花科 Brassicaceae 中发生的基因复制事件产生的，这进一步表明 *AP*1 很可能是最近才获得 A 类基因的功能。*MawuAP*1 在系统进化树上比拟南芥 *AP*1 和 *FUL* 均更靠近祖先基因，在过表达和恢复表达拟南芥中表现出促进开花和心皮伸长的功能可能来自 *AP*1 和 *FUL* 的祖先基因。

目前对木兰类植物 *AP*1-like 基因的研究较少，异位表达基部双子叶植物箭叶淫羊藿 *EsFUL* 使内源 *AP*1 基因转录被显著上调，但也上调其他花发育调控基因如 *SOC*1、*CO*、*TFL*、*LFY* 和 *FT*，因此导致转基因植株的花器官异常和出现顶生花，但是该研究没有关注果荚发育。*MawuAP*1、*EsFUL*、*AtAP*1 和 *AtFUL* 在拟南芥中表现为早花、果荚伸长、心皮顶部隆起的共同表型表明，*FUL*-like 祖先基因可能具有早花、果荚伸长和隆起心皮顶部的功能，随后在不同进化类群中发生功能分化。

3.1.3.2 AP1/FUL 基因亚族功能分化

AP1/FUL 基因亚族是被子植物特有的类群，在几次基因重复事件后，其多个基因拷贝的功能开始分化。*euAP*1 和 *euFUL* 进化系在植物发育过程中表达模式没有交集，*euAP*1 在花分生组织和外侧花轮中表达决定萼片及花瓣特征，*euFUL* 在花序分生组织中表达，同时在心皮和果实中表达，调控花序分生组织转换为花和果皮正常发育(Gu et al., 1998)。但是在木兰类植物、基部双子叶植物和单子叶植物 FUL-like 进化系中，无论有没有经历基因重复事件或经过了几次基因重复事件后，都具有调控繁殖器官分生组织转换、开花时间、花序结构、叶片表型、花分生组织和萼片决定、后期的花瓣表皮分化和果实发育功能，如红花玉兰 *MawuAP*1 和马兜铃 *AfimFUL* 在花芽各器官均表达，表明其可能对各轮花器官都有调节功能。

研究系统进化树发现，大多数 *AP*1-*like*、*AGL*6-*like* 和 *SEP*-*like* 基因均起源于基部被子植物。基部被子植物、木兰类植物、基部双子叶植物和单子叶植物中 *AGL*6-like 基因在花被片中高水平表达，因此红花玉兰 *AGL*6 和 *SEP* 同源基因在花器官发育调控中的作用有待于进一步研究。

3.1.4 小结

通过系统进化研究发现 *MawuAP*1 与拟南芥 *FUL* 亲缘关系很近，*MawuAP*1 可促进开花及果实发育；*MawuAP*1 促进开花调控的功能与 *AP1/FUL* 同源基因的功能相似；*MawuAP*1 尚未获得类似拟南芥 *AP*1 的 A 类基因功能调控第一、二轮花器官发育。

3.2 红花玉兰 MADS-box 基因表达模式分析

已有研究发现基部被子植物和木兰类植物中 MADS-box 基因的蛋白相互作用模式与核心双子叶植物中的有差异，为了解红花玉兰花被片发育相关 MADS-box 基因的功能，将与红花玉兰 *AGL6*-like 进化关系相近的 SEP-like 也克隆并用实时定量 PCR 技术分析其表达模式。

3.2.1 材料与方法

3.2.1.1 植物材料

2019 年 3 月开花前期取 9 瓣和 28 瓣花被片的红花玉兰花芽，将其按照苞片、外侧花被片、中间花被片、内侧花被片、雄蕊和心皮分开并置于-80℃冰箱中保存。

3.2.1.2 试验方法

(1)红花玉兰 *SEP* 同源基因克隆

利用同源克隆技术克隆红花玉兰 *SEP* 同源基因 *MawuAGL9* 和 *MawuAGL2*。

(2)红花玉兰 *SEP* 同源基因特征结构域分析

利用 NCBI blastP 检索 *AGL9* 和 *AGL2* 同源基因编码区，并使用 MUSCLE 进行翻译后比对，用 BioEdit 截取氨基酸序列 C 端制图。

(3)被子植物 *SEP* 同源基因系统进化分析

利用 NCBI blastP 检索 *AGL9* 和 *AGL2* 同源基因编码区构建系统进化树。

(4)红花玉兰花发育 MADS-box 同源基因表达模式分析

根据已有研究提出的基部被子植物的"模糊边界" 花发育模型，即 MADS-box 基因在各个组织表达水平不同，在表达界限边缘的表达水平很低，同时与其他花器官决定基因和有拮抗作用基因的表达界限重合，就产生渐变的花器官形态表型，如基部被子植物中萼片、花瓣和雄蕊呈螺旋状渐变形状的分布模式，对已公布红花玉兰 MADS-box 基因进行表达模式分析。

2019 年 3 月取 9 瓣和 28 瓣花被片的红花玉兰花芽，将其按照苞片、外侧花被片、中间花被片、内侧花被片、雄蕊和心皮分别提取总 RNA，经 DNase I 消化后逆转录为 cDNA，然后用实时定量法分析各 MADS-box 基因在不同瓣数及不同部位的红花玉兰花器官中的表达模式。

(5)种子植物 *AP1/SEP/AGL6* 同源基因系统进化树构建

由 *MawuAGL6_ 1/2*、*MawuAP1*、*MawuAGL9_ 1/2* 的 cDNA 序列在 NCBI GenBank 数据库进行 Local Alignment Search Tool(BLAST)比对检索同源基因编码区序列。用 MAFFT 对这些区域的编码区核苷酸序列进行比对。最后使用 MEGA 6.0 软件邻接法构建系统进化树，bootstrap 设置为 1000 次。

将系统进化树输入 Datamonkey RELAX 平台，选择木兰属 *AGL6*-like 分支作为被测样本，整个进化树作为参照，计算自然选择压力(Wertheim et al., 2015)。

3.2.2 结果与分析

3.2.2.1 红花玉兰 *SEP* 同源基因特征结构域分析

将克隆得到的 *MawuAGL9_ 1/2* 和 *MawuAGL2* 氨基酸序列与 NCBI GenBank 上已公布的基部被子植物、木兰类植物、基部双子叶植物和核心双子叶植物中 *SEP* 同源基因编码区使用 MUSCLE 进行翻译后比对，比对结果输入 BioEdit 选取 C 区输出效果图。表明在其他被子植物物种 *SEP* 同源基因 C 区的 SEP motif I 和 SEP motif II 也在 *MawuAGL9_ 1/2* 和 *MawuAGL2* 中高度保守。

在同源克隆中发现，红花玉兰 *TM8* 同源基因缺失，*TM8* 基因亚族在裸子植物日本柳杉和银杏、基部被子植物无油樟、部分木兰类植物鳄梨和皱叶木兰、部分核心双子叶植物番茄里有同源基因，这说明 *TM8* 可能在部分基部被子植物中丢失，接着在基部双子叶或单子叶植物中也缺失了。在红花玉兰中也没有找到 *SQUA* 同源基因，这表明在经历了第一次全基因组复制事件造成 *AGL2* 和 *AGL6* 进化系的分离、*SFT* 和 *TM3*(*SOC1*)进化系的分离后，红花玉兰的祖先植物得到了 *AGL6* 和 *TM3*(*SOC1*)进化系；又经历了一次全基因组复制事件形成 2 个 *AGL6* 进化系和两个 *TM3*(*SOC1*)进化系。在红花玉兰中克隆出 2 个 *AGL6* 基因和 2 个 *SOC1* 基因，这与目前提出的 MADS-box 基因家族的起源模型一致。

3.2.2.2 被子植物 *SEP* 同源基因系统进化分析

系统进化树分析被子植物 *SEP* 同源基因的结果(图 3.8)表明，红花玉兰与基部被子植物和木兰类植物都仅有 1 个 *AGL2*-like 基因，*MawuAGL2* 与广玉兰 *MagrAGL2* 聚类在一起；基部双子叶植物中都只有 2 个 *AGL2*-like 基因，而核心双子叶植物中有 2 个 *AGL2*-like 基因，1 个 *FBP9* 和 1 个 *AGL9* 同源基因。基部被子植物类群 ANITA 尚未发现 *AGL9*-like 基因，木兰类植物如红花玉兰均具有 2 个 *AGL9*-like 基因 *MawuAGL9_ 1/2*，并与其他木兰类植物 *AGL9*-like 聚类为 1 支，基部双子叶植物中也有 2 个 *AGL9*-like 基因。单子叶植物中具有 2 个 *AGL2*-like 基因和 1 个 *AGL9*-like 基因。这表明，*AGL2*-like 基因在单子叶植物和基部双子叶植物中各发生了一次基因重复事件，*AGL9*-like 基因由基部被子植物 *AGL2*-like 进化而来，在木兰类植物中发生了一次基因重复事件。

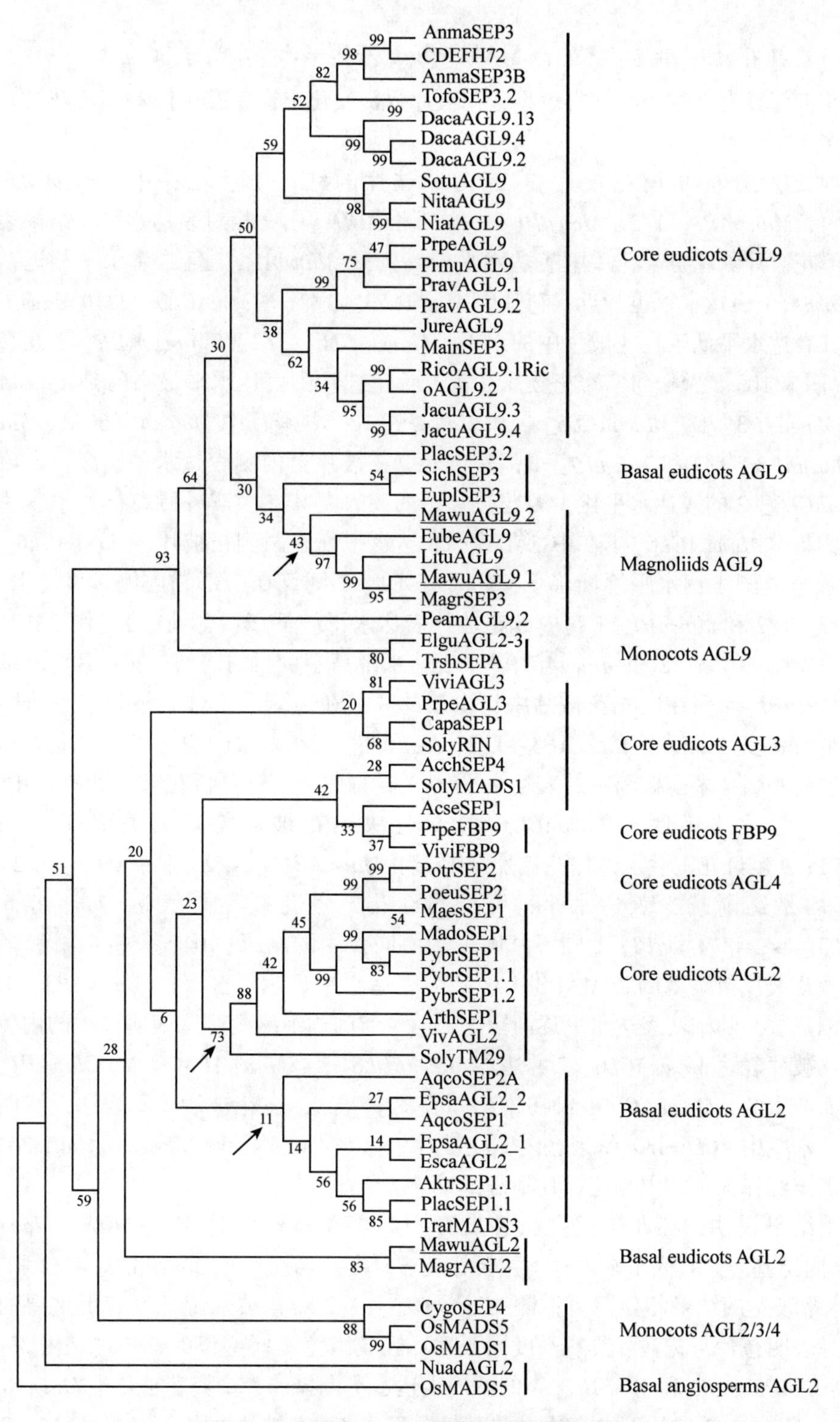

图 3.8　被子植物 *SEP* 同源基因系统进化树分析

注：下划线为红花玉兰 *MawuAGL2*、*MawuAGL9*_ 1/2。

3.2.2.3 红花玉兰花器官发育 MADS-box 基因表达模式分析

红花玉兰具有丰富的花器官表型，花被片数目变化丰富，其少瓣和多瓣花被片的花芽结构如图 3.9。

实时定量分析 9 瓣花被片和 28 瓣花被片的红花玉兰花芽中 *MawuAGL6*_ 1/2、*MawuAP1*、*MawuAP3*_ 1/2、*MawuPI*_ 1 和 *MawuAGL9*_ 1/2 相对表达水平，结果表明在少瓣和多瓣花被片红花玉兰苞片中表达水平最高的是 *MawuAP1*，且二者水平相近，少瓣心皮中 *MawuAP1* 表达水平也相近；苞片中 *MawuAP3*_ 1/2、*MawuAGL9*_ 1 和 *MawuPI*_ 1 也表达但其表达水平低于在花被片中的水平；*MawuAGL6*_ 1/2 和 *MawuAGL9*_ 2 在苞片中均不表达(图 3.10)。少瓣和多瓣花被片红花玉兰花被片中表达水平最高的是 *MawuAP3*_ 2，其次是 *MawuAP3*_ 1、*MawuAGL6*_ 2 和 *MawuPI*_ 1；少瓣花中 *MawuAGL6*_ 1、*MawuAGL6*_ 2、*MawuAP3*_ 1/2 和 *MawuPI*_ 1 都是自外侧花被片至内侧表达水平递减；多瓣花被片中 *MawuAGL6*_ 2 的表达水平比少瓣花被片中的高，尤其在多瓣外侧花被片中表达水平最高；多瓣花中 *MawuAGL6*_ 1 在中部花被片表达水平高于两侧花被片，*MawuAGL6*_ 2 自外侧花被片至内侧表达水平逐渐降低，*MawuAGL9*_ 1 则仅在中部和内侧显著高水平表达，*MawuAP3*_ 1/2 和 *MawuPI*_ 1 在中部花被片表达水平均低于两侧花被片(图 3.10)；多瓣花被片中 *MawuAGL6*_ 2 和 *MawuAGL9*_ 1 表达水平高于少瓣的同部位花被片，*MawuAP3*_ 1/2 和 *MawuPI*_ 1 仅在内侧花被片中比少瓣的高，在外侧和中部花被片比少瓣同部位的低。在少瓣和多瓣雄蕊中 *MawuAP3*_ 1/2、*MawuPI*_ 1 和 *MawuAGL9*_ 1 较其他基因高水平表达，这些基因在多瓣雄蕊中的表达水平比少瓣的高。比较分析花被片和雄蕊中 MADS-box 基因表达水平表明，*MawuAGL6*_ 1/2 是决定花被片特征的关键基因，而不是 *MawuAP1*；9 瓣红花玉兰从外侧花被片至雄蕊中 *MawuAGL6*_ 1/2、*MawuAP3*_ 1/2 和 *MawuPI*_ 1 均是逐渐减少表达水平，可推测红花玉兰花被片是表达 *MawuAGL6*_ 1/2、*MawuAP3*_ 1/2 和 *MawuPI*_ 1 同源基因表达协同作用的结果；比较分析少瓣和多瓣的中部、内侧花被片与雄蕊的各 MADS-box 基因表达水平显示，多瓣的 *MawuAP3*_ 1/2 自中部、内侧花被片到雄蕊表达水平逐渐增加，而少瓣的逐渐减少，这表明多瓣的内侧花被片是中部花被片表达 *MawuAGL6*_ 2 并增加 *MawuAGL6*_ 1、*MawuAP3*_ 1/2、*MawuPI*_ 1 的表达水平而产生的，*MawuAG*_ 1 仅在雄蕊和心皮中表达，在花被片中不表达，然而在睡莲属和星花木兰中 *AGL6*-like 基因在内侧花被片中低水平表达(Wroblewska et al., 2015)，因此推测多瓣红花玉兰的内侧花被片不是由雄蕊瓣化起源的。

以上结果说明，红花玉兰花被片发育中起着关键作用是 *MawuAGL6*、*MawuAP3* 和 *MawuPI* 同源基因，其高水平表达均主要在花被片中。与苞片中 *MawuAP3*_ 1/2 和 *MawuPI*_ 1 低水平表达的结果相比，可推测 *MawuAGL6*_ 1/2 对花被片特征具有更重要的决定作用，而且表明苞片与花被片具有高度同源性；红花玉兰不同部位的花被片是由 *MawuAGL6*_ 2、*MawuAP3*_ 1/2 和 *MawuPI*_ 1 的不同表达水平调控的，少瓣花被片中 *MawuAGL6*_ 1/2 和 *MawuAP3*_ 1/2 自外而内表达水平逐渐降低；多瓣花被片中只有 *MawuAGL6*_ 2 自外而内表达水平逐渐减少，*MawuAGL6*_ 1 在中部花被片增加表达水平后再降低，*MawuAP3*_ 1/2 和 *MawuPI*_ 1 均在中部花被片以内至雄蕊逐渐增加表达水平。E 类基因 *MawuAGL9*_

1/2在9瓣的各轮花器官都表达，在内侧花被片表达水平最高，在雄蕊和心皮中表达水平高于外侧、中部花被片，也可能参与花器官发育调控；除了心皮，多瓣各轮花器官中 *MawuAGL9_* 1的表达水平均高于少瓣同部位花器官，*MawuAGL9_* 2在除了心皮以外的少瓣和多瓣花器官中表达水平相近，*MawuAGL9_* 1在多瓣心皮中表达水平很低，*MawuAGL9_* 2在多瓣心皮中不表达。另外，红花玉兰的苞片可能起源于叶片，在其中高水平表达的 *MawuAP1* 在营养器官普遍表达，在除苞片和心皮外的花器官中维持低表达水平；*MawuAP1* 在心皮中也表达，在少瓣中表达水平高于多瓣，这可能与其促进繁殖器官和果实发育的功能相关。在少瓣和多瓣的心皮中 *MawuAGL6_* 2均有表达，这可能与前人提出的裸子植物成形素相关，*MawuAGL6_* 2特定水平表达时繁殖器官为雌性。

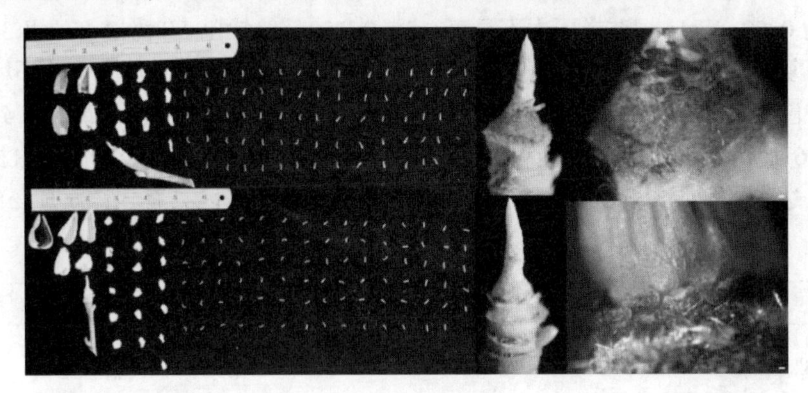

图3.9　少瓣(上)与多瓣(下)花被片数红花玉兰2018年6月花芽结构

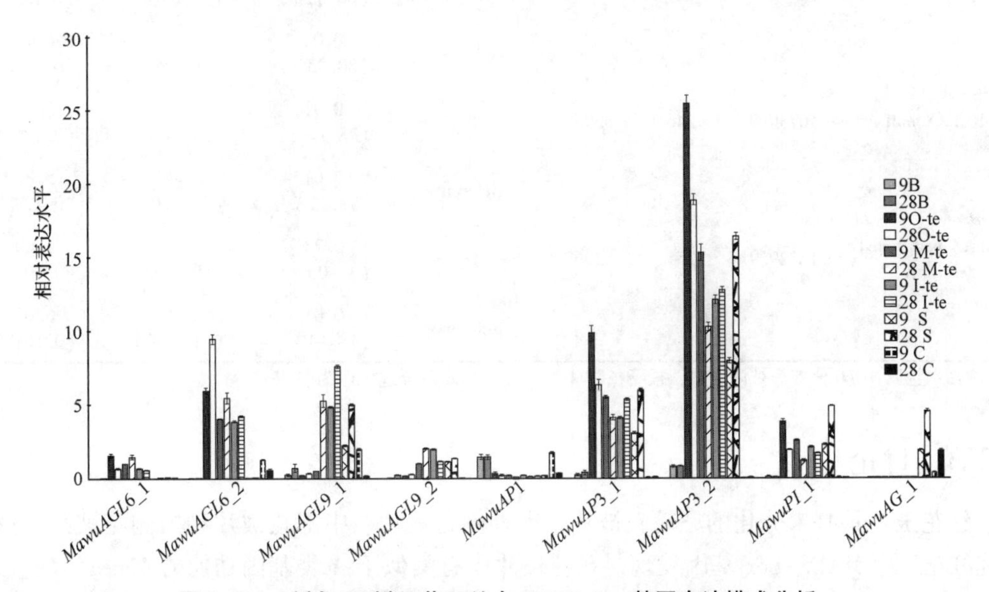

图3.10　9瓣与28瓣红花玉兰中MADS-box基因表达模式分析

所有基因的表达水平均按照 *MawuAGL6_* 2在28瓣花被片红花玉兰第一轮花被片中的表达水平进行标准化处理。9指9瓣花被片红花玉兰；28指28瓣花被片红花玉兰；B指苞片；O-te指外侧第一轮花被片；M-te指中部花被片，即9瓣花被片红花玉兰的第2轮花被片，28瓣花被片红花玉兰的第5轮花被片；I-te指内侧花被片；S指雄蕊；C指心皮。

3.2.2.4 种子植物 *AP1/SEP/AGL6* 亚族基因系统进化研究

对种子植物 *AGL6* 亚族基因编码的蛋白进行系统发育分析，同时对 105 个被子植物和 11 个裸子植物的 *AGL6*、*SQUA/AP1*-like 和 *SEP* 同源基因的氨基酸序列进行分析。最终构建的系统进化树与前人的研究结果一致(Viaene et al., 2010)。*AP1/SEP/AGL6* 基因亚族分化出 *AP1* 进化系的祖先基因和 *AGL6/SEP* 进化系的祖先基因，*AGL6* 进化系的祖先基因又分化出 *SEP* 进化系。

将系统进化分析结果输入 Datamonkey RELAX 计算选择压力，以红花玉兰所在的木兰属分支为测试对象，以整个进化树为参照，得到木兰属 *AGL6* 同源基因受到的自然选择压力参数 K 为 0.32($K<1$)，选择压力不显著，$P=0.150$，似然比 LR 为 2.07(表 3.1)。由此表明在基因复制事件后产生的红花玉兰 *AGL6* 同源基因是在选择压力较小的环境中继续进化的。这与已有研究表明 *AGL6* 基因亚族在进化过程中选择压力较低的结果一致，低选择压力和 *AGL6* 亚族中多次发生的基因重复事件使 *AGL6* 同源基因具有多样性蛋白相互作用模式，随着表达水平和蛋白相互作用模式的变化，*AGL6* 同源基因具有多样而神秘的功能。

表 3.1　RELAX 系统计算木兰属 *AGL6* 同源基因受到的自然选择压力

Model	log L	params	AICc	Branch set	ω1	ω2	ω3
General descriptive	-16528.7	473	34024.2	Shared	0.00 (77.69%)	0.43 (21.56%)	1.06 (0.75%)
RELAX alternative	-16729.9	247	33959.5	Test	0.24 (80.83%)	0.77 (19.05%)	1.83 (0.12%)
				Reference	0.01 (80.83%)	0.44 (19.05%)	6.79 (0.12%)
RELAX null	-16730.9	246	33959.5	Test	0.01 (78.11%)	0.40 (21.72%)	5.84 (0.17%)
				Reference	0.01 (78.11%)	0.40 (21.72%)	5.84 (0.17%)
RELAX partitioned descriptive	-16729.9	251	33967.6	Test	0.23 (40.06%)	0.39 (59.94%)	1.00 (0.00%)
				Reference	0.01 (78.14%)	0.40 (21.70%)	6.05 (0.16%)

注：木兰属 *AGL6* 分支为被测样本，被子植物 *AP1/SEP/AGL6* 系统进化树为参照。

3.2.3 讨论

红花玉兰具有未分化的三轮花被片，即外侧花被片、中部花被片和内侧花被片。通过研究红花玉兰 MADS-box 基因发现，在花被片中有类似于 A 类基因功能的 *MawuAGL6*_ 1/2 和调控花被片发育的 B 类基因 *MawuAP3*_ 1/2 和 *MawuPI*_ 1 表达，这与木兰类植物和基部双子叶植物中 AGL6 和 B 类基因表达模式相似(Kim et al., 2005a)，C 类基因 *MawuAG*_ 1 红花玉兰花被片中不表达。这与基部被子植物和木兰类植物睡莲属和星花木兰等的表达模式不同，表明红花玉兰 MADS-box 基因表达模式不符合“模糊边界”模型(Wroblewska et al., 2015)。

*MawuAP*1 在红花玉兰苞片和心皮中高水平表达，在三轮花被片中表达水平极低；*MawuAGL6_* 1/2 仅在花器官中表达，且其在花被片中与 *MawuAP*3_ 1/2 和 *MawuPI_* 1 均呈高水平表达，它们在 9 瓣花被片中表达水平较 28 瓣低，这表明红花玉兰花被片发育很可能是由 *MawuAGL6_* 1/2 代替 *MawuAP*1 与 *MawuAP*3_ 1/2 和 *MawuPI_* 1 共同调控的结果。红花玉兰中 *MawuAGL6_* 1/2 与 *MawuAP*1 表达模式分析表明，*MawuAGL6_* 1/2 在整个花器官中表达，而 *MawuAP*1 在营养器官中也表达，转基因拟南芥分析功能可知表达 *MawuAGL6_* 1/2 表现出很强的恢复花瓣的表型，而 *MawuAP*1 未分化出调控花被的功能，这表明 *MawuAGL6_* 1/2 高水平表达对红花玉兰花器官由营养器官分化为繁殖器官具有调控作用，对拟南芥和单子叶植物 *SEP* 和 *AGL*6 同源基因功能的研究也发现其同源基因使花序原基转变为花原基，并决定花器官分化，这为花被片由苞片起源假说提供依据，也表明 *AGL*6 同源基因是 A、B、C 和 E 类基因之外调控花器官分化的重要因素，具有决定花分生组织、花被片特征的功能，但这仅发生在基部被子植物、木兰类植物、双子叶植物和单子叶植物。由于 *AP*1 与 *SEP* 同源基因与 *AGL*6 同源基因具有共同祖先，整个 *AP1/SEP/AGL*6 基因亚族在花发育调控中具有对各轮花器官调控的功能，其功能不仅决定花器官分化，且参与花分生组织的决定和果实发育。*SEP*3 在所有物种的各轮花器官都表达，这与 *MawuAGL9_* 1/2 表达模式相似。基部双子叶植物花菱草(*Eschscholzia californica*) *SEP* 基因也具有 A 类基因功能，在烟草中异位表达 EsAGL2-1 表型为心皮和花柱变短，初花期有腋生和多余的花瓣(Zahn et al., 2010)。马兜铃 *AfimAGL*6 在花被片特异高水平表达，可能与 *AfimFUL* 和 *AfimSEP* 一起决定花分生组织、花被片和萼片以及胚珠发育，这也是其他被子植物 *AGL*6 与 *SEP* 在花器官调控上功能冗余的证据。

在核心双子叶植物中 AP1/SEP/AGL6 基因亚族中 AP1-like 基因分化出决定外轮花器官的功能，在传统的 ABCDE 模型中 AP1/FUL 同源基因决定花分生组织和萼片，即决定外轮花器官的 A 类基因功能，然而红花玉兰 *MawuAP*1 具有调控开花时间和促进心皮发育的非 A 类基因功能。在核心双子叶植物如拟南芥和矮牵牛中 AGL6 与 SEP 基因亚族在决定花器官分化上功能冗余，它们的功能一起分化为调控花序结构和开花时间，这些基因的单基因突变均没有明显的表型变化，但 sep1sep2sep3 三突变后花器官仅剩下萼片状结构，sep1sep2sep3sep4 四突变后花器官仅由叶片状结构组成；矮牵牛 phagl6 fbp2 双突变后花冠变小，花瓣同源转换为绿色萼片；但西红柿 SEP 同源基因 SLMBP21 分化为离层区必需表达的基因(Liu et al., 2014)。

由于实时定量 PCR 技术不能对花器官发育关键时期即花原基阶段进行分析，所以不能为 *MawuAGL6_* 1/2 及其他红花玉兰 MADS-box 转录因子在花器官决定时期的功能提供直接证据。但是，由于花器官决定基因的作用在花器官发育过程中并没有变得模糊或减弱，因此后期各基因的表达水平在一定程度上反映了花原基时期的情况。

3.2.4 小结

*MawuAGL6_* 1/2 仅在花器官中表达，且在花被片中表达水平最高。在 9 瓣花被片中从外侧花被片至雄蕊逐渐降低，在花被片中表达模式相似的有 *MawuAP*3_ 1/2 和 *MawuPI_* 1，这表明红花玉兰花被片可能是由 *MawuAGL6_* 1/2、*MawuAP*3_ 1/2 和 *MawuPI_* 1 组成的四

聚体决定的，而且在 *MawuAGL6*_ 1/2 低水平或不表达的部位不会形成花被片。在已报道的红花玉兰 MADS-box 基因中仅 *MawuAP1* 在苞片中高水平表达，这表明 *MawuAP1* 可能是调控苞片发育的关键基因。

结合种子植物 *AP1/SEP/AGL6* 超级类群基因系统进化树和分析 *AGL6* 同源基因的组织表达特异性后表明，*MawuAGL6*_ 1/2 是最近一次发生在木兰类植物中的基因重复事件的产物，并与其他物种的 2 个 *AGL6* 同源基因分别聚类为 2 支。在低水平的选择压力下，这两个基因拷贝在结构和表达模式上发生分化，继而造成功能分化。

3.3 红花玉兰 *AGL6* 同源基因克隆及功能分析

已有研究表明 *AGL6* 在矮牵牛和水稻中具有类似 A 类基因的表达模式(Li et al., 2010)，木兰类植物广玉兰 *MagrAGL6* 仅在花被片中表达，基部被子植物无油樟 *Am. tr. AGL6* 在所有花器官中均有表达，但其在花被片中表达水平最高，由此推测在被子植物的基部类群中 A 类功能基因可能与 *AGL6* 基因同源(Kim et al., 2005a)。同时，红花玉兰 *MawuAP1* 的研究结果表明，*MawuAP1* 不具有决定花被片发育的功能，推测红花玉兰 *AGL6* 同源基因可能具有 A 类基因的功能。因此，通过对红花玉兰 *AGL6* 同源基因表达模式分析和功能分析，以解析红花玉兰 *AGL6* 同源基因在其花被片发育过程中的作用机制。

3.3.1 材料与方法

3.3.1.1 植物材料

同 3.1.1.1。

3.3.1.2 基因克隆及载体构建方法

同 2.3.1.3。

3.3.1.3 木兰属 *AGL6* 同源基因克隆及特征结构域分析

用红花玉兰 *AGL6* 基因的全长引物克隆多瓣红花玉兰，以及同一地区无萼片分化的木兰属物种白玉兰(*Magnolia denudata*)和厚朴(*Magnolia officinalis*)的 *AGL6*-like 基因。用 TMHMM 对经 DNAMAN Version 9 翻译后的氨基酸序列进行跨膜结构域分析，用 SignalP 4.1 分析信号肽，Uniprot 查询同源蛋白表达位置，再通过 NCBI CDD 预测结构域，同时将所有 mRNA 序列输入 NCBI blastx 检索数据库中的同源基因，选取完整翻译区的序列并用 MUSCLE 进行翻译后比对，用 BioEdit 截取氨基酸序列 C 端制图。

3.3.1.4 种子植物 *AGL6* 同源基因系统进化树构建

由 *MawuAGL6*_ 1/2、*MawuAP1*、*MawuAGL9*_ 1/2 的 cDNA 序列翻译得到其氨基酸序列，在 NCBI GenBank 数据库进行 Local Alignment Search Tool(BLAST)比对。在构建系统进化树时删除 MADS-box 转录因子的 C 末端区域，因为其差异很大所以很难比对。在构建系统进化树时只用了相对保守的 M、I、K 区。用 ClustalW version 2.0 对这些区域的氨基酸序

列进行比对。选取同源基因时，剔除不完整的序列。然后用 MacClade 4.0 调整比对结果，使同一保守域进行比对。最后使用 MEGA 6.0 软件进行最大相似法构建系统进化树，bootstrap 设置为 500 次。

3.3.1.5 种子植物 *AGL6* 同源基因组织表达特异性及表达模式分析

对已报道的种子植物包括裸子植物、基部被子植物、木兰类植物、基部双子叶植物、核心双子叶植物及单子叶植物的 *AGL6* 同源基因组织表达特异性的结果，按照其组织表达特异性及表达水平进行综合分析。

3.3.1.6 *MawuAGL6_ 1/2* 在红花玉兰中表达的组织特异性

从红花玉兰的心皮、雄蕊、内中外侧花被片、苞片、茎、腋芽中提取总 RNA，采用半定量 PCR 方法分析 *MawuAGL6_ 1/2* 基因表达的组织特异性。

3.3.1.7 *MawuAGL6_ 1/2* 在花器官发育不同阶段的表达模式

提取不同发育时期红花玉兰花芽苞片、外中内侧花被片、雄蕊和心皮的总 RNA，合成 cDNA，进行实时定量分析 *MawuAGL6_* 1 和 *MawuAGL6_* 2 在不同发育时期的各个花器官中的表达水平。

3.3.1.8 *MawuAGL6_ 1/2* 在不同花被片数花芽中的表达模式分析

为了解析 *MawuAGL6_* 1 和 *MawuAGL6_* 2 在花发育中的功能，将多瓣红花玉兰的花被片由外侧至内侧分为多层，其中最外层的花被片定义为第一层，分别提取 RNA，合成 cDNA，并进行实时定量分析。

3.3.1.9 *MawuAGL6_ 1/2* 转基因拟南芥功能分析

将 35*S*::*MawuAGL6_ 1/2* 过表达载体转基因拟南芥及其突变体中查看表型，同时分别转基因空白表达载体 pBI121 和 35*S*::*AtAGL6* 至拟南芥中作为对照。

3.3.1.10 体视显微镜和扫描电子显微镜

用 Leica M205C 体式显微镜对转基因拟南芥花器官表型进行观察，并用 FEI Quanta 200 扫描电子显微镜对 35*S*::*MawuAGL6_* 2 拟南芥花器官表皮细胞进行观察。

3.3.2 结果与分析

3.3.2.1 红花玉兰 *AGL6* 同源基因克隆

根据同源克隆的原理，比对 NCBI GenBank 上已公布的广玉兰 *MagrAGL6*、无油樟 *AmtrAGL6*、番红花 *CrsaAGL6* 的 mRNA 序列，在序列保守的 K 区结构域设计 3' RACE 引物。通过 3' RACE 克隆出 3' 末端的部分基因 300bp 左右，按照所得序列设计 5' RACE 引物，最终得到 *MawuAGL6_ 1/2* 全长序列，并命名为 *MawuAGL6_* 1(*Magnolia wufengensis AGAMOUS-Like* 6 *transcript isoform* 1)和 *MawuAGL6_* 2(*Magnolia wufengensis AGAMOUS-LIKE* 6 *transcript isoform* 2)。*MawuAGL6*_ 1 的 mRNA 全长为 933bp，*MawuAGL6*_ 2 的 mRNA 全长为 877bp。将这些包含 5' UTR 和 3' UTR 的序列克隆入表达载体进行转基因拟南芥，将编码区 CDS 克隆入酵母双/三杂载体进行蛋白相互作用研究。

在不同瓣数红花玉兰中克隆到的 *AGL6* 同源基因均具有相同的序列。同时，与从红花玉兰近缘种白玉兰和厚朴中获得 *AGL6* 同源基因编码的氨基酸序列相似度达到 98%，这表明玉兰属 *AGL6* 同源基因具有高度同源性。

3.3.2.2 *MawuAGL6*_ 1/2 结构域分析

TMHMM 分析结果表明，*MawuAGL6*_ 1/2 氨基酸序列中不含有穿膜结构域，同时 Sigal 4.1 没有检测到信号肽结构域，通过 Uniprot 查询 *AGL6* 同源基因均在细胞核内表达，因此推测 *MawuAGL6*_ 1/2 也在细胞核内表达。*MawuAGL6*_ 1 和 *MawuAGL6*_ 2 的编码区碱基相似度为 81.0%，氨基酸序列相似度 81.1%，含有保守的 MADS-box 结构域，包括一个高度保守的 57 个氨基酸的 M 区和 82 个氨基酸的 K 区，从这两个氨基酸序列相似度看来，它们可能是最近一次基因复制的产物。

红花玉兰 *AGL6*-like 基因 *MawuAGL6*_ 1/2 在 72 个氨基酸的 C 结构域中均含有 *AGL6* 亚族特有的保守结构域 AGL6 motif I 和 AGL6 motif II，含有疏水性氨基酸如甲硫氨酸(M)、苯丙氨酸(F)、亮氨酸(L)、异亮氨酸(I)、缬氨酸(V)和疏水性氨基酸如丝氨酸(S)、天冬氨酸(N)、半胱氨酸(C)、苏氨酸(T)、谷氨酰胺(Q)、甘氨酸(G)、酪氨酸(Y)。

3.3.2.3 种子植物 *AGL6* 同源基因系统进化研究

由 NCBI 检索不同物种 *AGL6* 同源基因组成的系统进化树表明，在基部被子植物和木兰类植物的 *AGL6* 同源基因分别聚集成 2 个分支，而木兰类植物 *AGL6* 同源基因除了马兜铃又分别聚类成 2 个分支，如鹅掌楸(*Liriodendron tulipifera*)、白玉兰、含笑(*Michelia figo*)、皱叶木兰、鳄梨和蜡梅中都发现了位于不同分支的 2 个 *AGL6*-like 基因拷贝。从红花玉兰中克隆的 2 个 *AGL6* 同源基因与这些木兰类植物 *AGL6*-like 基因聚类在同一分支内，同时 *MawuAGL6*_ 1 和 *MawuAGL6*_ 2 分别聚类到 2 个分支中。根据基部被子植物无油樟属和睡莲属均仅有 1 个 *AGL6*-like 基因，木兰类除马兜铃科外均有 2 个 *AGL6*-like 基因，这些基因分别聚类为 2 支，这表明在木兰类植物中发生过一次基因重复事件。在裸子植物中买麻藤(*Gnetum gnemon*)中仅有 1 个 *AGL6*-like 基因，云杉和银杏有 2 个 *AGL6*-like 基因，这表明在裸子植物中发生了一次基因重复事件。在基部双子叶植物中均仅有 1 个 *AGL6*-like 基因，而核心双子叶植物中均含有 2 个 *AGL6*-like 基因，表明其发生过一次基因重复事件。在单子叶植物中发生过三次基因重复事件后禾本科植物有 3 个 *AGL6*-like 基因。因此，在被子植物 *AGL6* 同源基因进化过程中共发生过六次基因重复事件。

3.3.2.4 种子植物 *AGL6* 亚族基因表达模式分析

现有对裸子植物、基部被子植物、木兰类植物、单子叶植物、基部双子叶植物和核心双子叶植物 *AGL6* 同源基因的研究表明，*AGL6* 基因亚族在每个植物学分支均存在，但不同类群植物 *AGL6* 同源基因具有如下表达模式：在裸子植物和核心双子叶植物中，*AGL6* 同源

基因在营养器官和繁殖器官中均表达。但在基部被子植物、木兰类植物、单子叶植物和基部双子叶植物中，仅在繁殖器官中表达。而且，在裸子植物中，*AGL6* 同源基因通常在雄性和雌雄繁殖器官中均高水平表达。在基部被子植物、木兰类植物和基部双子叶植物中，*AGL6* 同源基因均在花被片中高水平表达。在单子叶植物中，*AGL6* 同源基因普遍在心皮和花被片中高水平表达；同时在花被片中的表达水平差异很大。在核心双子叶植物中，*AGL6* 进化系基因在所有器官中均表达，*euAGL6* 进化系基因仅在繁殖器官中表达。

3.3.2.5 *MawuAGL6_* 1/2 在红花玉兰花发育中的表达模式

(1) *MawuAGL6_* 1/2 在不同发育阶段的表达模式

为了分析 *MawuAGL6_* 1 和 *MawuAGL6_* 2 在红花玉兰中表达的组织特异性，对红花玉兰茎、叶、腋芽、苞片、花被片、雄蕊和心皮进行了半定量 PCR 分析，结果显示 *MawuAGL6_* 1 和 *MawuAGL6_* 2 在营养生长组织，即茎、叶和腋芽中没有表达，仅局限在花器官中表达。2 个基因在组织中的表达模式也有不同，*MawuAGL6_* 1 在外、中、内侧花被片及雄蕊和心皮中均有表达，而 *MawuAGL6_* 2 仅在外、中、内侧花被片和心皮中表达，在雄蕊中不表达。另外，2 个基因在花被片中的表达水平均比在其他花器官中的高(图 3.11 A)。

实时定量分析红花玉兰 *MawuAGL6_* 2 在不同发育时期的表达水平均高于 *MawuAGL6_* 1(图 3.11 B)，而且在花芽发育初期(5 月下旬至 6 月上旬)和开花前期(2 月中旬至 3 月中旬)，*MawuAGL6_* 1 和 *MawuAGL6_* 2 均高水平表达。7 月至翌年 2 月，2 个基因均低水平表达。这表明花芽发育速率的快慢与 *MawuAGL6_* 1/2 在花器官组织中表达水平的高低趋势一致。

在花芽发育初期和开花前期，花芽长度快速增加。在花芽发育中期，花芽处于近乎休眠的状态，花芽大小没有明显变化，*MawuAGL6_* 1/2 在花器官组织中的表达水平下调。而且，红花玉兰 *MawuAGL6_* 1 和 *MawuAGL6_* 2 在这几个阶段中表达水平的差异明显，在花芽发育初期和开花前期，*MawuAGL6_* 2 表达水平是花芽发育中期的 2 倍，*MawuAGL6_* 1 也是如此。

对花芽发育初期和开花前期红花玉兰花芽的苞片、花被片、雄蕊和心皮进行实时定量分析(图 3.11C)，*MawuAGL6_* 1 仅在花被片、雄蕊和心皮中表达，且在花被片中高水平表达，而在苞片中不表达；*MawuAGL6_* 2 仅在花被片和心皮中表达，但在苞片和雄蕊中不表达，其中在花被片中表达水平最高；同时，在花被片中，*MawuAGL6_* 2 表达水平为 *MawuAGL6_* 1 的 2 倍。这些结果表明，红花玉兰 2 个 *AGL6* 同源基因在表达模式上发生了分化。

(2) *MawuAGL6_* 1/2 在不同花被片数红花玉兰表达模式

为了进一步评估 *MawuAGL6_* 1 和 *MawuAGL6_* 2 在不同花被片数红花玉兰中的表达水平，对不同花被片数红花玉兰花芽的不同花器官进行实时定量分析(图 3.12A)。结果表明，*MawuAGL6_* 1 和 *MawuAGL6_* 2 在不同部位的花被片中均有表达。在不同部位的花被片中，*MawuAGL6_* 1 表达水平相近，而 *MawuAGL6_* 2 越靠近内侧花器官其表达水平越低(图 3.12B)，这与基部被子植物植物 *AGL6* 的表达模式类似(Kim et al., 2005a)。在花被片增加的花芽中，*MawuAGL6_* 1 在中部花被片中表达水平稍高于两侧花被片，*MawuAGL6_* 2

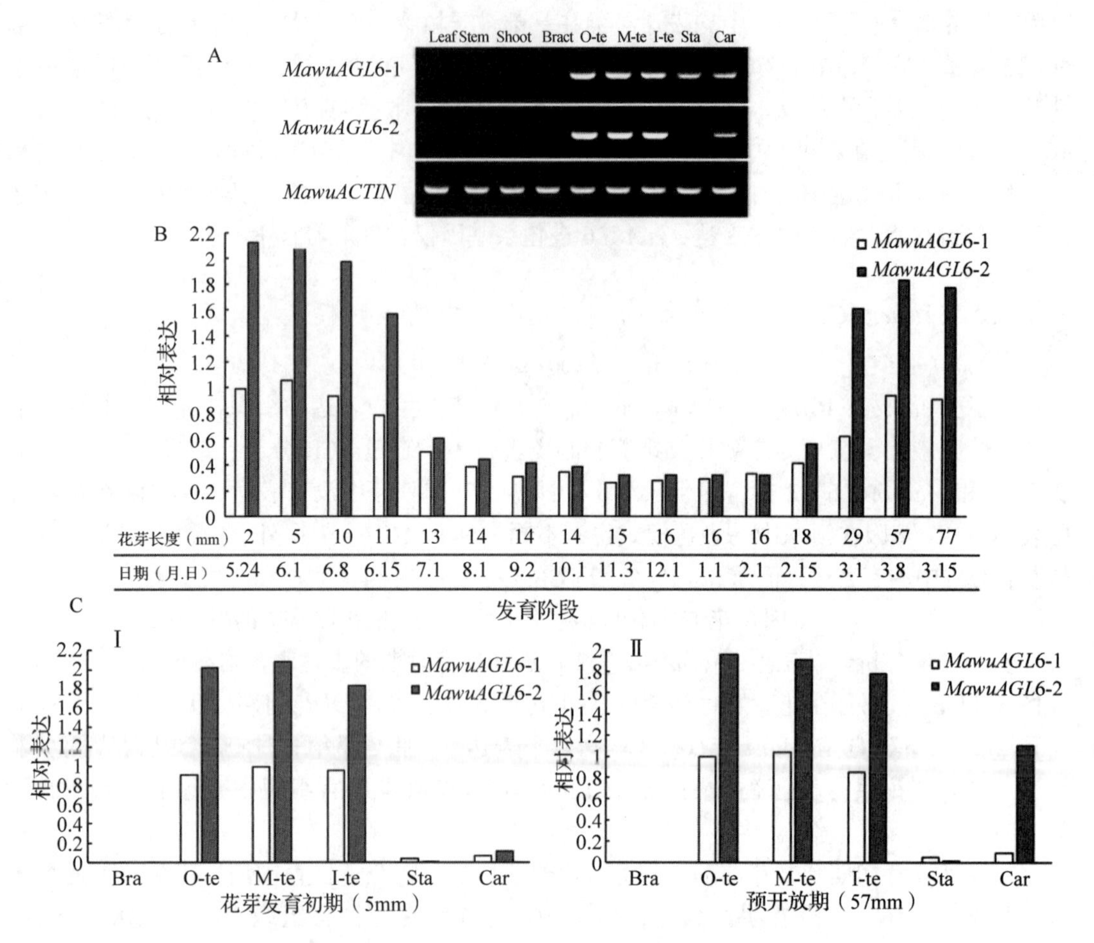

图 3.11 *MawuAGL6*_ 1 和 *MawuAGL6*_ 2 表达模式分析

(A)半定量 PCR 分析组织表达特异性，包括叶片、茎、叶芽、苞片(Bra)、外侧花被片(O-te)、中部花被片(M-te)、内侧花被片(I-te)和心皮(Car)。(B)分析 *MawuAGL6*_ 1/2 在不同花发育阶段的表达模式。*MawuAGL6*_ 1/2 在花芽发育初期和开花期之前(快速生长期)均高水平表达。从6月中旬至2月中旬(休眠期)，*MawuAGL6*_ 1/2 表达水平降低。(C)实时定量分析花芽发育初期(I)和开花期之前(II)二个阶段中不同花器官的表达水平。*MawuAGL6*_ 1 在花被片、雄蕊和心皮中均有表达，其中在花被片中的表达水平最高，但在苞片中不表达。*MawuAGL6*_ 2 仅在花被片和心皮中表达，而且在花被片中表达水平最高，但在雄蕊和苞片中均不表达。所有 *MawuAGL6*_ 1/2 的表达水平均按照 *MawuAGL6*_ 1 在红花玉兰第一轮花被片中的表达水平进行标准化处理。

从外侧花被片至内侧花被片表达水平逐渐降低，在雄蕊中 *MawuAGL6*_ 1 表达水平极低，*MawuAGL6*_ 2 不表达，在雌蕊中 *MawuAGL6*_ 1/2 均呈低表达。

3.3.2.6 *MawuAGL6*_ 1/2 转基因拟南芥功能分析

由于红花玉兰尚未建立遗传转化体系，因此为了研究 *MawuAGL6*_ 1 和 *MawuAGL6*_ 2 在花器官发育中的功能，将 35*S*::*MawuAGL6*_ 1 和 35*S*::*MawuAGL6*_ 2 分别转入拟南芥野生型和突变体后，使用转基因拟南芥快速鉴定技术对其进行基因型鉴定(图 3.13)。所有转基因苗均出现不同程度早花和矮化现象，其中 35*S*::*AtAGL6* 在 *ap*1-10 突变体表达出现早花和顶生花早现(图 3.14A)，花器官保持突变体表型；35*S*::*MawuAGL6*_ 1 使转基因苗

图 3.12　*MawuAGL6_ 1* 和 *MawuAGL6_ 2* 在不同花被片数目的红花玉兰中的表达模式分析

(A)不同花被片数目的红花玉兰；(B)对应A图这些红花玉兰的 *MawuAGL6_ 1/2* 表达模式。所有 *MawuAGL6_ 1/2* 的表达水平均按照 *MawuAGL6_ 1* 在红花玉兰第一轮花被片中的表达水平进行标准化处理。B图中小写字母对应着A图中各样品的编号。1st 指第一轮花被片；2nd 指第二轮花被片；3rd 指第三轮花被片；4th 指第四轮花被片；5th 指第五轮花被片；6th 指第六轮花被片；7th 指第七轮花被片。下划线下方的数字代表各样品所含花被片数目。

纵坐标为相对表达水平。

出现早花和顶生花早现(图3.14B-C)；35*S*::*MawuAGL6_ 2* 也使转基因苗早花(图3.14D-E)。

63株35*S*::*MawuAGL6_ 1* 转基因野生型拟南芥中，15株(23.81%)不同于野生型的明显花器官表型，其中11株(17.46%)开花比野生型早，有3株在仅出现2或3片卷曲的莲座叶后就开始开花，而同期的野生型拟南芥仍在营养生长期(图3.15B)，这表明 *MawuAGL6_ 1* 具有促进开花期提前的作用；这些转基因苗迅速形成顶生花，并在顶生花花腋或心皮基部形成1或2朵没有花梗的、完整或残缺的次生花(图3.15D-H)，表明 *MawuAGL6_ 1* 对拟南芥侧生花序分生组织形成具有显著作用；一些转基因苗的顶生花的花瓣数增加(图3.15D-F)，表明 *MawuAGL6_ 1* 可能也参与花瓣形态建成。

在得到的57株35*S*::*MawuAGL6_ 2* 转基因野生型拟南芥中，13株(22.80%)具有明显花器官表型变化和早花表型，其中2株转基因苗在仅有2片卷曲的莲座叶时就开始开花(图3.15I)，这些转基因苗的第二轮花器官都增加了花瓣数，可达到13瓣(图3.15J-O)，表明 *MawuAGL6_ 2* 在拟南芥中表达对花瓣表型具有显著的影响；一些花中有时出现雄蕊

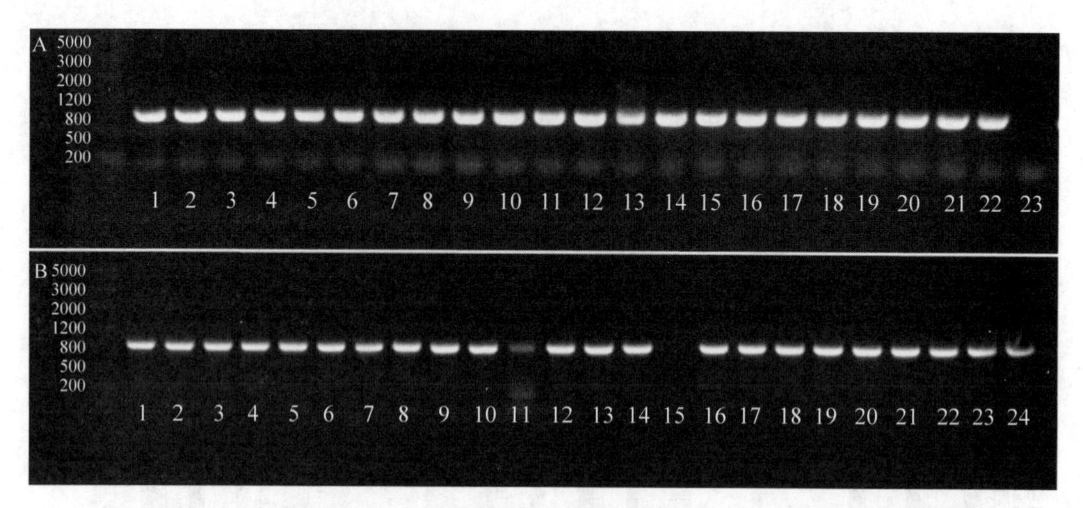

图 3.13　35*S*::*MawuAGL6*_ 1/2 转基因野生型拟南芥和 *ap*1-10 突变体植株基因型鉴定

(A)35*S*::*MawuAGL6*_ 1 转基因拟南芥，1-11 泳道为野生型转基因苗，12-22 泳道为 *ap*1-10 突变体转基因苗，23 泳道为野生型拟南芥基因组作为模板的阴性对照。(B)35*S*::*MawuAGL6*_ 2 转基因野生型拟南芥和 *ap*1-10 突变体植株基因型鉴定。1-14 泳道为野生型转基因苗，15-24 泳道为 *ap*1-10 突变体转基因苗，14 泳道为野生型拟南芥基因组作为模板的阴性对照。

图 3.14　35*S*::*MawuAGL6*_ 1/2 和 35*S*::*AtAGL6* 转基因拟南芥表型

(A)35*S*::*AtAGL6* 转基因的 *ap*1-10 突变体拟南芥表现出早花和顶生花早现现象；(B)35*S*::*MawuAGL6*_ 1 转基因的野生型拟南芥和(C)35*S*::*MawuAGL6*_ 1 转基因拟南芥 *ap*1-10 突变体，均表现出早花、顶生花早现、叶片变宽和侧枝夹角变小；(D)35*S*::*MawuAGL6*_ 2 转基因野生型拟南芥，表型为早花和顶生花早现；(E)35*S*::*MawuAGL6*_ 2 转基因拟南芥 *ap*1-10 突变体花茎分化初期与(F)35*S*::*MawuAGL6*_ 2 转基因拟南芥 *ap*1-10 突变体成年植株(右)与 *ap*1-10 突变体成年植株(左)相比茎生叶明显增多。

图 3.15　35*S*::*MawuAGL6*_ 1/2 转基因野生型拟南芥功能分析

注：对照为空白 pBI121 载体，其转基因苗花器官与野生型一致。(A)野生型拟南芥花器官表型；(B-I)35*S*::*MawuAGL6*_ 1 转基因拟南芥；(J-O)35*S*::*MawuAGL6*_ 2 转基因拟南芥。比例尺为 1000μm；白色箭头指向顶生花，灰色箭头指向雄蕊状花瓣。

状的花瓣(图 3.15 L-N)，表明 *MawuAGL6*_ 2 可调控花瓣状雄蕊的特征。

为了确定转基因苗表型的变化是由于表达 *MawuAGL6*_ 1 和 *MawuAGL6*_ 2 导致的，利用实时定量 PCR 检测转基因苗中红花玉兰 *AGL6*-like 基因的表达水平(图 3.16A)。结果表明，*MawuAGL6*_ 1 在花器官表型明显的早开花和顶生花早现植株的表达水平比在其他转基因苗中高；转基因苗的花序仅有少量花芽形成，这表明 *MawuAGL6*_ 1 具有显著的抑制花分生组织形成功能；增加的花瓣数越多的转基因苗中 *MawuAGL6*_ 2 表达水平越高，这表明 *MawuAGL6*_ 2 具有决定花瓣特征的功能(图 3.16B)。

为了进一步确定 *MawuAGL6*_ 1/2 调控花瓣发育的功能，将 *MawuAGL6*_ 1/2 分别转入表型为花瓣完全缺失、萼片部分缺失的 *ap*1-10 突变体拟南芥中。*Pro*35*S*::*MawuAGL6*_ 1 转基因 *ap*1-10 突变体得到 65 株 35*S*::*MawuAGL6*_ 1 转基因 *ap*1-10 突变体拟南芥，其中 23 株(35.38%)均表现为早花，在仅 2 或 3 片莲座叶后就开花(图 3.17C)，而同期的野生型拟南芥仍在营养生长期；出现茎生叶(图 3.17D-E)，次生花出现在顶生花第一、二轮花器官之间，部分雄蕊同源转化为花瓣，萼片增宽(图 3.17F-H)；得到 74 株 *Pro*35*S*::*MawuAGL6*_ 2 转基因 *ap*1-10 突变体拟南芥，均表现早花，其中 38 株(51%)能够部分或全部恢复拟南芥花瓣和萼片，出现恢复狭长状花瓣(图 3.17I)，褶皱状萼片(图 3.17J)，雄蕊减少(图 3.17O)，表型恢复明显的转基因苗的花瓣、萼片与野生型相似(图 3.17K-O)。

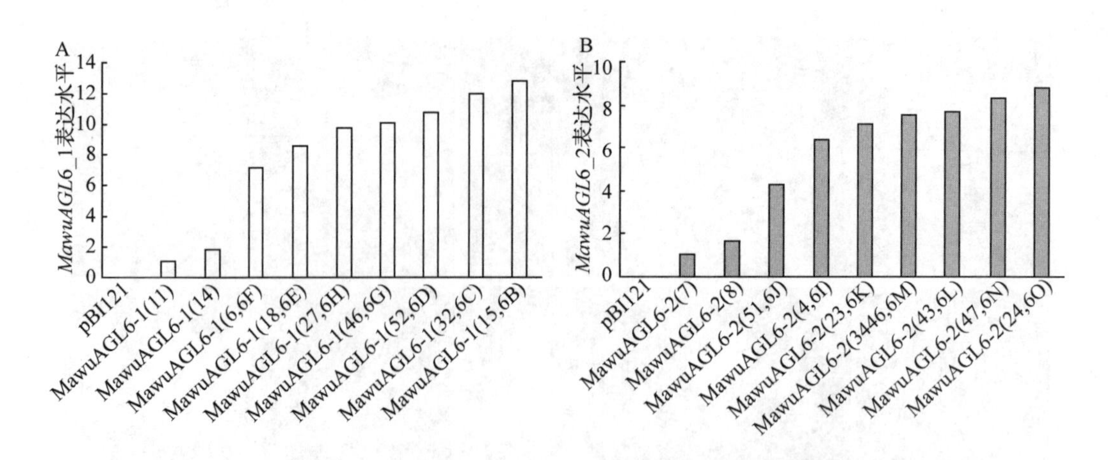

图 3.16　35*S*::*MawuAGL6*_ 1 和 35*S*::*MawuAGL6*_ 2 转基因野生型拟南芥的实时定量分析

(A)35*S*::*MawuAGL6*_ 1 转基因苗的 *MawuAGL6*_ 1 相对表达水平。(B)35*S*::*MawuAGL6*_ 2 转基因苗的 *MawuAGL6*_ 2 相对表达水平。阴性对照为空白 pBI121 表达载体的转基因苗，其花表型与野生型一致。*MawuAGL6*_ 1(11)和(4)转基因苗没有明显的表型变化。*MawuAGL6*_ 1(6)、(18)、(32)和(15)转基因苗表型为早花和顶生花早现。*MawuAGL6*_ 2(7)和(8)转基因苗没有明显的表型变化。*MawuAGL6*_ 2(4)、(23)、(47)和(24)有明显的早花和花瓣增加现象。括号内的字母为图 3.15 中对应的转基因苗。

图 3.17　35*S*::*MawuAGL6*_ 1/2 转基因 *ap*1-10 突变体拟南芥功能分析

(A)Col-0 野生型；(B)*ap*1-10 突变体拟南芥；(C)35*S*::*AtAGL6* 转基因 *ap*1-10 突变体拟南芥；(D-E)35*S*::*MawuAGL6*_ 1 转基因 *ap*1-10 突变体出现苞片；(F-H)35*S*::*MawuAGL6*_ 1 转基因 *ap*1-10 突变体使雄蕊花瓣化；(I-K)35*S*::*MawuAGL6*_ 2 转基因恢复 *ap*1-10 突变体拟南芥缺失的花瓣和萼片；(L)35*S*::*MawuAGL6*_ 2 转基因 *ap*1-10 突变体拟南芥在长日照条件下的花序；(M)35*S*::*MawuAGL6*_ 2 转基因 *ap*1-10 突变体拟南芥在短日照条件下的花序；(N)35*S*::*MawuAGL6*_ 2 转基因 *ap*1-10 突变体拟南芥花瓣、萼片和茎生叶恢复；(O)35*S*::*MawuAGL6*_ 2 转基因 *ap*1-10 突变体拟南芥花瓣增多，雄蕊减少(比例尺为 500μm)。

*MawuAGL6*_ 1/2 转基因拟南芥均表现为花期提前。对照组拟南芥 *AtAGL6* 过表达表现为早花及顶生花早现，没有恢复 *ap*1-10 突变体花瓣缺失表型(图 3.17A)。为了鉴定转基因拟南芥中 *MawuAGL6*_ 1/2 的表达水平，实时定量分析转基因苗的花，结果表明筛选出的转基因苗中表型越明显，外源基因越高水平表达(图 3.18)。而且恢复花瓣表型明显的转基因苗内源 *AtLFY*、*AtSOC*1 和 *AtSEP*3 基因均显著上调表达(图 3.19)。

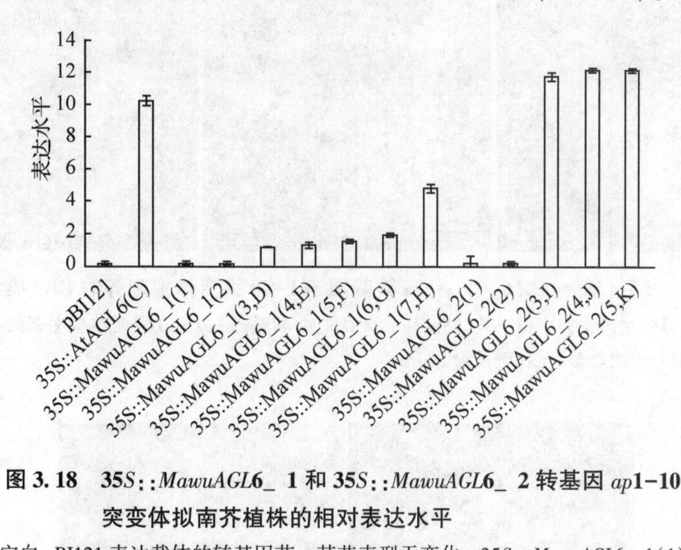

图 3.18 35*S*::*MawuAGL6*_ 1 和 35*S*::*MawuAGL6*_ 2 转基因 *ap*1-10 突变体拟南芥植株的相对表达水平

注：阴性对照为空白 pBI121 表达载体的转基因苗，其花表型无变化。35*S*::*MawuAGL6*_ 1(1)和(2)转基因苗无明显表型变化。35*S*::*MawuAGL6*_ 1(3)和(4)转基因苗有明显的早花和顶生花早现，且茎生叶增宽明显；(5)、(6)和(7)转基因苗出现花瓣状雄蕊。35*S*::*MawuAGL6*_ 2(1)和(2)转基因苗无明显表型变化。35*S*::*MawuAGL6*_ 2(3)、(4)和(5)转基因苗有明显的早花和恢复花瓣、萼片。括号内的字母对应图 3.17 中的转基因苗。

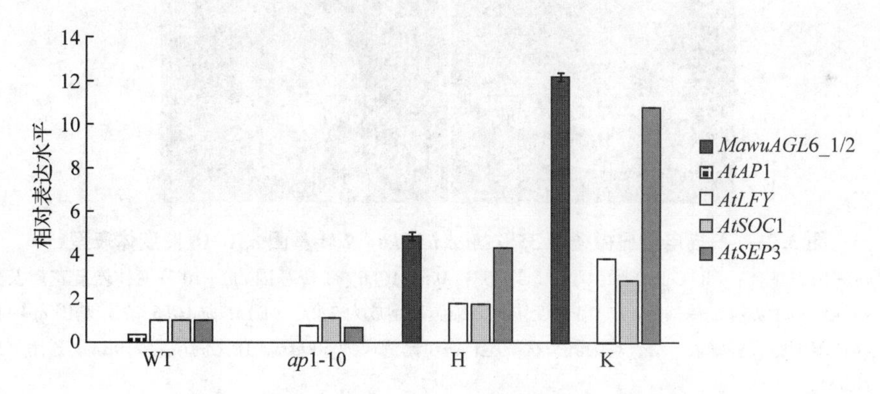

图 3.19 35*S*::*MawuAGL6*_ 1/2 转基因 *ap*1-10 突变体拟南芥植株的拟南芥 MADS-box 基因的相对表达水平

为了进一步确定 *MawuAGL6*_ 2 在拟南芥中的表达情况，用 pCambia1301 载体在拟南芥 *ap*1-10 突变体中融合表达 GUS 基因和 *MawuAGL6*_ 2，GUS 染色结果表明，*MawuAGL6*_ 2 转基因 *ap*1-10 突变体拟南芥的花瓣和萼片均呈蓝色，即 *MawuAGL6*_ 2 在花瓣和萼片中均有表达；而阴性对照的野生型花经 GUS 染色后花器官没有任何显色反应(图 3.20)。

利用扫描电子显微镜对 *MawuAGL6_* 2 转基因 *ap*1-10 突变体拟南芥的完全恢复花瓣的表型进行拍照，发现恢复的花瓣表皮细胞与野生型同样具有光滑的乳头状突起(图 3.21)。这些结果表明 *MawuAGL6_* 1/2 可以调控开花时间和决定花分生组织，在花被片形态发生中起关键作用。

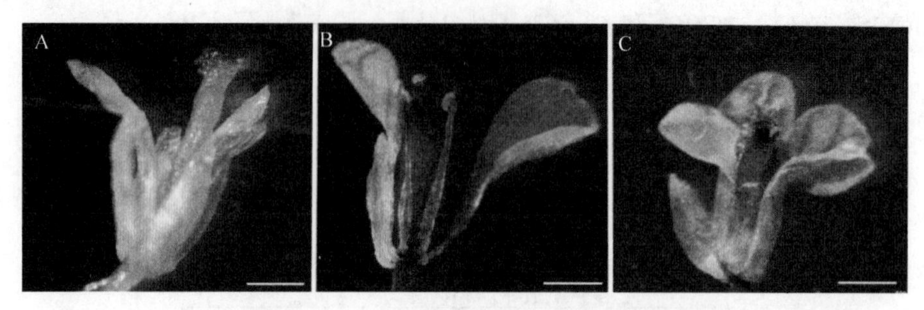

图 3.20　35*S*::*MawuAGL6_* 2::*GUS* 转基因 *ap*1-10 突变体拟南芥的 GUS 染色结果

(A)Col-0 野生型拟南芥；(B-C)35*S*::*MawuAGL6_* 2 转基因 *ap*1-10 突变体拟南芥的萼片、花瓣、雄蕊和心皮均显蓝色(比例尺为 500μm)。

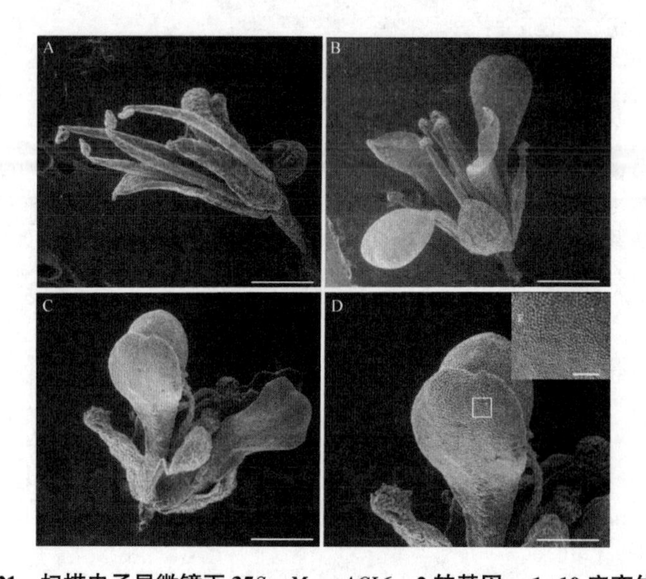

图 3.21　扫描电子显微镜下 35*S*::*MawuAGL6_* 2 转基因 *ap*1-10 突变体表型

(A)*ap*1-10 突变体；(B)Col-0 野生型；(C)35*S*::*MawuAGL6_* 2 转基因 *ap*1-10 突变体恢复花瓣及萼片；(D)*MawuAGL6_* 2 转基因 *ap*1-10 突变体花瓣细胞表型放大 2 倍；(E)*MawuAGL6_* 2 转基因 *ap*1-10 突变体花瓣细胞表型放大 5 倍，均为乳头状细胞(A-C 比例尺为 500μm，D 比例尺为 250μm，E 比例尺为 100μm)。

由于转基因拟南芥表达 *MawuAGL6_* 1/2 后，突变体拟南芥恢复花瓣，雄蕊减少，这表明 *MawuAGL6_* 1/2 可能使红花玉兰雄蕊分生组织同源转变为花瓣分生组织；红花玉兰 *MawuAGL6_* 1/2 基因在拟南芥中表现早花、次生花、恢复花瓣和萼片的功能与拟南芥中 *AP*1 促进开花及决定外侧花器官的功能相似。*MawuAGL6_* 1 转基因苗表现为侧生花序完全消失，这与过表达 *AP*1 的表型一致，可见其与 *AP*1 在决定花分生组织功能上的一致性；*MawuAGL6_* 1 在野生型中表达出现缺失外侧花器官的表型可能是由于外源蛋白与 MADS-box 蛋白形成多聚体后与 *AP*1 基因结合而阻止表达内源 AP1 蛋白，所以可能会出现活性变化而表现不稳定的花器官发生。

*MawuAGL6*_ 2 转基因苗花序仍为无限花序并恢复茎生叶，这与 *AtAGL6* 抑制苞片发育而形成侧枝的表型类似。*MawuAGL6*_ 2 转基因 *ap*1-10 突变体拟南芥表现出褶皱状萼片，这与文心兰 *AGL6*-like 基因 *OMADS*1 在 *ft*-1 突变体表达的表型一致(Hsu et al., 2003)，也与过表达拟南芥 *AG* 表型一致。由于 *MawuAGL6*_ 2 也在红花玉兰心皮中表达，因此表明其可能参与决定雌蕊特征的功能。在蛋白相互作用研究中，*MawuAGL6*_ 2 可以与在雄蕊和心皮特异表达的 *MawuAG*_ 1 发生相互作用。

3.3.3 讨论

3.3.3.1 *MawuAGL6*_ 1/2 在花被片发育中的功能

根据 ABCDE 模型，*AP*1 亚族基因特异调控花被片形态发生。但是我们在红花玉兰中没有找到其他对花瓣形态起明显作用的红花玉兰 *AP*1-like 基因(35*S*::*MawuAP*1 转基因拟南芥的花瓣没有明显表型)。将 *MawuAGL6*_ 1/2 转入拟南芥中进行异位表达功能分析的结果表明，其与调控外侧花器官发育的 A 类基因功能相关。*Pro*35*S*::*MawuAGL6*_ 1 转基因野生型拟南芥得到的转基因苗早花和顶生花早现，第一、二轮花器官部分缺失，在萼片基部向轴面产生多个次生花，萼片增宽；在转基因 *ap*1-10 突变体拟南芥也早花和顶生花早现，恢复茎生叶、萼片增宽，雄蕊减少，偶有雄蕊瓣化，缺少花瓣和萼片的有梗次生花出现在顶生花第一、二轮花器官之间，表明 *MawuAGL6*_ 1 可以调控开花时间，促进萼片发育、雄蕊瓣化和决定花分生组织，这与在拟南芥过表达文心兰 *AGL6*-like 基因 *OhMADS*1 和风信子 *HoAGL6* 异位表达表型，如早花、植株矮小、不形成无限花序、花器官发生同源转化或缺失如雄蕊减少的表型相似(Hsu et al., 2003)，所有 35*S*::*MawuAGL6*_ 1/2、35*S*::*AtALG6* 转基因拟南芥的早花表型与蜡梅(*Chimonanthus praecox*) *AGL6*-like 基因 *CpAGL6* 在拟南芥中表达、*AtAGL6* 过表达的结果一致，原因可能是外源 *AGL6* 抑制了拟南芥的抑制开化基因 *FLC* 的表达，使 *AP*1 和 *FT* 表达增加造成的(Wang et al., 2011)。这也说明 *AGL6* 亚族基因的祖先基因可以调控开花时间。

*Pro*35*S*::*MawuAGL6*_ 2 转化野生型植株使部分雄蕊同源转化为花瓣使得花瓣数增多，同时 GUS 染色和扫描电子显微镜的结果表明，*MawuAGL6*_ 2 可以完全恢复 *ap*1-10 突变体的花瓣表型，花瓣细胞表型正常，这与木兰类植物 *AGL6*-like 基因如蜡梅 *CpAGL6*、核心双子叶植物 *AP*1-like 基因如拟南芥 *AP*1 和麻风树 *JcAP*1 在拟南芥中异位表达的表型一致。这些结果表明 *MawuAGL6*_ 2 具有不同于 *MawuAGL6*_ 1 的花发育调控功能，它在花被片形态发生过程中起决定花瓣、萼片特征的功能。

基于以上结果我们推测在被子植物的基部类群中 *AGL6* 亚族基因，具有负责调控花被片形态发生的 A 类基因功能。结合已发表的红花玉兰 B 类基因 *MawuAP*3 能够部分恢复突变体拟南芥萼片表型和增加野生型拟南芥花瓣数表型，可推测 *MawuAGL6*_ 1/2 与 *MawuAP*3 对红花玉兰花被片发育可能起协同作用。

3.3.3.2 基因重复事件导致 *AGL6* 同源基因功能分化

MADS-box 亚族基因是经过几次复制事件分化而来的。在现有被子植物大规模出现之前有一次基因重复事件，形成两个内部进化系，例如 *APETATAL/PISTILLATA*（*AP3/PI*）进化系内形成 *AP*3 进化系和 *PI* 进化系，*AGAMOUS*(*AG*)进化系内形成 *AG* 进化系和 *SEED-STICK* 进化系，在 *SEPALLATA*(*SEP*)进化系内形成 *AGL2/AGL3/FBP*9 和 *AGL*9 进化系(Zahn et al., 2005)。还有一次或两次连续的基因重复事件可能发生在核心双子叶植物出现之时，在 *AP*1 进化系中形成 *euAP*1 进化系、*euFUL* 进化系和 *AGL*79 进化系，在 *AP*3 进化系中分出 *TOMATO MADS-box* 6(*TM*6)和 *euAP*3 进化系，在 *AG* 进化系中分出 *euAG* 进化系和 *PLENA* 进化系，在 *AGL2/3/4* 进化系中形成 *AGL2/4*、*AGL*3 和 *FLORAL BINGDING PROTEIN* 9 (*FBP*9)各进化系，从 *AGL*6 进化系中分出 *euAGL*6 和 *AGL*6 进化系(Zahn et al., 2005)。这些 MADS-box 中旁系同源基因随着基因复制而发生的功能分化是被子植物花发育和花形态多样性的前提(Kim et al., 2005b)。其中，*APETATAL* 3(*AP*3)进化系中分出 *AP*3 和 *TM*6 可能是真双子叶植物的萼片与花瓣界限分明的原因。基于被子植物的 MADS-box II 型基因系统进化树得出，*AP*1、*SEP* 和 *AGL*6 进化系之间的紧密关系，继而产生 *AP1/SEP/AGL*6 进化分支(Zahn et al., 2005)。而且，至今在现存裸子植物中没有发现 *AP*1 或 *SEP* 同源基因(Zahn et al., 2005)，这表明 *AP*1 或 *SEP* 同源基因可能对被子植物特有花器官起源有关键作用。

与其他 *AGL*6-like 氨基酸序列 C 端比对的结果表明，*MawuAGL*6_ 1/2 与基部被子植物、木兰类植物、基部双子叶植物 *AGL*6 亚族基因序列同源，具有 *AGL*6 亚族特有的保守结构域 AGL6 motif I 和 AGL6 motif II，这与 *SEP* 中 C 域的 SEP I 和 SEP II motif 非常相似。已有研究认为 SEP motif 可能在花原基决定中起激活转录的功能(Zahn et al., 2005)。同样，*AG* 亚族的 AG Ⅰ和 AG Ⅱ，以及 *PI* 亚族、*AP*3 亚族中各 motif 均有重要功能，可能是由其共同的祖先基因经过一次基因复制而产生的结构与功能分化的序列(Kim et al., 2004)。

半定量分析红花玉兰 *MawuAGL*6_ 1/2 的表达模式显示，这两个基因在苞片均不表达，在花被片和心皮中均有不同程度的表达，这与核心双子叶植物的 2 个 *AGL*6 进化系(*euAGL*6 和 *AGL*6)中 *euAGL*6 进化系仅在繁殖器官并高水平表达一致，另一 *AGL*6 进化系成员在营养和繁殖器官均表达。实时定量分析其表达模式结果显示 *MawuAGL*6_ 1/2 在花被片中的表达水平比其他器官高，这与基部被子植物、木兰类植物和基部双子叶植物 *AGL*6-like 基因的表达模式一致，如广玉兰 *MagrAGL*6 在花被片高水平表达(Kim et al., 2005a)，在有萼片状第一轮花器官的尖头玉兰、紫玉兰和星花玉兰中 *AGL*6-like 基因均在第一轮表达。而且两个基因的表达水平与花器官发育速率呈正相关，这表明被子植物基部类群的 *AGL*6 同源基因参与各轮花器官发育调控，尤其对花被片发育的调控。

系统进化树和序列比对分析结果表明，2 个基因相似度很高且分别与木兰类植物 *AGL*6-like 基因的 2 个分支聚类在一起，但马兜铃科仅有 1 个 *AGL*6 同源基因。木兰科和樟科的多个 *AGL*6-like 基因也都聚类在这 2 个分支，这表明聚类于这 2 个分支的基因是由最近发生的基因重复事件产生，这个事件发生在木兰科和樟科植物分化之前的木兰类植物中。在 *AGL*6 进化系中还多次发生了其他的基因重复事件，在裸子植物和核心双子叶植物中的 *AGL*6-like 进化系可能已经分别发生过基因复制，在单子叶植物中，至少发生过 3 次基因重复事件。在很多科属种中，如拟南芥，月季(*Rosa chinensis*)，鳄梨(*Persea americana*)和水盾草(*Cabomba caroliniana*)，*AGL*6-like 进化系也发生了小规模的基因重复事件

(Liu et al., 2018a)。

基因重复是驱动生物进化和获得新功能的主要因素之一，在植物的染色体发生多倍化后，基因组DNA指数型增加，继而产生了大部分的转录因子(Su et al., 2006)。这些由多次基因复制产生的多个*AGL6*同源基因拷贝及其衍生基因，可能就促进了生物进化及发育进程。尽管*AGL6*亚族基因的表达模式在不同物种中差异很大，但它们在裸子植物、基部被子植物、木兰类植物、单子叶植物、基部双子叶植物和核心双子叶植物中是有分布规律的。首先，*AGL6*同源基因在裸子植物和核心双子叶植物中均在营养器官和繁殖器官中表达；但在基部被子植物、单子叶植物和基部双子叶植物中，它们仅在繁殖器官中表达。其次，除了核心双子叶植物，*AGL6*同源基因在花器官中高水平表达。在裸子植物中，*AGL6*同源基因在雌雄花球中均高水平表达。在基部被子植物和木兰类植物中，*AGL6*同源基因主要在花被片中表达。同样在基部双子叶植物中，尽管仅在个别科属中开展了针对*AGL6*同源基因的研究，但结果表明*AGL6*同源基因通常在花被片中高水平表达。在单子叶植物*AGL6*同源基因普遍在心皮和花被片中高水平表达，但在花被片中的表达水平在物种间有差异，这可能于单子叶植物花被片表型差异有关，如在禾本科(Poaceae)植物中，苞片同源转化为内稃和外稃，花瓣同源转化为浆片，兰科(Orchidaceae)植物中，正面的唇瓣同源转化为花瓣(Preston and Kellogg, 2006)。通过研究结构与功能的进化关系发现，*AGL6*基因在进化中得到了更多功能。*AGL6*同源基因和*SEP1*、*AP1*同源基因在功能上有冗余，如*PhFBP2*在矮牵牛中参与花瓣与心皮的发育，同时通过双、三突变体证明*PhAGL6*和*SEP*同源在花瓣和花药发育中具冗余功能。

在红花玉兰中，*MawuAGL6_ 1*和*MawuAGL6_ 2*的表达模式均局限在繁殖器官中，而且在花被片中高水平表达。这与基部被子植物和木兰类植物的研究结果一致(Kim et al., 2005a; Wróblewska et al., 2016)。*MawuAGL6_ 1*和*MawuAGL6_ 2*的组织特异性表达模式及表达水平有差异。这可能是由选择压力造成的，基因组中基因复制的产物常因增加了该基因的表达水平而发生表达水平紊乱，进而使表达模式发生变化(Lan and Pritchard, 2016)。因此*MawuAGL6_ 1*和*MawuAGL6_ 2*具有不同的表达模式很可能是基因复制后维持选择压力形成的。基因重复事件后产生新的或去掉旧的蛋白质之间的相互作用来改变基因调控的网络。

*MawuAGL6_ 1*和*MawuAGL6_ 2*过表达分析基因功能的结果表明，它们可能在基因重复事件后发生了功能分化。基因功能分化在基因重复事件发生后很常见，大约50%的多拷贝基因均发生了功能分化。在*AGL6*亚族中，多拷贝*AGL6*同源基因表现出基因功能分化的案例很多，例如文心兰*Oncidium*中含有2个*AGL6*同源基因，可通过与AP3和PI形成四聚体调控花器官分化，*OnAGL6-1*促进唇瓣同源转化为萼片或花瓣，而*OnAGL6-2*促进萼片或花瓣同源转化为唇瓣，它们还调控心皮和胚珠发育(Hsu et al., 2015)；拟南芥中有2个*AGL6*同源基因*AtAGL6*和*AtAGL13*，这可能是最近的一次基因重复事件产生的，*AGL13*在C末端AGL6 motif中比*AGL6*少了4个氨基酸，它们功能冗余，突变或敲除*AGL6*或*AGL13*后没有明显的花瓣表型(Yoo et al., 2011b)；*AtAGL6*在花器官分化时的各轮花器官内表达，开花后在内种皮中表达，*AtAGL13*限定在花粉和胚珠合点中表达(Yoo et al., 2011b; Hsu et al., 2014)，过表达实验表明*AGL6*可能参与花形态建成、胚珠发育和腋芽形

成(Yoo et al., 2011a)，而 *AGL13* 可能调控花粉形态发生、花粉囊细胞层形成和胚珠发育(Hsu et al., 2014)；矮牵牛 *PhAGL6* 在发育中的花瓣、心皮和胚珠都表达，与 *SEP* 同源基因 *FBP2/5* 共同决定花瓣特征，在拟南芥中表达则出现心皮状萼片(Hsu et al., 2003; Li et al., 2010)。

综合分析 *MawuAGL6_ 1/2* 系统进化、其在红花玉兰不同发育时期、不同花器官的表达模式，并结合对 *MawuAP3_ 1/2* 和 *MawuPI_ 1* 研究结果表明，它们均在花被片和雄蕊中表达(Liu et al., 2018b)，还有广玉兰 *MagrAP3* 和 *MagrPI* 也均在花被片和雄蕊中高水平表达(Kim et al., 2005b)，这表明木兰科内 *AGL6* 同源基因与 *AP3* 和 *PI* 很可能共同调控花被片发育。红花玉兰花器官的形态、形状与 *MawuAGL6_ 1/2* 基因表达是否相关，还需要进一步研究。

3.3.4 小结

同源克隆得到2个 *MawuAGL6* 同源基因，*MawuAGL6_ 1* 和 *MawuAGL6_ 2*，其编码区碱基相似度有81.0%，氨基酸序列相似度也有81.1%，均含有高度保守的57个氨基酸的MADS区和82个氨基酸的K区，C区具有 *AGL6* 同源基因的保守功能域AGL6 motif I和AGL6 motif II，这个功能域在木兰科植物内非常保守；*MawuAGL6_ 2* 启动子上CArG-box比 *MawuAGL6_ 1* 多。结合系统进化树和组织表达特异性分析推测得知被子植物的基部类群中 *AGL6* 同源基因均具有的促进开花和花分生组织决定的功能，且在木兰科Magnoliaceae和樟科Lauraceae分化之前，*AGL6* 亚族基因可能发生了一次基因重复事件，使红花玉兰中存在着2个 *AGL6* 同源基因。

利用半定量PCR对 *MawuAGL6_ 1/2* 在红花玉兰中组织表达特异性的结果表明，*MawuAGL6_ 1* 在除了苞片之外的整个花器官中均表达，*MawuAGL6_ 2* 在除了苞片和雄蕊之外的花器官中表达，二者均在花被片中呈高水平表达。利用实时定量分析 *MawuAGL6_ 1/2* 在红花玉兰不同发育阶段的花芽中的表达水平表明，*MawuAGL6_ 1/2* 表达水平与花芽生长速度呈正相关性，即在花芽发育初期和开花期前快速生长期表达水平最高。对花芽发育初期和开花期前花芽的各轮花器官进行实时定量分析结果为，*MawuAGL6_ 1/2* 在花被片的表达水平均高于苞片、雄蕊和心皮。对不同花被片数目红花玉兰的各轮花被片、雄蕊和心皮进行实时定量分析表明，*MawuAGL6_ 1* 在多瓣花被片花芽的中间部位花被片中表达水平比两侧稍高，*MawuAGL6_ 2* 在不同花被片数目的花芽均自外侧花被片至内侧花被片表达水平逐渐降低，而 *MawuAGL6_ 1/2* 在雄蕊中表达水平很低，在苞片中均不表达，这表明 *MawuAGL6_ 2* 可能是决定红花玉兰花被片形态发育的关键基因。

在拟南芥中表达 *MawuAGL6_ 1/2* 的功能分析结果表明，*MawuAGL6_ 1* 具有调控开花时间和决定花分生组织的功能，*MawuAGL6_ 2* 具有调控开花时间和决定花瓣、萼片特征的功能，而且 *AtAGL6* 也具有调控开花时间和决定花分生组织的功能。因此，推测 *AGL6* 基因亚族的祖先基因能够调控开花时间和决定花分生组织。

第4章 红花玉兰 *MawuAP2* 及其蛋白互作相关基因的克隆与功能分析

红花玉兰是我国特有的珍稀园林观赏树种，因其丰富的花部性状变异而具有极高的观赏价值和经济价值，但调控其花被片形态建成的机制以及造成花被片数目丰富变异的成因尚未得以揭示。长期以来，*AP*2(*APETALA*2)基因一直被认为是决定花被片形态建成的关键基因，而且与多瓣化的形成密切相关。因此，开展红花玉兰 *AP*2 同源基因的研究或将有助于解析红花玉兰花被片形态建成和多瓣化形成的分子机制。另外，红花玉兰属于被子植物基部演化类群，因此该研究也能深化对原始被子植物 *AP*2 同源基因功能及其演化等方面的认知。本章节克隆了红花玉兰 *AP*2 直系同源基因 *MawuAP*2，并对其进行了系统发生、序列结构、表达模式和功能分析，同时通过酵母双杂交筛选了 *MawuAP*2 的互作蛋白，并对功能密切相关的互作基因 *MawuFT* 及其所属家族的其他基因开展了功能和表达模式分析。

4.1 红花玉兰 *AP*2 基因的克隆与功能分析

4.1.1 材料与方法

4.1.1.1 试验材料

(1)植物材料

研究中所用的试验材料为生长于湖北省五峰县的红花玉兰。根据各项试验具体需要和规划，于2016年5月至2019年12月期间采集和处理红花玉兰各个试验材料，每份材料的采集设计3个生物学重复。采集之后，做好标记，并迅速用液氮速冻，然后置于-80℃超低温冰箱保存备用。

用于转基因功能分析的 Col-0 野生型拟南芥为课题组前期保存。亚细胞定位和双分子荧光实验注射所用的本式烟草为课题组前期保存。

(2)菌株和载体

酵母表达载体 pGADT7-Rec、pGADT7 AD 和 pGBKT7 DNA-BD 购买于 TakaRa 公司。植物 PBI121 表达载体由课题组前期保存。启动子表达载体 pC1300-GUS 以 pCAMBIA1300

载体为基础改造而成。亚细胞定位表达载体 pC1300-35S-GFP 以 pCAMBIA1300 载体为基础改造而成。双分子荧光表达载体 pC1300-35S-YNE 和 pC1300-35S-YCE 以 pCAMBIA1300 载体为基础改造而成。

质粒转化用的大肠杆菌感受态细胞为 TOP 大肠杆菌感受态细胞(CC0103，艾德莱，北京)。转化拟南芥所用的农杆菌感受态细胞为 GV3101 农杆菌感受态细胞(AC1001，唯地生物，中国)。酵母文库构建和酵母双杂交筛选所用的酵母菌株为 Y2HGold 酵母细胞(630466，TakaRa，日本)。

(3)引物合成与 DNA 测序

试验中涉及的引物合成和 DNA 测序工作主要由北京睿博生物技术股份有限公司完成。

4.1.1.2 红花玉兰 *MawuAP2* 基因的克隆

方法见 2.3.1.3。

4.1.1.3 红花玉兰 *MawuAP2* 基因组 DNA 全长的克隆

(1)红花玉兰 DNA 的提取

红花玉兰基因组 DNA 提取采用的是 TaKaRa MiniBEST Plant Genomic DNA Extraction Kit (9768)，本试验采用提取富含多糖、多酚等较难提取的植物组织材料基因组 DNA 的提取方法以获得高纯度、低杂质的红花玉兰基因组 DNA。

(2)*MawuAP2* 基因组 DNA 全长的 PCR 扩增

为了防止设计的扩增引物因跨内含子而导致扩增失败，所以在进行引物设计前首先对 *MawuAP2* 基因进行外显子边界的定位。随后根据定位和预测结果设计引物并进行 *MawuAP2* 基因组 DNA 全长的扩增。

4.1.1.4 红花玉兰 *MawuAP2* 基因启动子的克隆

方法见 2.3.1.3。

4.1.1.5 *MawuAP2* 基因氨基酸序列的结构分析和系统进化分析

将 *MawuAP2* 基因的氨基酸序列与 GenBank 数据库(https://www.ncbi.nlm.nih.gov/genbank)中的序列进行 Local Alignment Search Tool(BLAST)分析。根据 BLAST 结果，选取不同植物类群的 AP2/EREBP 家族基因的编码序列进行氨基酸序列结构分析和系统进化分析。利用 MEGA 6.0 对下载的 AP2/EREBP 家族基因编码的氨基酸序列进行比对。然后利用 MEGA 6.0，使用最大似然法(bootstrap 参数设置为 1000)构建系统发育树。

4.1.1.6 AP2/EREBP 家族基因 AP2 结构域氨基酸序列结构分析

将来自于不同进化类群植物的 AP2/EREBP 家族的不同亚族的 AP2 结构域氨基酸序列进行序列比对分析，分析各亚族 AP2 结构域的序列结构演化。同时单独利用各亚族的 AP2 结构域进行系统进化树的构建，分析各亚族间 AP2 结构域间的系统衍化关系。

4.1.1.7 AP2 亚族基因外显子-内含子序列结构演化分析

将不同进化类群植物的 AP2 亚族基因的 cDNA 序列与其对应的基因组 DNA 序列进行

比对分析，分析各植物类群 AP2 亚族基因的外显子-内含子序列结构演化，以从核酸序列的角度探讨 AP2 亚族基因的演化。

4.1.1.8 miR172 结合位点序列演化分析

将不同进化类群植物的 AP2 组分支基因进行序列比对分析，搜寻 miR172 的结合调控位点，并将其进行序列比对，分析各植物类群 AP2 组分支基因的 miR172 结合调控位点的序列演化。

4.1.1.9 *MawuAP2* 基因启动子结构元件预测分析

利用 PlantCARE（http://bioinformatics. psb. ugent. be/webtools/plantcare/html/）和 PLACE（https://www. dna. affrc. go. jp/PLACE/）植物启动子在线分析软件对 *MawuAP2* 基因启动子序列进行顺式作用元件预测与分析。

4.1.1.10 *MawuAP2* 基因表达模式分析

（1）*MawuAP2* 基因的组织表达特异性分析

为了分析 *MawuAP2* 基因的组织表达特异性，采用 EASY-spin 植物 RNA 快速提取试剂盒，按照试验设计分别提取红花玉兰根、茎、叶片、苞片、花被片、雄蕊、雌蕊、子房壁和正在发育的种子的总 RNA。经 DNase I 消化后，每个样品用 2μg 的总 RNA 来逆转录合成第一链 cDNA。*MawuAP2* 基因的半定量 PCR 引物为 RT-*MawuAP2*-F 和 RT-*MawuAP2*-R。以红花玉兰的 β-Actin 基因作为内参，内参基因的 PCR 引物为 RT-MawuActinF 和 RT-MawuActinR。

（2）不同树龄红花玉兰植株中 *MawuAP2* 基因的表达模式分析

分别提取 1 年生、4 年生、第二次开花（9 年生）和多年开花植株的根、茎、叶中的 RNA，经逆转录 cDNA 合成后分析在不同树龄红花玉兰植株中 *MawuAP2* 基因表达模式。

4.1.1.11 *MawuAP2* 基因亚细胞定位模式分析

（1）*MawuAP2* 基因亚细胞定位表达载体的构建

本试验中用于 *MawuAP2* 基因亚细胞定位模式分析的载体为 pC1300-35S::GFP。pC1300-35S::GFP 载体是以 pCAMBIA1300 植物表达载体为基础改建形成，在 pCAMBIA1300 基础载体的 Pst I 与 Hind III 酶切位点之间，插入 CaMV35S 启动子和 GFP（green fluorescent protein）报告基因，在报告基因的下游同时引入 CaMV35S 终止子终止报告基因的表达。*MawuAP2* 基因亚细胞定位表达载体的构建是将 *MawuAP2* 基因的编码区全长构建至 CaMV35S 启动子和 GFP 报告基因之间，使其与 GFP 报告基因实现融合表达，其具体的操作步骤参照 *MawuAP2* 基因表达载体的构建方法。待 *MawuAP2* 基因亚细胞定位载体构建好后转入农杆菌菌株 GV3101-90。

（2）烟草的瞬时转化

本试验通过注射的方法将含有 *MawuAP2* 亚细胞定位表达质粒的农杆菌注射至烟草叶片中，使得 *MawuAP2* 和 *GFP* 报告基因的融合蛋白进行瞬时表达，通过观察荧光蛋白在细

胞中的定位来明确 *MawuAP2* 基因的亚细胞定位模式。

4.1.1.12 *MawuAP2* 基因启动子表达模式分析

(1) *MawuAP2* 基因启动子表达载体的构建及拟南芥的转化

用于 *MawuAP2* 基因启动子表达模式分析的载体为 pC1300-GUS 。pC1300-GUS 载体是由 pCAMBIA1300 植物表达载体为基础改建而来，在 pCAMBIA1300 基础载体的 Pst I 与 Hind III 酶切位点之间，插入 GUS(β-glucuronidase)报告基因，在报告基因的下游同时引入 CaMV35S 终止子。*MawuAP2* 基因启动子表达载体的构建是将 *MawuAP2* 基因的启动子序列构建至 GUS 报告基因的上游，使其驱动 GUS 基因的表达，进而根据 GUS 基因的表达部位和强度反映基因启动子的表达活性。

(2)*MawuAP2* 基因启动子转基因拟南芥 GUS 组织化学染色分析

GUS 染色液的配置：

① X-Gluc 储备液(100mM)：准确称取 100mg X-Gluc(5-溴-4 氯-3-吲哚葡萄糖苷)溶于 1.92mL 的 N-N 二甲基甲酰胺，-20℃保存；

② 0.5MNa_2HPO_4 母液：称取 8.95g 的 $Na_2HPO_4 \cdot 2H_2O$，用水溶解，定容至 50mL；

③ 0.5MNaH_2PO_4 母液：称取 3.90g 的 $NaH_2PO_4 \cdot 2H_2O$，用水溶解，定容至 50mL；

④ 100mM $K_3Fe(CN)_6$ 母液：称取 1.65g 的 $K_3Fe(CN)_6$，用水溶解，定容至 50mL；

⑤ 100mM $K_4Fe(CN)_6$ 母液：称取 2.11g 的 $K_4Fe(CN)_6$，用水溶解，定容至 50mL；

⑥ 10% Triton X-100(V/V)母液：用移液枪吸取 10mL 的 Triton X-100 原液，加入 90mL 的水进行稀；

⑦ 0.5M EDTA 母液(pH8.0)：称取 9.306g EDTA·$Na_2 \cdot 2H_2O$，加入 45mL 的水溶解，调节 pH 至 8.0(直接用纯的 NaOH 调 pH)，最后定容至 50mL；

⑧ GUS 染色液：向所需体积的 GUS 染色缓冲液中加入 X-Gluc 储备液(最终使用浓度为 2mM)，GUS 染色液现用现配(表 4.1)。

GUS 染色操作步骤：

① 将需要染色的材料样品转移至三角瓶中，加入足量体积的 GUS 染色液，使其能完全浸没试验材料。避光真空抽气 30min；

② 37℃避光反应 12h；

③ 染色完毕后，倒掉 GUS 染色液，然后依次用 25%、50%、75%、85%、95% 和 100%酒精进行脱色处理，每一步脱色 30min；

④ 脱色完毕后，用 Leica 体式显微镜对 GUS 染色结果进行观察和拍照。

表 4.1　GUS 染色缓冲液

组分	各组分终浓度	需加母液体积
NaH_2PO_4	50mM	21.15mL
Na_2HPO_4	50mM	28.85mL
$K_3Fe(CN)_6$	1mM	5mL
$K_4Fe(CN)_6$	1mM	5mL

（续）

组分	各组分终浓度	需加母液体积
EDTA	10mM	10mL
Triton X-100	0.20%(V/V)	10mL
		定容至 500mL

4.1.2 结果与分析

4.1.2.1 AP2/EREBP 家族基因系统进化分析

明确基因的系统进化位置是阐明基因功能的重要步骤，它的解析将有助于我们深入理解整个家族基因的系统演化和功能演化。为了明确 *MawuAP2* 在 AP2/EREBP 家族基因中的系统进化位置，我们对来自被子植物、裸子植物、蕨类植物、藓类植物和苔类植物共计 135 个 AP2/EREBP 家族基因进行了系统发育树的重建。从总体上来看，AP2/EREBP 家族基因分化形成了 3 个主要的进化分支，分别是 AP2 亚族、RAV 亚族和 DREB/ERF 亚族，这与前人所构建的 AP2/EREBP 家族基因系统进化树的拓扑构型相一致(Kim et al., 2006)。同时各亚族分支在演化过程中又进一步地分化产生了一些重要的亚进化分支。其中，AP2 亚族进一步分化形成了 AP2 组和 ANT 组两个分支。而且，在 ANT 组分支基因的演化中，ANT 组分支进一步地分化形成了 euANT 亚组和 BasalANT 亚组分支。另外，我们还发现 AP2 组进化分支也发生了一次重要的基因重复，导致其进一步分化形成了 euAP2 亚组和 TOE 亚组两个进化分支。基于蕨类植物 *Selaginella moellendorffii* 中虽然存在两个 AP2 组分支基因(*SemoAP2*-1 和 *SemoAP2*-2)，但却并未分化到两个分支中，而裸子植物和被子植物的 AP2 组分支却明显地分化产生了 euAP2 亚组和 TOE 亚组分支，我们推测 euAP2 和 TOE 亚组分支的分化时间可能是发生于蕨类植物分化之后，但又早于现存被子植物和裸子植物分化之前。本研究中所克隆的红花玉兰 *MawuAP2* 与拟南芥的 AP2 共同归聚于 euAP2 亚组分支，表明红花玉兰 *MawuAP2* 正是拟南芥 AP2 的直系同源基因。

4.1.2.2 红花玉兰 *MawuAP2* 基因核酸序列结构分析

同源克隆结合 RACE 克隆技术，我们成功地从红花玉兰中克隆了拟南芥 AP2 的直系同源基因 *MawuAP2*。核酸序列分析显示，*MawuAP2* 基因的 cDNA 全长为 2164bp，包含 1 个 1638bp 的完整开放阅读框(open reading frame，ORF)，编码 545 个氨基酸和 1 个终止密码子，其还包含 1 个 386bp 的 5'非翻译区(5' untranslatedregion，5'-UTR)和 1 个含有 polyA 尾巴的 140bp 的 3'-UTR，GenBank 登录号为 KU860522。同时在 3'末端包含有 AP2 组分支基因特有的 miR172 结合调控位点(1930bp-1950bp)。

随后，我们克隆了 *MawuAP2* 的基因组 DNA 全长，并对其进行了外显子-内含子结构分析。结果显示，*MawuAP2* 基因由 10 个外显子组成，每个外显子参与编码区组成的序列长度分别为 563bp、26bp、31bp、88bp、146bp、45bp、92bp、164bp、216bp 和 267bp。其中，外显子 1-4 参与 AP2-R1 结构域的构成，外显子 5-7 参与 AP2-R2 结构域的构成，保守的 miR172 的结合调控位点位于第 10 个外显子上。

4.1.2.3 AP2/EREBP 家族各分支基因 AP2 结构域的演化分析

(1)AP2/EREBP 家族各分支基因 AP2 结构域的氨基酸序列比较分析

在 AP2/EREBP 家族基因的各亚族分支基因中，它们所含有的 AP2 结构域的数量存在差异，AP2 亚族基因通常包含有两个 AP2 结构域，而 RAV 亚族和 DREB/ERF 亚族只包含有一个 AP2 结构域。总的来说，AP2/EREBP 家族基因的 AP2 结构域在序列结构上高度保守，在每个 AP2 结构域中均包含有由 β 折叠和 α 螺旋构成的 YRG 和 RAYD 元件。序列结构比较分析结果显示，不同于 AP2 组分支基因的是，在 ANT 组基因的 AP2-R1 结构域中额外插入了一段 10aa 的序列。而且在 RAV 亚族和 DREB/ERF 亚族基因中，它们 AP2 结构域的同一对应位置处也频繁存在氨基酸的插入和缺失等现象。结合各分支基因的外显子结构组成，我们发现这一位置处恰好是靠近外显子的边界位置，或许正因如此才导致了该位置处序列频繁出现外显子化和内含子化，从而导致了这一位置处频繁出现氨基酸的插入和缺失等现象。另外，不同于 AP2 组及其他分支基因的是，在 ANT 组分支基因的 AP2-R2 结构域中还额外有 1aa 的插入。

(2)AP2/EREBP 家族各亚族 AP2 结构域系统发育分析

为了分析 AP2/EREBP 家族基因各分支基因之间 AP2 结构域的进化关系，我们利用 AP2 组和 ANT 组分支基因的两个 AP2 结构域(AP2-R1 和 AP2-R2)，以及 RAV 亚族和 DREB/ERF 亚族基因的 AP2 结构域(AP2-R)进行系统进化树的构建(图 4.1)。分析显示，

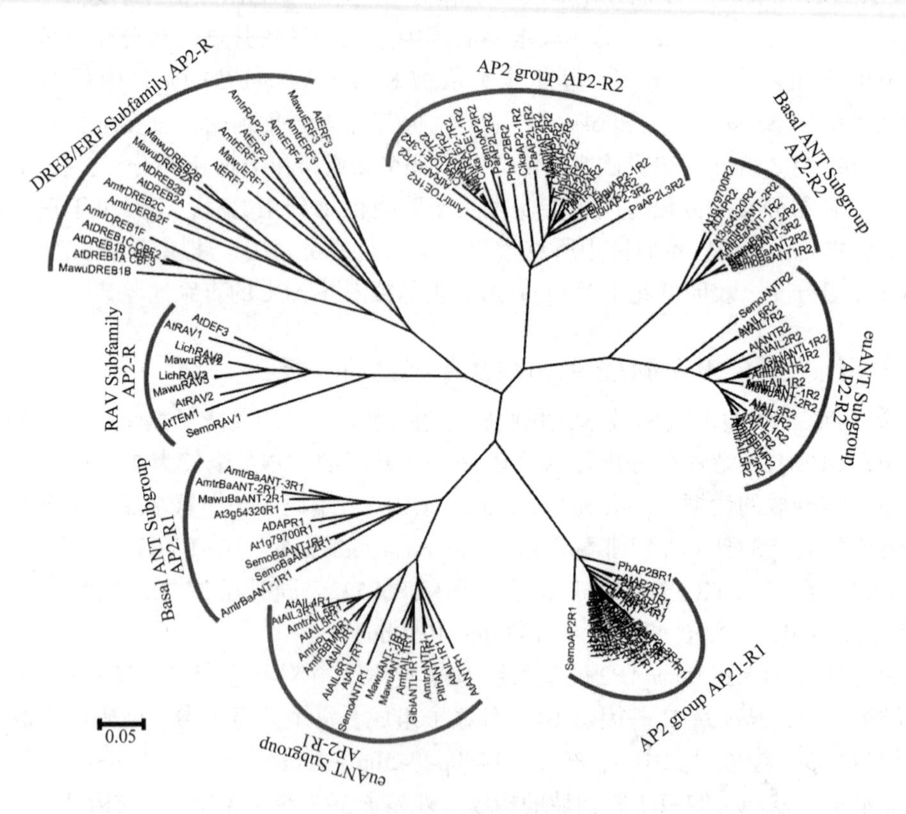

图 4.1 AP2 结构域系统进化分析

AP2/EREBP 家族基因各进化分支的 AP2 结构域单独形成一 个分支，这一结果进一步支持了前文所构建的 AP2/EREBP 家族基因的系统进化树的可靠性。

4.1.2.4 AP2 组分支基因 miR172 结合调控位点序列分析

与其他分支基因不同的是，AP2 组分支基因在进化过程中了获得了一段特有且高度保守的 miR172 的结合调控位点，从而使得 AP2 组分支基因的时空表达可受到 miR172 特异性调控。在 *MawuAP2* 基因序列中同样也存在极为保守的 miR172 的结合调控位点，这暗示着 *MawuAP2* 基因表达可能同样受到 miR172 的保守调控(图 4.2)。另外，我们还发现在裸子植物和被子植物的 AP2 组分支基因中均存在这一保守的结合位点，而对于更加原始的蕨类、藓类和苔类等植物的 AP2 组分支基因序列中并未发现 miR172 结合位点的存在，表明 AP2 组分支基因 miR172 表达调控活性的获得可能是在蕨类植物分化之后但又早于裸子植物和被子植物分化之前。

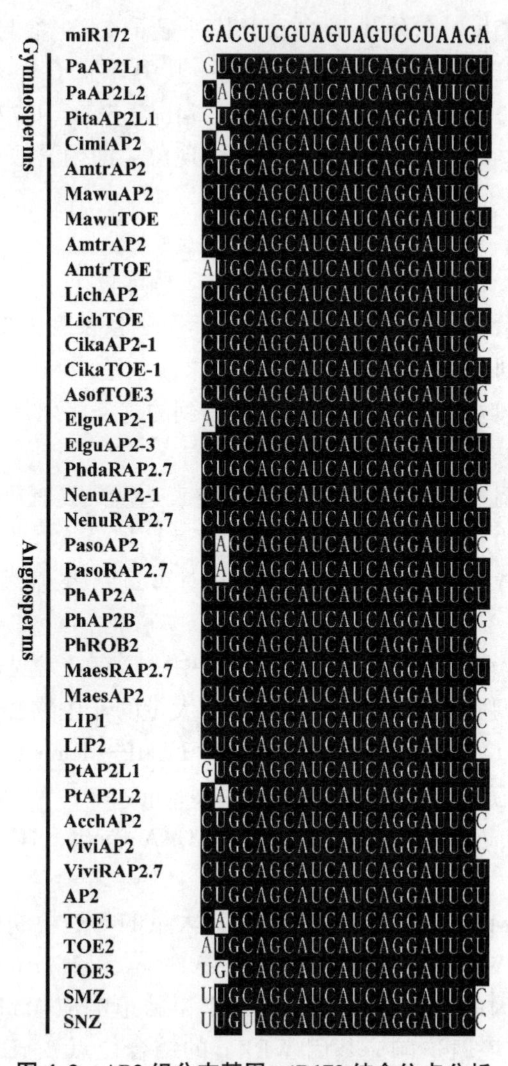

图 4.2 AP2 组分支基因 miR172 结合位点分析

4.1.2.5 AP2 亚族基因外显子-内含子结构分析

既然 AP2 组和 ANT 组分支基因高度同源且具有高度相似的 AP2-R1 和 AP2-R2 结构域，那么理论上来说它们的外显子-内含子结构组成应该会较为相似，然而事实却并非如此，我们发现参与构成这两个分支基因及其 AP2 结构域(AP2-R1 和 AP2-R2)的外显子-内含子结构组成却存在巨大差异。首先，AP2 组分支基因通常包含 10 个外显子，其外显子 1~7 参与构成 AP2 结构域(AP2-R1 和 AP2-R2)以及它们之间的连接序列；其外显子 2~6 在序列长度上极为保守，每个外显子的长度分别为 26bp、31bp、88bp、146bp 和 45bp。BasalANT 亚组分支基因通常由 8 个外显子构成，其外显子 1-8 参与构成两个 AP2 结构域(AP2-R1 和 AP2-R2)以及它们之间的连接序列，其外显子 2-7 在序列长度上极为保守，每个外显子的长度分别为 83bp、9bp、89bp、74bp、51bp 和 77bp。不同于 BasalANT 亚组基因的是，在 euANT 亚组基因的 5'末端通常又额外获得了一个外显子，使得 euANT 亚组基因通常由 9 个外显子构成，其外显子 2~9 参与构成两个 AP2 结构域(AP2-R1 和 AP2-R2)以及它们之间的连接序列，其中外显子 3~8 在序列长度上极为保守，每个外显子的长度分别为 83bp、9bp、89bp、74bp、51bp 和 77bp。另外，我们还发现在 ANT 组分支基因中存在较为频繁的外显子融合现象，即内含子缺失的现象，但导致这一融合的机制尚不清楚。

4.1.2.6 *MawuAP2* 基因启动子的克隆和表达元件分析

利用染色体步移技术和巢式 PCR 克隆技术获得了一条长度为 3621bp 的 *MawuAP2* 基因的启动子候选序列。序列分析显示，该序列的 3'末端长达 768bp 的序列与 *MawuAP2* 基因的 cDNA5'末端序列完全吻合匹配，表明所克隆得到的这条序列是 *MawuAP2* 基因的启动子序列。

启动子区域的表达调控结构元件对基因的时空表达模式具有重要的调控作用，所以对其启动子区域结构元件的分析或许能对该基因的表达调控模式获得一定的认识。本试验利用植物启动子在线分析软件 PlantCARE 和 PLACE 对 *MawuAP2* 基因的启动子进行顺式作用元件预测分析(表 4.2)。

值得注意的是，在 *MawuAP2* 基因启动子序列中除了存在常见的 TATA-box 和 CAAT-box 等转录起始和转录增强的结构元件外，还存在大量的非生物胁迫响应元件，如光响应元件(AE-box、G-box、GATA-motif、GT1-motif、LAMP-element、Sp1、TCT-motif、chs-CMA1a)、逆境胁迫响应元件(MYC、BOXII-likesequence、WUN-motif、CT-richmotif、GA-richrepeat)和激素响应元件(ABRE、ARE、AAGAA-motif、TCA-element、CGTCA-motif、as-1motif)。

除此之外，在 *MawuAP2* 基因启动子上还存在大量的与逆境胁迫响应相关基因的结合位点，如 RAV1AAT(RAV1 基因结合位点)、CCAAT-box 和 MYB(MYB 基因的结合位点)、MBS(光响应 MYB 类基因的结合位点)、MRE(干旱胁迫响应 MYB 类基因的结合位点)、WRE 和 W-box 元件(逆境胁迫响应基因 WRKY 的结合位点)、ERE(逆境胁迫响应基因 ERF 的结合位点)、AT-richelement(ATBP 基因结合位点)。与 AP2 亚族同属于 AP2/

EREBP 家族的 DREB/ERF 亚族基因，是参与植物逆境胁迫响应和增强植物抗逆性的一类关键基因，在它们的启动子区域中同样也存在有大量的逆境胁迫响应元件和胁迫响应基因的结合位点(Kim et al., 2011; Xie et al., 2019)。这表明 *MawuAP2* 基因的表达可能同样会参与逆境胁迫的响应和受到逆境胁迫响应基因的调控，并参与到植物的逆境胁迫响应调控过程中。另外，在 *MawuAP2* 基因启动子中还含有 3 种与组织表达调控相关的元件，AC-I（韧皮部表达调控元件）、GCN4-motif（胚乳表达调控元件）和 CAT-box（分生组织表达调控元件），这些元件的存在可能特异性地调控它们在相应组织中的表达。

表 4.2 *MawuAP2* 基因启动子结构元件汇总

元件名称	核心序列	功能
ABRE	ACGTG	脱落酸反应部位
AC-I	(T/C)C(T/C)(C/T)A C(T/C)ACC	韧皮部表达负调控
AE-box	AGAAACAA	光响应元件
ARE	AAACCA	厌氧诱导的部位
AT-rich element	ATAGAAATCAA	富含 AT 的 DNA 结合蛋白地结合位点 (ATBP-1)
Box II-like sequence	TCCGTGTACCA	防御昆虫攻击并与补偿性再生有关
Box4-motif	ATTAAT	光响应元件
GCN4-motif	TGAGTCA	顺式作用调节元件胚乳表达
CAT-box	GCCACT	与分生组织相关的顺式作用调节元件
CCAAT-box	CAACGG	MYB 结合位点
CGTCA-motif	CGTCA	对 MeJA 和水杨酸敏感
ERE	ATTTCATA	应激反应元素
G-Box	CACGTG	光响应元件
GATA-motif	GATAGGG	光响应元件
GT1-motif	GGTTAA	光响应元件
LAMP-element	CTTTATCA	光响应元件
MBS	CAACTG	MYB 结合位点 与干旱诱导有关
MRE	AACCTAA	MYB 结合位点 参与光反应
MYB	TAACCA	MYB 结合位点
MYC	CAATTG	低温响应元件
Sp1	GGGCGG	光响应元件
TCA-element	TCAGAAGAGG	参与水杨酸反应的顺式作用元件
TCT-motif	TCTTAC	光响应元件的一部分
W-box	TTGACC	WRKY 蛋白结合位点
WRE	CCACCT	WRKY 蛋白结合位点

(续)

元件名称	核心序列	功能
WUN-motif	ACATTACGG	创伤响应元件
chs-CMA1a	TTACTTAA	光响应元件
CT-rich motif	TTTTTN	增强基因表达、防御和应激反应能力
GA-rich repeat	(GA)(n)/(CT)(n)	增强基因表达、防御和应激反应能力
RAV1AAT	CAACA	RAV 蛋白的结合序列
AAGAA-motif	AGGAA	脱落酸反应元件

4.1.2.7 *MawuAP2* 基因的组织表达模式分析

为了分析 *MawuAP2* 基因的表达模式，我们首先通过半定量 RT-PCR 检测了 *MawuAP2* 基因在根、茎、叶、苞片、花被片、雄蕊、雌蕊、子房壁和正在发育的种子中的表达情况。组织表达结果(图 4.3)显示，不同于其他花器官特征决定基因的是，*MawuAP2* 的表达并不特异性地局限在花器官中，在红花玉兰的根、茎、叶、苞片、花被片、雄蕊、雌蕊、正在发育的子房壁和正在发育的种子均能检测到 *MawuAP2* 的表达，基因的功能与表达模式是紧密相关的，这一广谱性的表达模式意味着 *MawuAP2* 很可能具有更加广泛的生物学功能。随后又通过实时定量 PCR 对各组织结构中 *MawuAP2* 基因的表达水平进行了定量分析。研究结果进一步显示在各组织中均能检测到 *MawuAP2* 基因的表达，其在根中的相对表达水平最高，在茎中的相对表达水平最低。

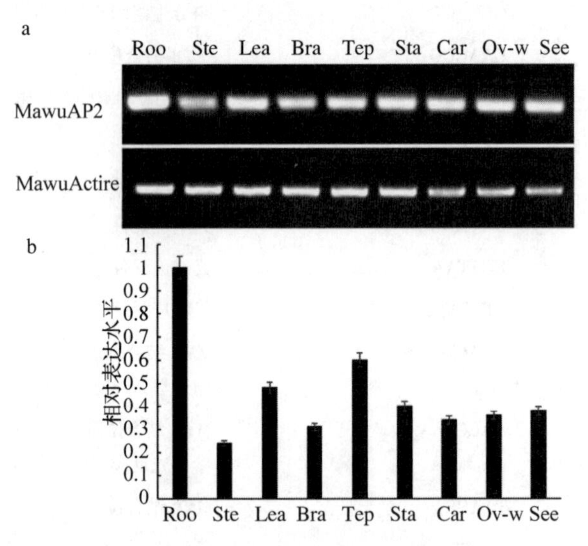

图 4.3 *MawuAP2* 基因组织表达模式分析

注：Roo：根；Ste：茎；Lea：叶片；Bra：苞片；Tep：花被片；Sta：雄蕊；Car：雌蕊；Ov-w：子房壁；See：种子

4.1.2.8 *MawuAP2* 基因的亚细胞定位模式分析

AP2/EREBP 家族基因通常是作为转录因子发挥对下游基因的表达调控作用，在其 AP1-R1 结构域上游的近邻侧翼序列中存在着一段高度保守的核定位信号(Lee et al., 2007)。然而并非所有的 AP2/EREBP 家族基因编码的蛋白都定位于细胞核中，如 Koroleva 等(2005)发现拟南芥的 At2g20880(ERF53)同时定位于细胞核和细胞质中。为了进一步检测 *MawuAP2* 是否是作为转录因子来发挥功能作用，我们对 *MawuAP2* 进行了亚细胞定位表达模式分析。亚细胞定位结果(图 4.4)显示，35*S*::*GFP*(阳性对照)在烟草细胞的细胞核、细胞质和细胞膜中均有表达，而 *MawuAP2* 与 GFP 的融合表达蛋白特异性地定位于细胞核中，这表明 *MawuAP2* 可能同样仅是作为转录因子发挥功能。

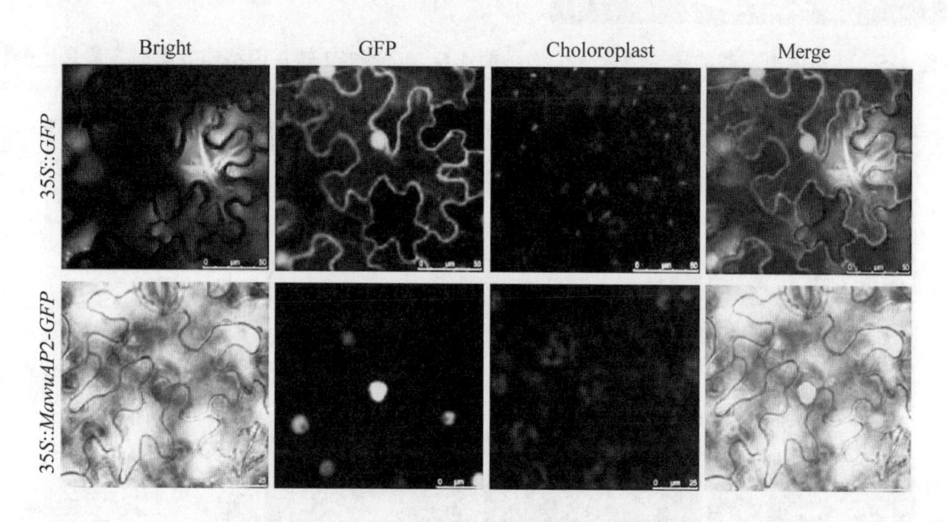

图 4.4 *MawuAP2* 基因亚细胞定位模式分析

Bright：明场；GFP：GFP 激发波长时；Choloroplast：叶绿体自发荧光；Merge：合并成像；35*S*::*GFP* 为阳性对照。

4.1.2.9 *MawuAP2* 基因的转基因功能分析

为了进一步探究 *MawuAP2* 基因的功能，我们构建了 *MawuAP2* 基因的转基因表达载体。*MawuAP2* 基因的编码区全长序列被构建至 pBI121 表达载体的 XbaI 和 SacI 酶切位点间，使其由组成型启动子 CaMV35S 驱动表达。随后转入到农杆菌 GV3101-90 菌株中，并通过农杆菌介导的花序浸染法转化拟南芥(图 4.5)。另外，同时转化 pBI121 的空白表达载体作为空白对照。相比于非转基因的野生型拟南芥，所获得的 pBI121 空白表达载体的转基因拟南芥植株(空白对照)均无任何明显的表型变化(图 4.6)。

经转基因抗性筛选和 PCR 鉴定之后，我们最终共获得了 98 株 35*S*::*MawuAP2* 转基因

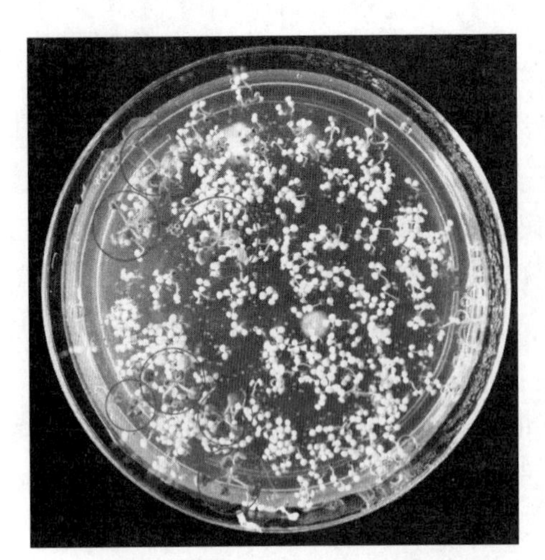

图 4.5　转基因拟南芥的抗性筛选

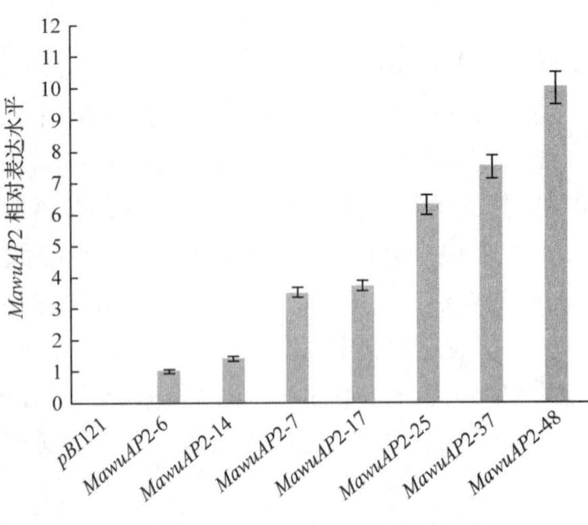

图 4.6　*MawuAP2* 转基因拟南芥实时定量表达分析

图 4.7　*MawuAP2* 转基因功能分析

(a)野生型拟南芥植株；(b)野生型拟南芥的花；(c-d)*MawuAP2* 转基因拟南芥产生更多数量的莲座叶；(e-g)*MawuAP2* 转基因拟南芥植株产生更多数量的莲座叶和茎生叶，同时茎生腋芽的生长被抑制，尤其是越靠近茎基部的茎生腋芽；(h)生长严重抑制的茎基部茎生腋芽；(i-k)极度晚花的 *MawuAP2* 转基因植株会从莲座叶中产生具有莲座叶的腋生分支；(l)*MawuAP2* 转基因拟南芥植株的花器官并未出现明显的花器官表型变化。

阳性植株，但是出乎意料的是，所有转基因植株的花器官均未发现有明显的表型变化(图4.7)。然而有趣的是，其中有35(35.71%)株转基因拟南芥植株的开花时间发生了明显的延迟。非转基因野生型拟南芥植株和转基因拟南芥空白对照植株的开花时间约为27±2天，而转基因拟南芥的开花呈现了明显的延迟，开花时间为35~105天不等。而且非转基因野生型拟南芥植株和pBI121空白表达载体转基因拟南芥植株通常仅会形成13片左右的莲座叶，而35*S*::*MawuAP2*转基因拟南芥植株的莲座叶数目发生明显增多，莲座叶的数目为20~45片不等(图4.7c–g)。而且其茎生叶的数量也呈现显著增加的表型变化，非转基因野生型拟南芥植株和pBI121空白表达载体转基因拟南芥植株的花序轴上通常仅会形成3~4片茎生叶，而35*S*::*MawuAP2*转基因拟南芥却可以形成多达22片的茎生叶(图4.7e–g)。而且有趣的是，其越靠近基部的茎生腋芽，其生长被抑制得越明显(图4.7e–h)。其中有2株极度晚花的拟南芥，其莲座叶中萌发的腋芽持续维持营养生长并形成大量的茎生叶，而且其茎顶端叶片密集生长(图4.7i–k)。这些表型变化与前人开展的具有开花抑制功能的*AP2*类基因的过表达试验中所引起的延迟开花的表型变化相类似。

4.1.2.10 *MawuAP2*基因启动子表达模式分析

为了进一步明确*MawuAP2*基因的表达模式，我们对*MawuAP2*基因启动子的表达模式开展了分析。阳性转基因植株的GUS染色结果显示，pC2×35S转基因拟南芥(阳性对照)在各器官结构中均有强烈的GUS表达(图4.8)。

图4.8 *MawuAP2*基因启动子转基因拟南芥组织化学染色

(a–d)pC2×35S转基因拟南芥GUS染色结果(阳性对照)；(e–l)*ProMawuAP2*::*GUS*转基因拟南芥的GUS染色结果，其中e–f、g–h、i–l分别为10d、18d、35d转基因植株的*GUS*染色结果；比例尺为1mm。

Pro*MawuAP2*::*GUS*转基因植株的GUS染色结果(图4.8)显示，*GUS*基因表达信号在转基因植株的根、茎、叶和花器官的各轮结构中均有表达，这与红花玉兰本体中*MawuAP2*基因的组织表达模式相吻合。值得注意的是，随着转基因拟南芥由营养生长阶段向生殖生长阶段的逐渐转变，我们还发现转基因拟南芥茎和叶中的 *GUS* 的表达活性呈现明显的下调趋势。Pro*MawuAP2*::GUS 转基因拟南芥不同发育阶段 *GUS* 基因的实时定量 PCR 检测结果同样呈现这一变化趋势(图 4.9)。但值得我们思考的是，在这一转变过程中，AP2 基因的下调通常被认为是由 miR172 表达的上调所介导的，但是在开展的 *MawuAP2* 基因启动子转基因试验中并不包含有 *MawuAP2* 基因序列，也就是说并不含有 miR172 的结合调控位点，但是其表达活性仍呈现逐渐下调的表达模式，这意味着在 *MawuAP2* 基因启动子中可能还存在着不依赖于 miR172 表达调控的下调 *MawuAP2* 基因表达的调控机制。

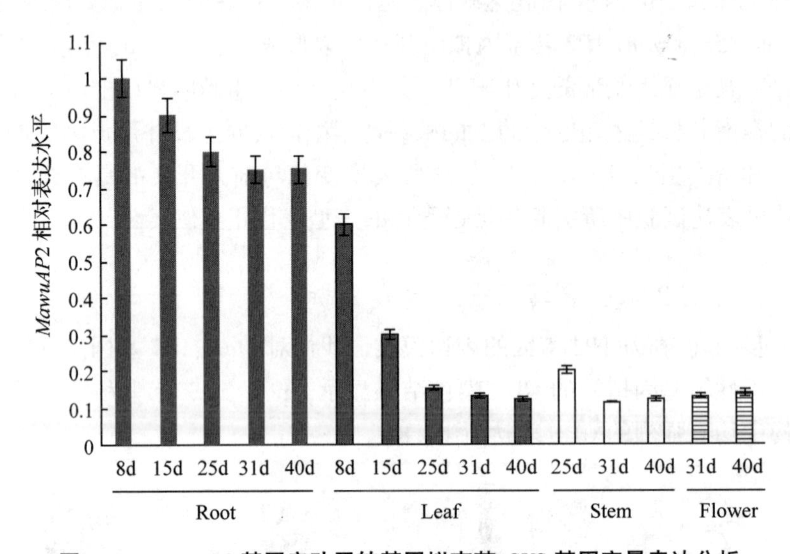

图 4.9 *MawuAP2* 基因启动子转基因拟南芥 *GUS* 基因定量表达分析

4.1.2.11 红花玉兰不同树龄植株中 *MawuAP2* 基因的表达模式分析

在植物由营养生长向生殖发育的转变过程中，*AP2* 及其同源基因发挥着抑制成花转变的功能。在营养生长向生殖生长的过渡过程中，拟南芥 *AP2* 基因和水稻 Glossy15 基因的表达强度呈现逐渐下调的表达模式。在我们开展的 *MawuAP2* 转基因功能分析实验中发现 *MawuAP2* 基因具有强烈地抑制开花的功能；而且在 *MawuAP2* 基因启动子的转基因实验中，也发现随着转基因植株从营养生长到生殖开花的逐渐转变，*MawuAP2* 基因启动子的表达活性也是呈现逐渐下调的表达模式(图 4.8 和图 4.9)。为了进一步佐证 *MawuAP2* 基因启动子的表达模式，我们对不同年龄段的红花玉兰植株中 *MawuAP2* 基因的表达水平进行了检测。研究结果(图 4.10)显示，在红花玉兰的根、茎和叶中，*MawuAP2* 基因的表达水平随着植株年龄的增长呈现逐渐下调的趋势，这与 *MawuAP2* 基因启动子的表达模式相一致。据此我们推测 *MawuAP2* 可能与拟南芥和水稻等其他植物的 AP2 同源基因一样，可能同样是负责调控植株由营养生长向生殖生长的过渡转变，这一结果也进一步支持了 *MawuAP2* 基因所具有的成花抑制功能。

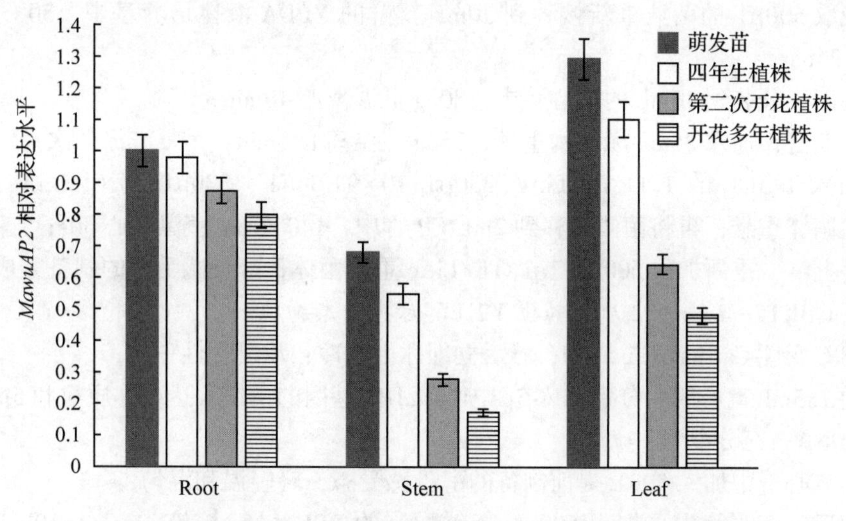

图 4.10　红花玉兰不同树龄植株中 *MawuAP2* 基因的表达水平

4.2　红花玉兰基因酵母文库构建和 *MawuAP2* 互作基因筛选

4.2.1　材料与方法

酵母双杂是进行蛋白相互作用鉴定和相互作用筛选的关键技术，本研究利用酵母双杂交技术对 *MawuAP2* 基因的互作基因进行筛选，以求从互作基因的角度更进一步解析 *MawuAP2* 基因的功能。本研究采用自己优化的酵母文库构建方法和筛选方法用于 *MawuAP2* 相互作用基因的筛选，该改良方法较传统方法具有操作简单、转化率高、筛选率高和成本低廉等优势。

4.2.1.1　试验材料

同 4.1.1.1。

4.2.1.2　红花玉兰 *MawuAP2* 诱饵表达载体的构建

红花玉兰 *MawuAP2* 诱饵表达载体的构建是将 *MawuAP2* 构建至酵母表达载体 pGBKT7DNA-BD 中，实现 *MawuAP2* 与 GAL4 结构域的融合表达，从而用于后续的文库筛选等研究。载体的构建采用 In-fusion 的方法进行，具体构建方法参照 1.2.1。最终构建完成的质粒命名为 pGBKT7-*MawuAP2*。

4.2.1.3　红花玉兰酵母文库的构建与筛选

(1) Y2H 酵母感受态细胞的制备

① 挑取活化后的 Y2H 酵母菌株单菌落接种到 5mL 的 YPDA 液体培养基中，30℃，220rpm 振荡培养过夜；

② 吸取500μL的菌液重新接种到20mL新鲜的YPDA液体培养基中，30℃，220rpm振荡培养24h；

③ 将菌液分装到10mL的离心管中，800g低温离心10min；

④ 弃上清，加入25mL无菌水重悬，750g室温离心5min；重复洗涤一次；

⑤ 加入1.5mL的1.1×TE/LiAc(330μL 10×TEBuffer，330μL 10×1MLiAc，2.34mL ddH_2O)使菌体重悬，再将菌体转移到2mL EP管中，14000rpm室温离心30s；

⑥ 弃上清，重新加入500μL 1.1×TE/LiAc重悬菌体，酵母感受态的制备完成。

(2) pGBKT7-*MawuAP2*质粒转化Y2H酵母感受态细胞

① 98℃变性CarrierDNA 5min，然后立即冰上制冷；重复变性一次；

② 向1.5mL离心管中分别加入5μL *MawuAP2*基因的诱饵表达载体质粒和5μL已变性的CarrierDNA，充分混匀；

③ 向离心管中加入50μL提前制备的酵母感受态，轻轻温和混匀；

④ 随后向离心管中再加入500μL新鲜配制的PEG/LiAc溶液(1.6mL 50%PEG3350、200μL 10×TE Buffer和200μL 10×1MLiAc)，轻轻涡旋，30℃的水浴孵育30min，期间每隔10min温和涡漩一次；

⑤ 孵育结束后，加入20μL DMSO，轻轻涡旋混匀；

⑥ 42℃水浴孵育15min，期间每隔5min温和涡漩一次；

⑦ 孵育结束后，14000rpm离心30s，弃上清，加入1mL YPDA液体培养基重新悬浮菌体，30℃，220rpm振荡培养1h；

⑧ 随后14000rpm短暂离心30s，弃上清，加入1mL 0.9%NaCl溶液重悬菌体；

⑨ 吸取100μL菌液均匀地铺在SD/-Trp固体培养基上，30℃倒置培养3天。

(3) pGBKT7-*MawuAP2*酵母感受态细胞的制备

挑取3~4个3.7.3.2中制备的含有pGBKT7-*MawuAP2*质粒的酵母单菌落，加入5mL SD/-Trp液体培养基中，30℃振荡培养过夜。过夜培养后吸取500μL的菌液重新接种到20mL新鲜的SD/-Trp液体培养基中，30℃，220rpm振荡培养16h，其后续的酵母感受态制备的具体操作步骤参照2.1.3.1。

(4)红花玉兰酵母文库逆转录cDNA的合成

将红花玉兰的逆转录cDNA两端引入特制的接头，使其能与线性化的pGADT7-Rec载体同源重组。cDNA逆转录合成的具体操作步骤参照1.1.2.3。在完成cDNA逆转录合成之后进行PCR扩增。

(5) pGADT7-Rec线性化载体和酵母文库cDNA的共转化

将线性化的pGADT7-Rec载体和cDNA文库共同转化至含有*MawuAP2*基因诱饵表达载体酵母感受态细胞中。具体的转化操作步骤参照2.1.3.2。最后将共转后的菌液均匀地铺在SD/-Trp/-Leu/-His/-Ade/+Aba/+X-α-Gal固体选择培养基上进行筛选。

4.2.1.4 *MawuAP2*互作基因的鉴定

(1)酵母单菌落的裂解

挑取SD/-Trp/-Leu/-His/-Ade/+Aba/+X-α-gal筛选平板上的蓝色单菌落置于200μL

PCR 管中，加入 50μL Lysisbuffer 反应液，80℃裂解 30min。裂解结束后，加入 100μL 的 ddH_2O 进行稀释。

(2)互作基因的 PCR 扩增

PCR 反应体系：

组成	体积(μL)
2×Primer Star Max DNA Polymerase	12.5
pGADT7-Rec-F(10μM)	1
pGADT7-Rec-R(10μM)	1
裂解后的酵母细胞	1
ddH_2O	9.5
总体积	25

PCR 反应程序：

步骤	温度(℃)	时间
1	98	5min
2	98	15s
3	58	15s
4	72	2min
5(to2)	35 次循环	
6	72	5min

PCR 反应结束后进行电泳检测。后续的胶回收、连接、转化、菌液鉴定等具体操作步骤参照 1.1.2。

4.2.1.5 *MawuAP*2 与候选互作基因蛋白相互作用的验证

(1)酵母双杂法验证 *MawuAP*2 与候选互作基因的蛋白相互作用

在鉴定得到的基因中有两个基因与之前发现的 *MawuAP*2 基因的功能密切相关，且在前人的研究中与 AP2 基因的调控通路密切联系。本研究后续研究准备从这两个互作基因着手，进一步解析 *MawuAP*2 基因的功能和探讨它们之间的互作关系。首先，本研究对 *MawuAP*2 与这两个基因及其家族基因的蛋白相互作用进行了酵母双杂验证。分别利用同源克隆和 RACE 克隆等方法将红花玉兰 FT/TFL1 和 AG/STK 家族所有基因进行了克隆。然后将它们分别连入酵母表达载体 pGADT7-AD 中，使其与该载体中的 AD 激活结构域融合表达。最后分别与 pGBKT7-*MawuAP*2 质粒共同转化 Y2H 酵母感受态细胞，以验证它们之间的蛋白相互作用。

(2)双分子荧光法验证 *MawuAP*2 与候选基因的蛋白相互作用

为了进一步验证 *MawuAP*2 与 FT/TFL1 家族基因和 AG/STK 家族基因之间的相互作用，我们将它们分别构建至 pC1300-35S-YNE 和 pC1300-35S-YCE 双分子荧光表达载体中，然后通过注射烟草叶片观察它们之间的相互作用。

4.2.2 结果与分析

前文已经发现 *MawuAP*2 基因并不具有决定花被片形态建成的功能，而是具有强烈地抑制成花转变的功能，为了对这一生物学功能进行解析，我们打算从蛋白互作的调控方式出发，通过筛选其蛋白互作基因并解析它们蛋白互作的生物学机制，从而进一步地阐释 *MawuAP*2 抑制成花转变的功能。

4.2.2.1 *MawuAP*2 蛋白互作基因的筛选与鉴定

经红花玉兰基因酵母文库构建和 *MawuAP*2 互作基因的酵母双杂筛选(图 4.11 和图 4.12)，我们最终鉴定到 42 个可以与 *MawuAP*2 蛋白直接发生蛋白互作的基因。对这些鉴定出来的基因分类统计分析显示(表 4.3)，有 1 个参与植物调控开花的 FT 同源基因 *MawuFT*；1 个参与植物雌雄蕊形态建成的 AG 同源基因 *MawuAG*1；7 个与逆境胁迫响应密切相关的基因；3 个与光合作用相关的基因；8 个与转录和翻译相关的基因；鉴定出来的其他基因与酶的功能活化和功能蛋白的降解相关。

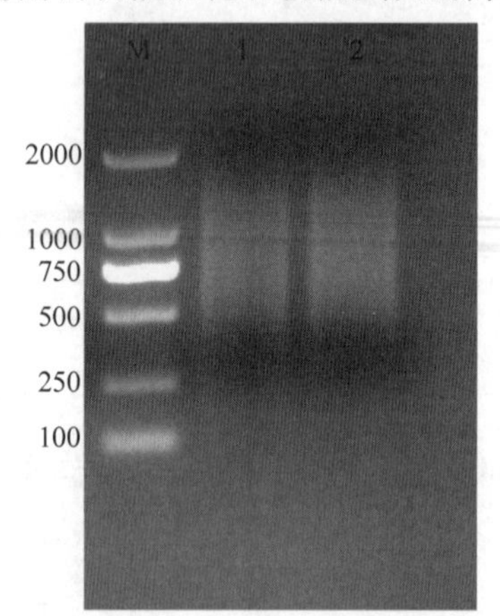

图 4.11 红花玉兰基因文库 PCR 扩增

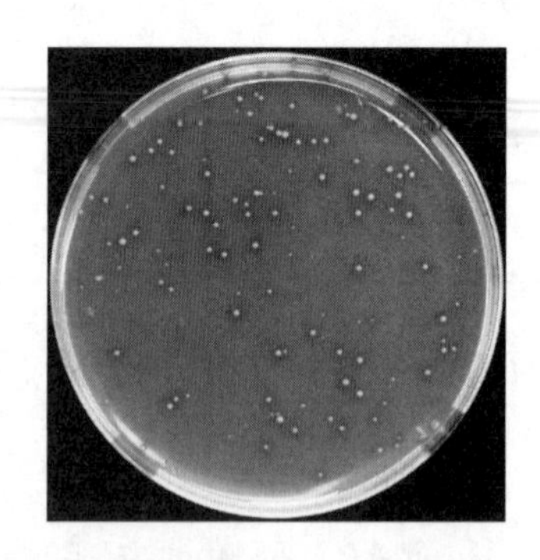

图 4.12 酵母双杂筛选 *MawuAP*2 相互作用基因

表 4.3 酵母双杂筛选到的 *MawuAP*2 互作基因

序号	筛选到的基因	功能
1	*MawuFT* (Flowering locus T)	成花调控的关键基因
2	*MawuAG*1(AGAMOUS)	雌雄蕊形态建成
3	DNAJ heat shock N-terminal domain-containing protein	热激蛋白(胁迫响应)
4	Heat shock cognate protein 80	热激蛋白(胁迫响应)
5	15.4 kDa class V heat shock protein	热激蛋白(胁迫响应)
6	Heat shock cognate protein 80	热激蛋白(胁迫响应)
7	Serinearginine-rich-splicing factor SR34-like protein	病害胁迫响应蛋白
8	Hypersensitive-induced responseprotein 4 gene	病害胁迫响应基因
9	Osmotin-like protein	渗透蛋白(盐胁迫响应)
10	Photosystem I reaction center subunit	光合系统 I 亚基

（续）

序号	筛选到的基因	功能
11	Photosystem I reaction center subunit II	光合系统 I 亚基
12	Photosystem II CP47 chlorophyll apoprotein	光合系统 II 叶绿素脱辅氢蛋白
13	Translation initiation factor 2 subunit gamma-like	翻译起始因子
14	40S ribosomal protein S20-2-like	核糖体蛋白
15	40S ribosomal protein S28-like	核糖体蛋白
16	60S ribosomal protein L37-1	核糖体蛋白
17	DNA-directed RNA polymerases II, IV and V subunit	RNA 聚合酶
18	DNA methylation5-likeprotein 5-methyltetrahydropteroyltriglutamate-homocysteine	DNA 甲基化酶
19	Methyltransferase 1	甲基转移酶
20	Methyltransferase type 11	甲基转移酶
21	ATP-dependent Clp protease adapter protein CLPS1	ATP 依赖的 CLP 蛋白酶
22	Ubiquitin-activating enzyme E11-like	泛素化激活蛋白
23	Ubiquitin receptor RAD23d	泛素化蛋白
24	Acetyl-CoA acetyltransferase, cytosolic 2	乙酰转移酶
25	Acetyl-CoA acetyltransferase	乙酰转移酶
26	LL-diaminopimelate aminotransferase	氨基转移酶
27	Adenylate kinase 4-like	腺苷酸激酶
28	Adenylate kinase 5-like	腺苷酸激酶
29	NAD-dependent malic enzyme gene	苹果酸脱氢酶
30	Transcription factor SCREAM2	尿甙基转化酶
31	Omega-6 fatty acid desaturase, endoplasmic reticulum isozyme 2-like	脂肪酸去饱和酶
32	Polyphenol oxidase, chloroplastic-like protein	多酚氧化酶
33	NADH-plastoquinone oxidoreductase	氧化还原酶
34	Glyoxysomal fatty acid beta-oxidation multifunctional protein	乙醛脂肪酸-氧化多功能蛋白
35	Cellulose synthase A catalytic subunit 3 UDP-forming	纤维素合成酶
36	Cellulose synthase interactive 1	纤维素合成酶相互作用蛋白
37	Ankyrin repeatfamily protein	锚蛋白
38	Tubulin beta chain	微管蛋白
39	Actin-related protein 23 complex subunit 1B-like gene	*Actin* 类相关基因
40	Proline-tRNA ligase, cytoplasmic-like	脯氨酸-tRNA 连接酶
41	uncharacterized protein	尚未鉴定功能的一类蛋白

其中值得注意的是，FT 同源基因是参与植物成花调控的关键基因，这与前文发现的 *MawuAP2* 基因的功能密切相关，而且成花调控网络中，AP2 基因与 FT 基因及其整个 FT/TFL1 家族存在着紧密的表达调控关系（Wickland and Hanzawa，2015）。因此，我们后续选

择对红花玉兰 *MawuFT* 及其所属家族的其他几个基因开展蛋白相互作用关系的验证。

4.2.2.2 *MawuAP*2 与红花玉兰 FT/TFL1 家族蛋白的相互作用验证

我们分别克隆了红花玉兰 *MawuFT* 基因所属家族的所有 FT/TFL1 家族基因，随后通过酵母双杂和双分子荧光法分别对它们与 *MawuAP*2 蛋白的相互作用进行了验证。酵母双杂结果(图 4.13)显示，在红花玉兰的 FT/TFL1 家族基因中，只有 MawuFT 可以和 *MawuAP*2 直接互作形成蛋白复合体，而 FT/TFL1 家族中其他几个基因所编码的蛋白均不能与 *MawuAP*2 发生互作。双分子荧光互补实验结果(图 4.14)同样显示，在 FT/TFL1 家族基因中只有 *MawuFT* 能与 *MawuAP*2 直接发生蛋白互作，而其他几个 FT/TFL1 家族成员均未发现能与 *MawuAP*2 直接发生蛋白互作。

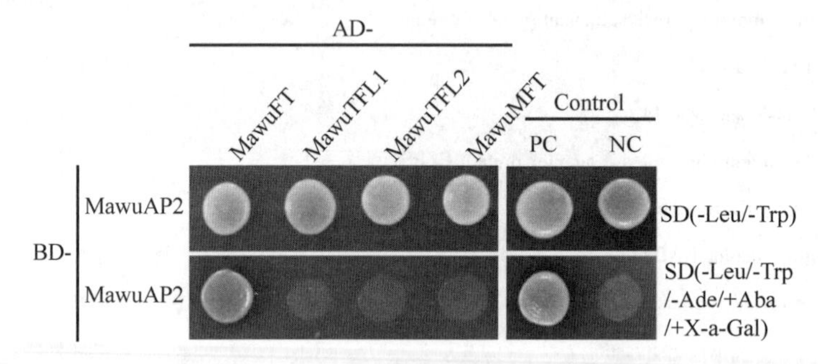

图 4.13　*MawuAP*2 与 FT/TFL1 家族基因相互作用的酵母双杂验证

BD：GAL4 DNA 结合结构域；AD：GAL4 激活结构域；PC：阳性对照；NC：阴性对照；SD(-Leu/-Trp)：二缺选择培养基；SD(-Leu/-Trp/-His/-Ade/+AbA/+X-a-Gal)：加入 AbA 和 X-a-Gal 的四缺选择培养基。

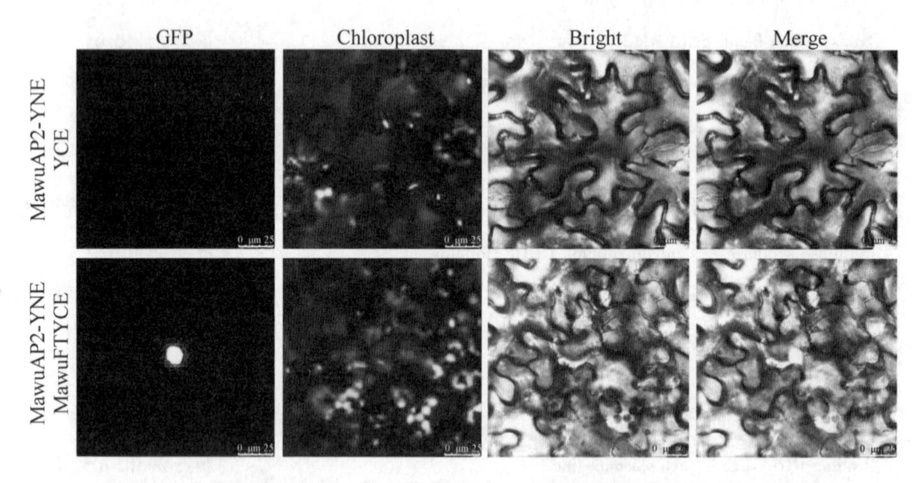

图 4.14　BIFC 验证 *MawuAP*2 与 *FT/TFL*1 家族基因之间的蛋白相互作用

Bright：明场成像；YFP：荧光成像；Choloroplast：叶绿体自发荧光成像；Merge：合并成像；MawuAP2-YNE+YCE 为阴性对照。

4.3 *MawuAP2* 互作的 FT/TFL1 家族基因的克隆与功能分析

4.3.1 材料与方法

4.3.1.1 试验材料

同4.1.1.1。

4.3.1.2 红花玉兰 FT/TFL1 家族基因的克隆

采用同源克隆法、RACE 克隆法和巢式 PCR 克隆法分别克隆红花玉兰 FT/TFL1 家族的所有基因。

4.3.1.3 红花玉兰 FT/TFL1 家族基因系统发育和氨基酸序列结构分析

利用 BLAST 分别将红花玉兰 FT/TFL1 家族基因编码的氨基酸序列与 GenBank 数据库中的序列进行比对。不同植物类群的 FT/TFL1 家族基因编码的氨基酸序列被用于进行序列结构比对分析。在系统发育树的构建过程中，使用 MEGA6.0 对 FT/TFL1 家族基因的氨基酸序列进行比对。然后利用 MacClade4.0 对比对结果进行修正。最后，使用 MEGA6.0 采用最大似然法(bootstrap 参数设置为 1000)构建 FT/TFL1 家族基因的系统发育树。

4.3.1.4 红花玉兰 FT/TFL1 家族基因表达模式分析

为了明确红花玉兰 FT/TFL1 家族基因的组织表达模式，采用实时定量 PCR 对各组织中 FT/TFL1 家族基因的表达模式、花芽分化前后 FT/TFL1 家族基因的表达模式和花器官各结构中 FT/TFL1 家族基因的表达模式进行了分析。

4.3.1.5 红花玉兰 FT/TFL1 家族基因的转基因功能分析

将红花玉兰 FT/TFL1 家族基因的编码区序列全长分别构建至 pBI121 植物表达载体中。然后利用农杆菌介导的花序浸染法转化拟南芥，并通过分析转基因拟南芥的表型变化解析红花玉兰 FT/TFL1 家族各基因的功能。

4.3.1.6 红花玉兰 FT 和 TFL1 亚族基因之间成花功能拮抗机制的探究

采用酵母双杂法对红花玉兰 FT/TFL1 家族基因与 FD 类基因的蛋白相互作用模式进行了分析，以探究红花玉兰 FT 亚族基因与 TFL1 亚族基因的功能拮抗机制。

采用双分子荧光法对红花玉兰 FT/TFL1 家族基因与 FD 类基因的蛋白相互作用模式进行了调查，以探究红花玉兰 FT 亚族基因与 TFL1 亚族基因的功能拮抗机制。

4.3.2 结果与分析

为了进一步解析为何 *MawuAP2* 仅会特异性地与红花玉兰 FT/TFL1 家族成员 *MawuFT* 发生蛋白互作及其生物学意义，对红花玉兰所有的 FT/TFL1 家族基因开展了功能和表达模式分析，以求对此进行解析。

4.3.2.1 红花玉兰 FT/TFL1 家族基因的系统发育分析

为了明确红花玉兰 FT/TFL1 家族 4 个成员的系统进化位置，我们对该家族基因进行系统进化树的重构。本研究重构的 FT/TFL1 家族基因系统发育树的拓扑结构与前人报导的 FT/TFL1 家族基因系统进化树的拓扑结构高度相似(Liu et al., 2016)。系统发育分析显示(图 4.15)，在 FT/TFL1 家族基因的系统演化中发生了几次重要的基因重复事件，使得植物的 FT/TFL1 家族基因形成 MFT、FT 和 TFL1 三个亚族。而且在不同物种中，各亚族基因又发生了频繁的基因重复，使得各个物种之间的整个 FT/TFL1 家族基因的数量以及各亚族所包含的基因组成数量均存在差异(Liu et al., 2016)。

裸子植物和被子植物的 FT 分支基因共聚于 FT 亚族，裸子植物和被子植物的 TFL1 分支基因共聚于 TFL1 亚族，表明裸子植物的 FT 和 TFL1 基因亚族分别与被子植物的 FT 和 TFL1 亚族基因具有更近的进化关系，这支持了 FT 亚族和 TFL1 亚族的分化是在裸子植物和被子植物的共同祖先中发生的(Liu et al., 2016; Wu et al., 2019)。值得注意的是，我们还发现被子植物的 TFL1 亚族基因在系统发育树中形成了两个明显的进化分支(TFL1 和 BFT 进化亚支)，这意味着在被子植物 TFL1 亚族的衍化过程中，又发生了一次重要的基因重复事件；进一步分析显示，在这两个进化亚支中均包含有现存被子植物最基部类群无油樟和睡莲的基因成员，这表明 TFL1 进化亚支与 BFT 进化亚支的分化是在现存被子植物分化之前发生的。本研究中所克隆的红花玉兰 *MawuTFL1* 基因属于 TFL1 进化分支，*MawuTFL2* 基因属于 BFT 进化分支。红花玉兰 *MawuFT* 基因属于 FT 亚族基因。我们还发现被子植物的 MFT 亚族基因在现存被子植物分化之前也明显发生了一次基因重复，使其分化形成了两个亚进化分支，被子植物 MFT1 和 MFT2 进化亚支；我们克隆的红花玉兰 *MawuMFT* 基因属于被子植物 MFT1 进化亚支。值得注意的是，在红花玉兰近源物种鹅掌楸中还存在另一个 MFT 亚族分支基因 LichMFT2，属于被子植物的 MFT2 亚进化分支。但是该基因的直系同源基因在红花玉兰中却发生了丢失，因为我们尝试了多种克隆方法、设计了十几对扩增引物以及同时从转录本和基因组 DNA 角度出发均无法从红花玉兰中检测到该基因，而且分析红花玉兰已有的转录组数据，也均未发现有该基因转录本的存在。随后我们对该基因的直系同源基因的系统衍化进行了分析，发现在木兰科的近源进化类群如樟科、帽花木科等植物中均发现存在该基因的直系同源基因，而在 NCBI 数据库(https://www.ncbi.nlm.nih.gov)和 1000 个植物转录组数据库(https://db.cngb.org/onekp)中已登录的木兰科植物的基因组和转录组数据中均未发现该基因的存在，这进一步表明该基因在除鹅掌楸之外的其他木兰科植物中可能均发生了丢失。

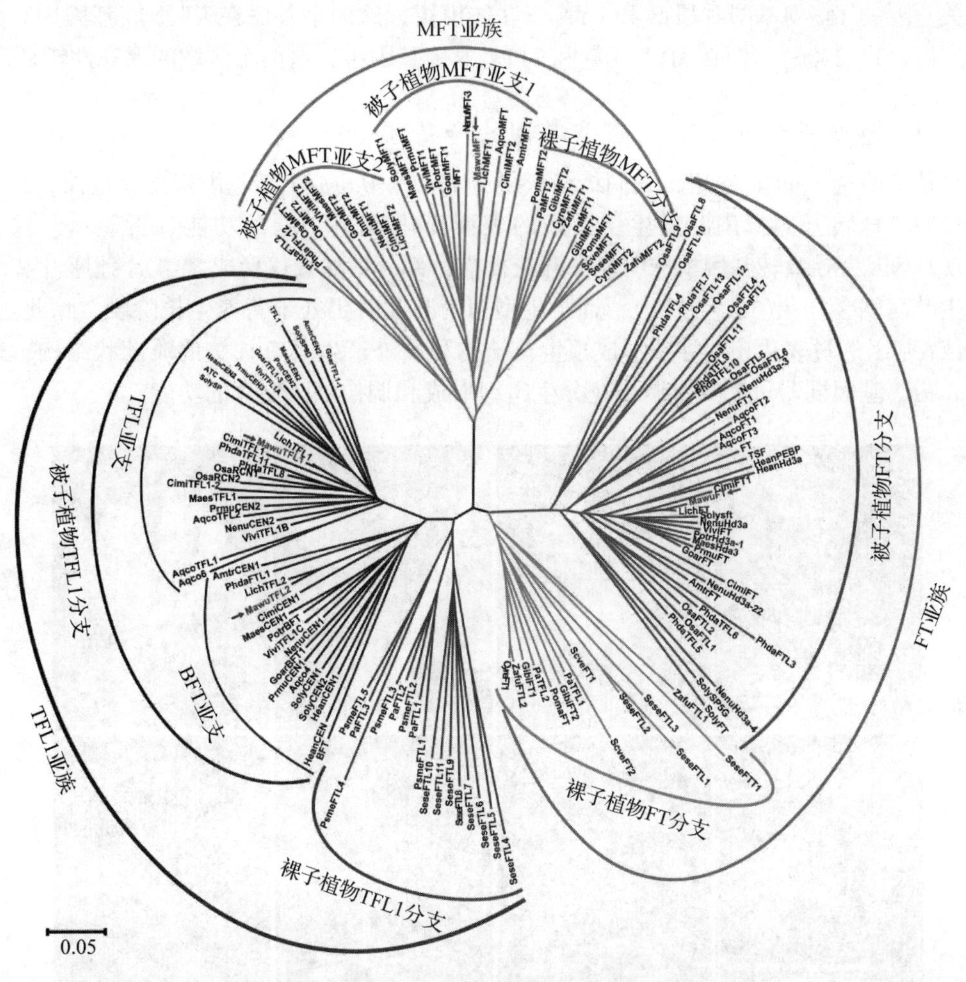

图 4.15　FT/TFL1 家族基因系统进化分析

4.3.2.2　红花玉兰 FT/TFL1 家族基因氨基酸序列结构分析

利用 RACE 和同源克隆的方法，从红花玉兰中克隆获得了 4 个 FT/TFL1 家族基因。氨基酸序列结构分析显示，MawuFT 基因包含一个 525bp 的开放阅读框，编码 174 个氨基酸；MawuTFL1、MawuTFL2 和 MawuMFT 基因均包含一个 522bp 的开放阅读框，编码 173 个氨基酸。另外，分析发现这几个基因均包含 4 个外显子，其中第二外显子和第三个外显子在序列长度上极为保守，分别为 62bp 和 41bp。

FT 亚族基因编码的氨基酸序列中的 Y85(Tyr85)和 Q140(Gln140)氨基酸位点是影响 FT 亚族基因功能的关键位点(Ahn et al., 2006)。多重序列比对显示，在 MawuFT 基因编码的氨基酸序列中，这两个位点处的氨基酸残基同样高度保守，分别为 Y 和 Q；在 MawuTFL1 和 MawuTFL2 基因编码的氨基酸序列中，对应位置处的氨基酸残基均为 H(His)和 D(Asp)；在 MawuMFT 基因编码的氨基酸序列中，对应位置处的氨基酸残基为 W(Trp)和 N(Asn)。这四个 FT/TFL1 家族基因均含有高度保守的 D-P-D-x-P 和 G-x-H-R 基序，这些保守的基序可能与配体结合位点的形成有关。此外，MawuFT 具有对 FT 亚族基因功能活性至关重要的14-氨基酸片段B和LYN三联体模块，这两个基序在FT亚族基因中高度保守(Ahn et al., 2006)；但在MFT亚族和TFL1亚族基因中，这两个区域的保守性较低。

4.3.2.3 红花玉兰FT/TFL1家族基因的转基因功能分析

经抗性筛选和PCR鉴定，我们最终获得了135株*MawuFT*转基因拟南芥植株，其中有45(33.3%)株转基因拟南芥发生了明显的表型变化(图4.16)。功能分析显示，过表达*MawuFT*基因会导致转基因植株明显的开花提前，部分植株在仅形成3~4片莲座叶和1~2片茎生叶后就会开花(15天左右)，而野生型拟南芥此时仍处于营养生长阶段。除此之外，*MawuFT*基因的过表达还会导致形成顶生花结构和额外产生具有柱头的雌蕊状结构，这表明*MawuFT*基因同时可能具有调控花分生组织形成和调控雌蕊发育的功能。

图4.16 *MawuFT*转基因拟南芥功能分析

(a)野生型拟南芥植株；(b)野生型拟南芥花序；(c)野生型拟南芥茎生腋芽；(d)野生型拟南芥的花；(e-h)*MawuFT*转基因拟南芥植株，形成数量较少的莲座叶和茎生叶，同时产生顶生花结构；(i-l)*MawuFT*转基因拟南芥顶生花表型，并在顶生花中形成额外的雌蕊状结构

*MawuTFL*1转基因功能分析显示(图4.17)，过表达*MawuTFL*1基因会造成转基因拟南芥开花的严重推迟，形成大量的莲座叶，而在野生型拟南芥植株中通常只会形成13片左

右的莲座叶。在野生型拟南芥中，莲座叶生长结束之后就会马上分化产生着生3~4片茎生叶的花序轴。而不同于野生型拟南芥的是，*MawuTFL1* 转基因植株在抽薹之后，并不会马上分化产生花芽，而是持续形成大量的茎生叶，并产生大量的分枝，而且继续维持营养生长。过表达具有开花抑制功能的烟草 *NtFT2* 也呈现莲座叶和茎生叶的大量增生。除此之外，在 *MawuTFL1* 转基因植株的开花阶段，大部分的花序会转变成缺失萼片、花瓣和雄蕊结构的密集雌蕊状的结构。这表明 *MawuTFL1* 基因可能同时具有抑制开花、促进营养生长和调控雌蕊发育的功能。

图4.17 *MawuTFL1* 转基因拟南芥功能分析

(a)*MawuTFL1* 转基因拟南芥的花序被转变形成合生的雌蕊状结构，而且茎生顶芽和腋芽持续维持营养生长；(b-e) *MawuTFL1* 转基因拟南芥产生更多的莲座叶和茎生叶，而且其茎生顶芽和腋芽持续维持营养生长；(f-g)*MawuTFL1* 转基因拟南芥产生更多的分枝，这些分支要么维持营养生长要么转变成合生的雌蕊状结构；(h-k)*MawuTFL1* 转基因拟南芥花序的表型变化，其转变形成合生的雌蕊状结构

MawuTFL2 转基因功能分析显示，过表达 *MawuTFL2* 基因会导致茎生叶的持续形成，从而导致产生大量的分枝，这一表型变化与过表达拟南芥 *TFL1*(Ratcliffe et al., 1999)、裸子植物 *PegFTL2* 和 *PsTFL1* 基因、具有开花抑制功能的矮牵牛 *PhFT1*(Wu et al., 2019)和烟草 *NtFT2* 的表型变化相一致，以及与拟南芥 *FT* 和 *TSF* 双突变体的表型变化高度相似(Jang

图 4.18 *MawuTFL2* 转基因拟南芥功能分析

(a-c, e) *MawuTFL2* 转基因拟南芥拟南芥植株，它们产生更多的分枝和茎生叶；(d, f) *MawuTFL2* 转基因拟南芥的花序持续产生茎生叶；(i) *MawuTFL2* 转基因拟南芥的茎生腋芽持续产生茎生叶；(g-h, k-n) *MawuTFL2* 转基因拟南芥花序的表型变化，其转变着生柱头和胚珠的雌蕊状结构

et al., 2009)，这表明 *MawuTFL2* 基因具有抑制开花和促进营养生长的功能(图 4.18)。另外，与 *MawuTFL1* 过表达相类似的是，转基因拟南芥顶端的花序会转变成着生裸露胚珠的雌蕊状的结构，而且在花序顶端形成的茎生叶上也会发现有胚珠着生。但与 *MawuTFL1* 基因的调控功能可能存在一定的分化，因为 *MawuTFL2* 基因仅显著促进茎生叶的形成，而并不会像 *MawuTFL1* 基因那样导致莲座叶数量的大量增加；而且茎生叶的形状和大小以及表皮毛的数量都存在明显的差异，表明 *MawuTFL2* 也可能参与调控叶片形态的发育，矮牵牛 *PhFT1*(Wu *et al.*, 2019)和烟草 *NtFT2*、*NtFT3* 和 *NtFT4* 也同样发现具有调控叶片发育的功能(图 4.19)。

过表达 *MawuMFT* 基因没产生明显的表型变化，表明其功能可能发生了丧失或者弱化。在拟南芥、杨树以及裸子植物 *Pinus taeda*、*Picea sitchensis* 和 *Picea glauca* 等 MFT 基因功能研究中，也均发现它们的 MFT 类基因的功能发生了弱化和丧失(Yoo et al., 2004)。

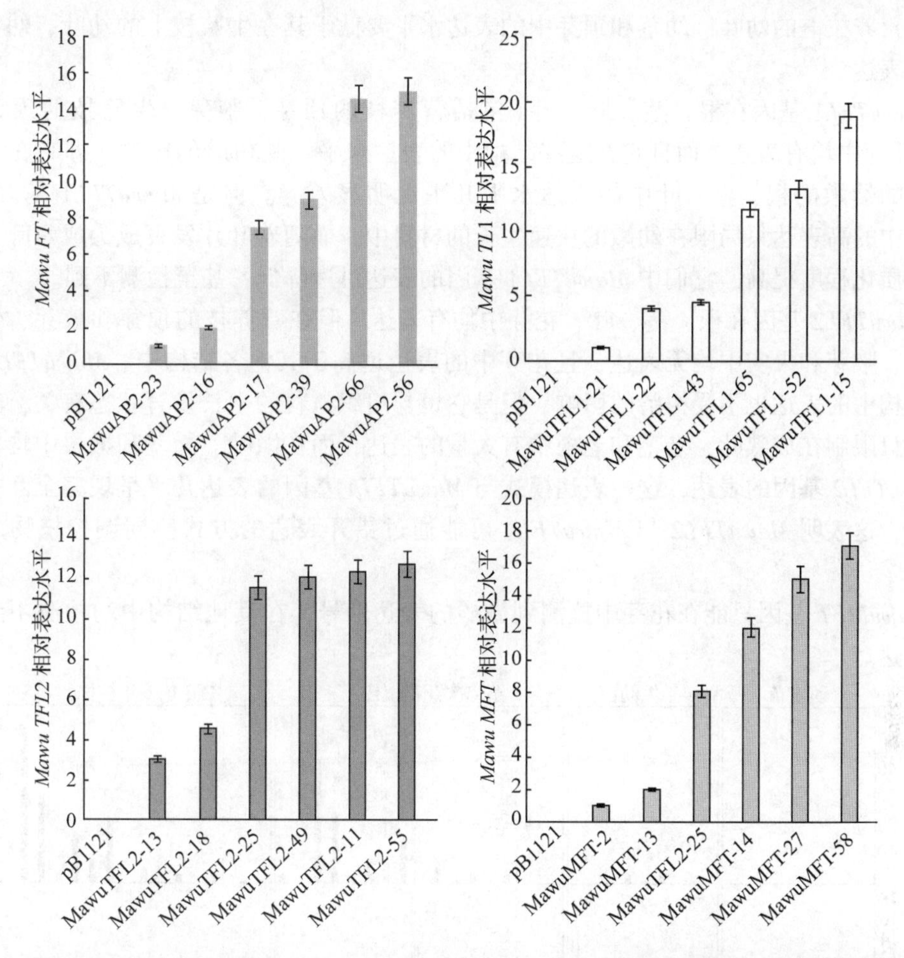

图 4.19　*MawuFT*、*MawuTFL1*、*MawuTFL2* 和 *MawuMFT* 转基因拟南芥定量表达分析

4.3.2.4　红花玉兰 FT/TFL1 家族基因表达模式分析

(1)红花玉兰 FT/TFL1 家族基因组织表达模式分析

组织表达模式分析显示(图 4.20)，红花玉兰的 4 个 FT/TFL1 家族基因呈现明显的表达模式差异。首先，*MawuFT* 基因只在叶片、茎、花芽、生殖枝顶芽和正在发育的果实中有表达，其表达水平依次为花芽>生殖枝顶芽>茎>叶片>果实，其在果实中的表达较为微弱，在根、营养枝的腋芽、生殖枝的腋芽中均检测不到 *MawuFT* 基因的表达。而且其在叶片和茎中的表达强度受其幼嫩程度严重影响，正在伸展的幼嫩未成熟叶和刚抽梢的幼嫩茎中，*MawuFT* 基因具有相对较高的表达水平；而在成熟叶和半木质化的茎中，*MawuFT* 基因的表达显著下调。而且，*MawuFT* 基因在茎和叶片中的表达水平与树龄密切相关，*MawuFT* 基因在幼叶和幼茎中的表达量随着树龄的增加均呈现逐渐增加的趋势。在萌发苗中，在各结构中均检测不到 *MawuFT* 基因的表达；而对于 4 年生的童期植株，可以在幼叶和幼茎中检测到 *MawuFT* 基因微弱的表达；而在刚进入生殖开花的成年植株中(第二次开花，约 9 年生)，*MawuFT* 基因在生殖枝的幼茎和幼叶中的表达量明显提高；在开花多年的植株中，生殖枝的幼叶和幼茎中 *MawuFT* 基因具有更高的表达水平。而且，在成年的植株中，营养枝上的幼叶、幼茎和顶芽中的表达水平要低于其在生殖枝上的幼叶、幼茎和顶芽中的表达。

MawuTFL1 基因在根、茎、叶、芽(包括营养枝的顶芽、腋芽，生殖枝的顶芽和腋芽)、花芽中均有表达，而且它在这些结构中的表达水平不受树龄的影响，即它在不同树龄植株的幼嫩的根、茎、叶中的表达水平几乎无明显差异。但是 *MawuTFL1* 基因在根、茎、叶中的高表达只局限在幼嫩的快速生长的材料中，而随着叶片发育成为成熟叶、茎和根的木质化程度提高，它们中 *MawuTFL1* 基因的表达迅速降低，甚至检测不到。

MawuTFL2 基因在根、茎、叶、花芽中均有表达，但在营养枝的顶芽和腋芽、生殖枝的顶芽、腋芽和果实中均无表达，且花芽中的表达远高于其他各结构中。*MawuTFL2* 基因在各结构中的表达也不受树龄的影响，但是它也与组织材料的生长发育状态有关，其高表达水平只限制在成熟叶、老茎和老根中有大量的表达，而在嫩叶、嫩茎和嫩根中均检测不到 *MawuTFL2* 基因的表达，这一表达模式与 *MawuTFL1* 基因的表达几乎呈现完全互补的表达模式，这表明 *MawuTFL2* 与 *MawuTFL1* 可能通过错开表达的方式协同调控植物的营养生长。

MawuMFT 基因只能在花芽中检测到微弱的表达信号，在其他结构中均检测不到该基因的表达。

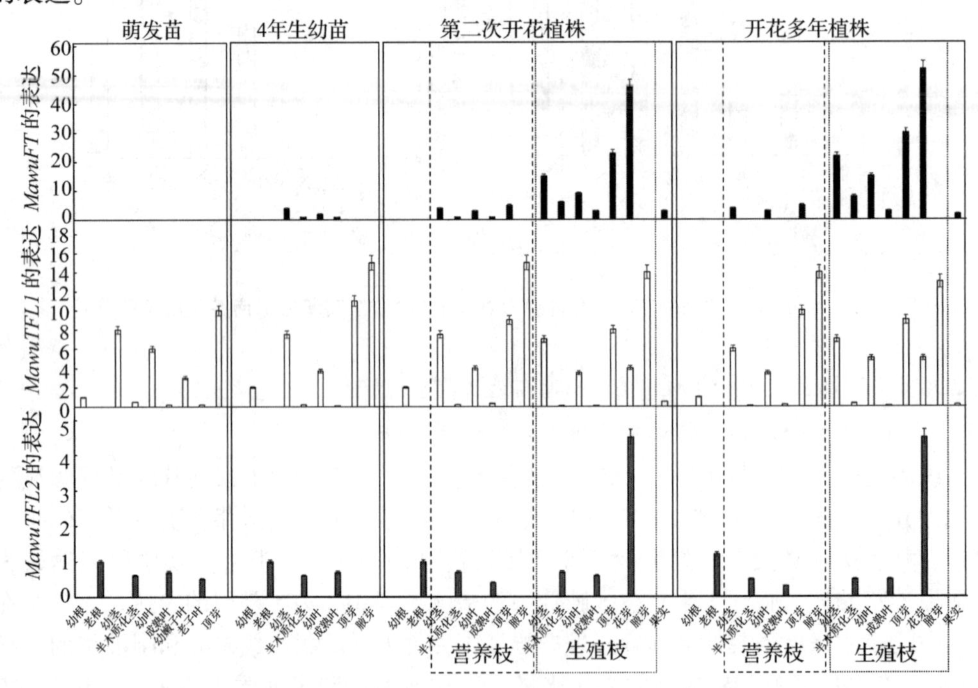

图 4.20 红花玉兰 FT/TFL1 家族基因组织表达模式分析

(2)红花玉兰花芽分化前后 FT/TFL1 家族基因在生殖枝顶芽中的表达模式分析

随后我们调查了红花玉兰多年开花植株中生殖枝在花芽分化前后以及花芽发育过程中 FT/TFL1 家族基因的表达模式(图 4.21)。在生殖枝的营养生长阶段(休眠芽春季萌发后的抽梢过程)，*MawuFT* 基因的表达水平随着枝条抽梢的进行呈现逐渐上调的表达趋势；在 5 月底至 6 月初的花芽分化期，*MawuFT* 基因的表达量达到最高水平；在随后直至来年花芽

快速伸长的漫长的花芽休眠阶段中，*MawuFT* 基因的表达量逐渐下降，一直维持着较低的表达水平；在来年的花芽的快速伸长和发育阶段，*MawuFT* 基因在花芽中的表达又呈现略微的上调。

在抽梢阶段，*MawuTFL*1 基因在生殖枝的顶芽中始终维持着高水平且相对稳定的表达；而在花芽的分化期，*MawuTFL*1 基因的表达量迅速下调；在随后的花器官发育阶段，一直维持着较低程度的表达；直到来年开花前的花芽快速伸长期，*MawuTFL*1 基因又呈现略微的上调表达。

在花芽分化之前的抽梢阶段，在生殖枝的顶芽中均检测不到 *MawuTFL*2 基因的表达；在花芽分化后期和花器官分化初期，该基因的表达量骤然升高；而随后该基因的表达又呈现迅速降低的表达模式。此后，从花芽的休眠期持续到开花该基因的表达一直维持在极低的水平。

MawuMFT 基因的表达也只限制在花芽分化之后的花器官发育的早期，但相较于其他 3 个 FT/TFL1 家族基因，*MawuMFT* 基因的表达始终处于极低的表达水平。

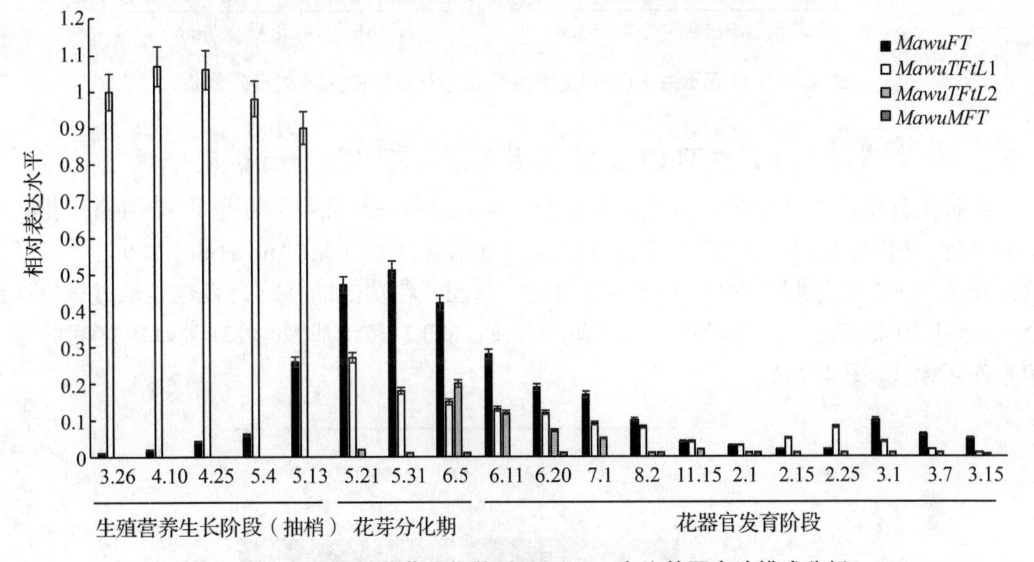

图 4.21　红花玉兰花芽分化前后 FT/TFL1 家族基因表达模式分析

(3)红花玉兰花器官中 FT/TFL1 家族基因的表达模式分析

红花玉兰 FT/TFL1 家族基因在花器官中的表达模式研究结果显示(图 4.22)，在开花前花芽快速伸长阶段，*MawuFT* 基因主要在雌蕊中积累，在花被片和雄蕊中维持较弱的表达，在苞片中无表达；在开花前花芽快速伸长阶段，*MawuTFL*1 基因在花被片、雄蕊和雌蕊中能检测到表达信号，同样显示雌蕊中的表达水平要远高于其他结构。在花芽形成早期，*MawuTFL*1 基因在苞片、花被片、雄蕊和雌蕊中均有表达，但其在雌蕊中的表达水平要远高于其他花器官结构；在开花前花芽快速伸长阶段，*MawuTFL*1 基因在花被片、雄蕊和雌蕊中能检测到表达信号，但其主要在雌蕊中积累。

*MawuTFL*2 基因同样主要在雌蕊中表达，在雄蕊中仅具有微弱的表达信号，在苞片和花被片中无表达；在花芽快速伸长期，仅在雄蕊和雌蕊中检测到微弱的表达信号。在花器官分化的早期，*MawuMFT* 基因在雌蕊、花被片和雄蕊中维持着较弱的表达，在苞片中无

表达；在花芽快速伸长期，花器官各结构中均检测不到 *MawuMFT* 基因的表达。从总体上看，*MawuFT*、*MawuTFL*1 和 *MawuTFL*2 基因均在雌蕊中有较高的表达水平，这意味着这三个基因可能参与调控雌蕊的发育，这一结果也恰好支持了转基因功能分析的结果。

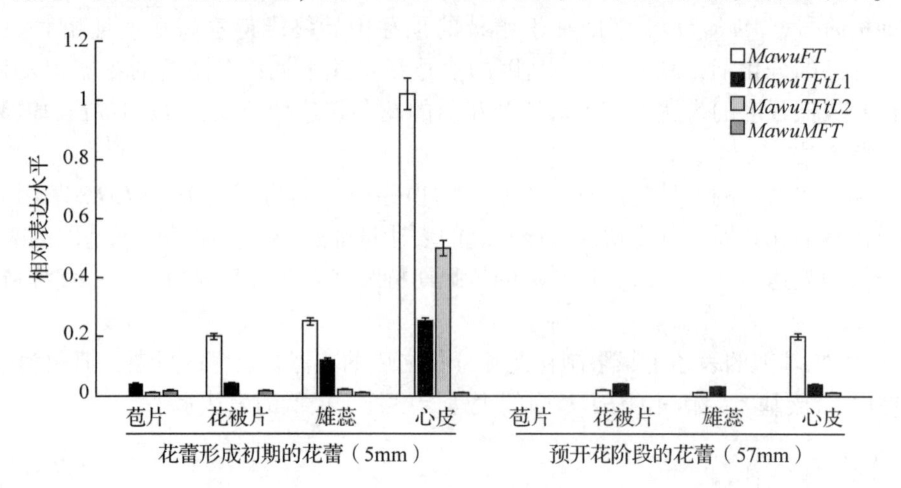

图 4.22　红花玉兰 FT/TFL1 家族基因在花器官中的表达模式分析

4.3.2.5　红花玉兰 FT 和 TFL1 亚族基因之间成花功能拮抗机制分析

在拟南芥中，FT 和 TFL1 通过竞争结合 FD 类蛋白，从而导致了它们在调控开花功能上的拮抗，FT 与 FD 结合促进开花，TFL1 与 FD 结合抑制开花(Ahn et al., 2006)。为了检测红花玉兰 FT 亚族基因与 TFL1 亚族基因之间调控开花功能的拮抗是否也是通过竞争性结合 FD 类基因来实现的，我们检测了红花玉兰 FT/TFL1 家族基因与 FD 类基因之间的蛋白相互作用模式(图 4.23)。

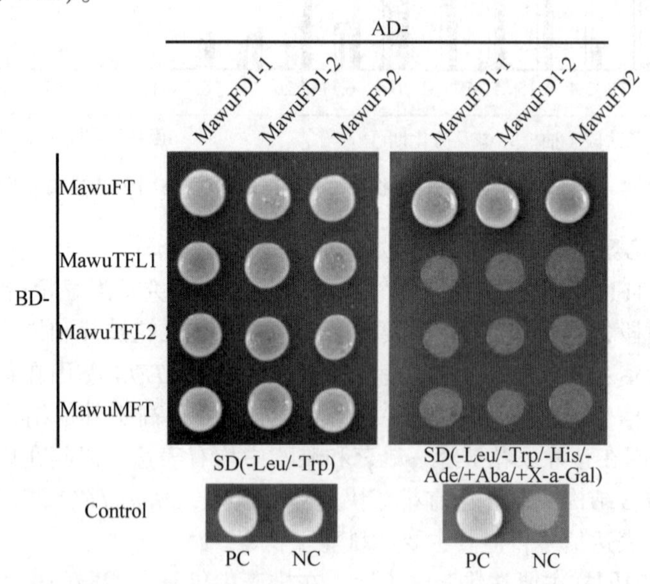

图 4.23　酵母双杂检测红花玉兰 FT/TFL1 家族基因与 FD 家族基因的蛋白相互作用

BD：GAL4 DNA 结合结构域；AD：GAL4 激活结构域；PC：阳性对照；NC：阴性对照；SD(-Leu/-Trp)：二缺选择培养基；SD(-Leu/-Trp/-His/-Ade/+AbA/+X-a-Gal)：加入 AbA 和 X-a-Gal 的四缺选择培养基。

蛋白相互作用模式分析显示，只有 MawuFT 能与 FD 类蛋白直接形成蛋白复合体，而 MawuTFL1、MawuTFL2 和 MawuMFT 与 FD 类蛋白均无直接相互作用。随后我们又通过双分子荧光技术对它们的相互作用进行了检测。首先，亚细胞定位显示 MawuFT、MawuTFL1、MawuTFL2 和 MawuMFT 蛋白在细胞质和细胞核中均有表达(图 4.24)，MawuFD1-1、MawuFD1-2 和 MawuFD2 蛋白均只定位于细胞核中(图 4.25)，这与前人研究的 FT/TFL1 家族基因和 FD 类基因的亚细胞定位模式相一致。双分子荧光的结果显示(图 4.26)，共转 MawuFT 和红花玉兰的 FD 类基因可以在细胞核中检测到荧光信号，表明 MawuFT 可与 FD 类蛋白直接二聚化；而分别共转其他 FT/TFL1 亚族基因与 FD 类基因均检测不到荧光信号，这表明 MawuTFL1、MawuTFL2 和 MawuMFT 与 FD 类蛋白不能直接建立相互作用，这与酵母双杂交检测结果相一致。这一结果表明 FT 亚族蛋白与 FD 类蛋白的相互作用模式在红花玉兰和拟南芥中是相类似的，而 TFL1 亚族蛋白与 FD 类蛋白之间的相互作用模式在红花玉兰和拟南芥中是存在差异的。

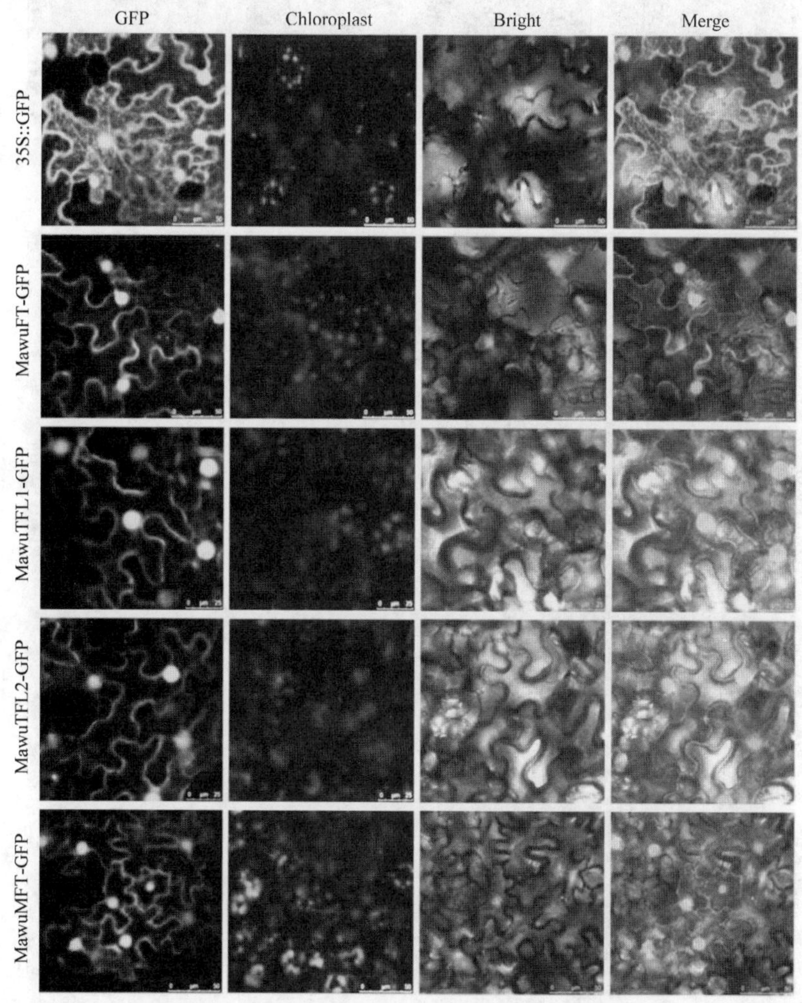

图 4.24　红花玉兰 FT/TFL1 家族基因的亚细胞定位

Bright：明场；GFP：GFP 激发波长时；Choloroplast：叶绿体自发荧光；Merge：合并成像；35S::GFP 为阳性对照。

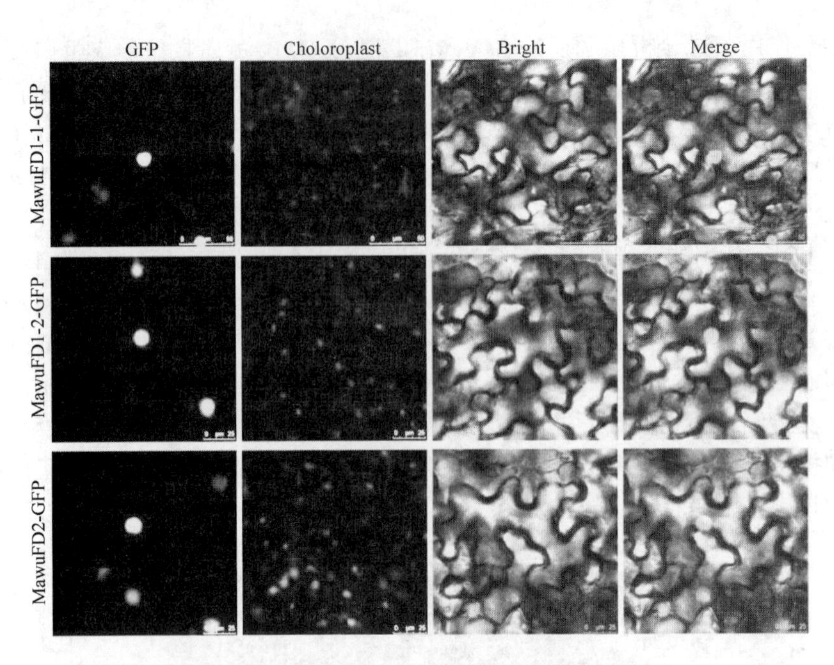

图 4.25　红花玉兰 FD 类基因的亚细胞定位

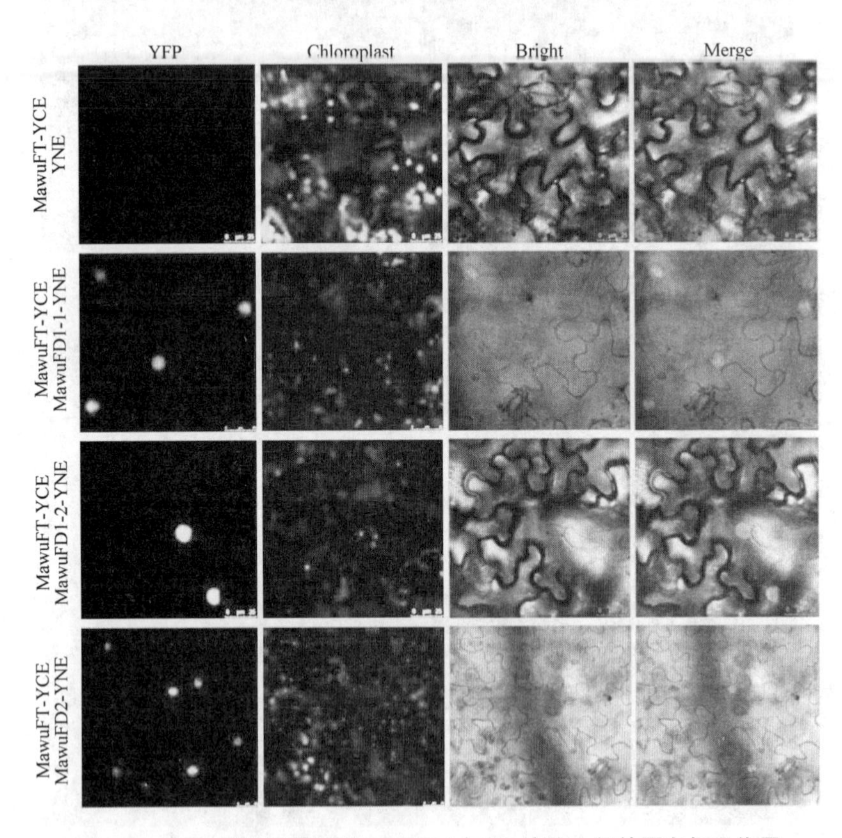

图 4.26　BIFC 检测红花玉兰 FT/TFL1 与 FD 家族之间的蛋白相互作用

Bright：明场成像；YFP：荧光成像；Choloroplast：叶绿体自发荧光成像；Merge：合并成像；MawuFT-YCE+YNE 为阴性对照。

4.4 讨论

4.4.1 抑制成花转变才是 AP2 及其同源基因真正的主流功能

AP2/EREBF 家族是一类数量组成非常庞大的基因家族，在植物的基因组中广泛分布，参与生长发育、逆境调控等多种代谢途径。在 AP2 亚族基因的衍化过程中发生了几次重要的基因重复事件。已有的研究认为 AP2 亚族基因分化形成 AP2 组和 ANT 组分支是伴随着裸子植物和被子植物的分化而发生的，但是我们发现在蕨类植物中就已经同时存在 AP2 组和 ANT 组分支基因，而且在更加原始的苔类植物地钱中也分别发现了 AP2 组和 ANT 组分支基因的存在，据此我们推测 AP2 组和 ANT 组分支的分化产生可能是起源于更加原始的苔类植物，而并不是伴随着裸子植物和被子植物的分化才发生的。

另外，我们还发现 AP2 组分支基因在随后的衍化中又发生了一次重要的基因重复，使 AP2 组分支基因进一步分化形成了 euAP2 亚组和 TOE 亚组两个主要分支，而且这两个进化亚支的分化形成是发生在蕨类植物分化之后且早于被子植物和裸子植物分化之前。miR172 特异性地调控 AP2 组分支基因的表达。红花玉兰 *MawuAP2* 中也存在高度保守的 miR172 结合调控位点，这意味着 miR172 对 *MawuAP2* 的表达调控机制同样是高度保守的。而且我们还发现裸子植物的 AP2 组分支基因同样存在 miR172 结合位点，但在更加原始的蕨类植物的中 AP2 组分支基因尚未演化产生 miR172 的结合位点，这意味着 AP2 组分支基因的 miR172 结合位点的获得可能是在蕨类植物与被子植物、裸子植物的最近共同祖先分化之后，且在被子植物与裸子植物分化之前。

对于其他花器官特征决定基因而言，它们都仅在花器官中表达，而且在花器官中具有高度保守的组织表达特异性。例如，调控花瓣和雄蕊形态建成的 B 类功能基因 *AP3* 和 *PI* 基因，其表达通常只局限于花瓣和雄蕊中；调控雄蕊和雌蕊发育的 C 类功能基因 *AG*，其表达往往局限于雄蕊和雌蕊中；调控雌蕊和胚珠发育的 D 类功能基因 *STK* 仅在雌蕊中表达。拟南芥 *AP2* 基因虽然一直被认为是 A 类花器官特征决定基因，决定萼片和花瓣的形态建成，然而其表达模式却与其他花器官特征决定基因所具有的高度保守的表达特异性是相悖的，*AP2* 在四轮花器官结构中均有表达，同时在根、茎、叶、果实和种子中都有广泛且强烈的表达(Sharma et al., 2017)。在其他物种中，*AP2* 同源基因同样也呈现广谱性的表达模式。例如，在无油樟中，*AmtrAP2* 在成熟的各轮花器官结构中(花被片、雄蕊和雌蕊中)和叶片中均有表达(Kim et al., 2006)。睡莲的 *NsAP2* 在根、茎尖、叶片和花器官的各轮结构中均有表达。在水稻中，水稻中的几个 *AP2* 基因在根、茎、叶、花序中均有表达。荷花的 *AP2* 类基因 *NnAP2* 在叶、茎、根、花托和花器官的四轮结构中均有表达(Liu et al., 2012)。在本研究中，我们发现红花玉兰的 *MawuAP2* 在根、茎、叶、果实、种子和各轮花器官结构中均有表达。基因的功能与基因的表达密切相关(Ma et al., 2018)。鉴于 *MawuAP2* 以及其他 AP2 同源基因普遍具有的广谱型表达模式，这表明 *MawuAP2* 以及整个 AP2 亚族基因可能具有更加广泛的生物学功能。

为了进一步阐明 *MawuAP2* 基因的功能，我们对其进行了转基因功能分析。与拟南芥

AP2 基因过表达不同的是，*MawuAP2* 基因的过表达并没有引起花器官的表型变化，这表明 *MawuAP2* 基因可能并不具有决定花被片形态建成的功能。但是值得注意的是，类似于过表达拟南芥 AP2 基因的是，过表达红花玉兰 *MawuAP2* 基因同样导致了开花延迟，这表明该基因具有调控成花转变的功能。除此之外，我们还发现随着红花玉兰植株的逐渐成熟，*MawuAP2* 基因在茎和叶中的表达水平逐渐下降；*MawuAP2* 基因启动子在拟南芥中的表达活性同样也会随着营养生长向生殖生长的逐渐过渡呈现下调的表达模式。这一表达模式与拟南芥、水稻调控营养生长到生殖生长转变过程中的 AP2 类基因的表达模式相一致。在拟南芥的早期营养生长阶段，AP2 具有较高的表达水平，而随着向生殖生长的逐渐过渡，植株中 AP2 基因的表达水平逐渐下调。在水稻从营养生长向生殖生长的转变过程中，其 AP2 同源基因 Glossy15 也同样呈现这一表达模式。结合 *MawuAP2* 转基因的功能活性和 *MawuAP2* 的表达模式，我们推测红花玉兰 *MawuAP2* 的功能可能是抑制开花，而并不是决定花被片形态建成的功能。

模式植物拟南芥 *AP2* 基因的突变会导致 C 类功能基因在外两轮结构中异位表达，引起萼片和花瓣的同源异型转变。所以，长期以来，AP2 类基因一直被认为是 A 类花器官特征决定基因，调控萼片和花瓣的形态建成。然而随着越来越多物种的 AP2 类基因的克隆和功能研究的开展，几乎所有的 AP2 类基因均未发现具有调控花被片形态建成的功能，但却均发现具有调控开花时间的功能。例如，矮牵牛的 *BEN*(blinden hancer)基因具有参与调控开花时间的功能，却并不具有花器官特征决定的功能(Morel et al., 2017)。金鱼草的两个 AP2 同源基因 *LIP*1 和 *LIP*2，单一基因的功能缺失并不呈现出任何花器官表型的改变，只有当两个基因共同突变时，第一轮的萼片转变为类似苞片或者叶片状的结构，第二轮仍然会发育产生花瓣状结构，只是会引起上、下唇瓣异常，而且并不引起其 C 类基因在外两轮结构中异位表达。值得一提的是，在拟南芥 ap2ag 的双突变体中，第二轮花器官中同样可以形成花瓣或花瓣状的结构。过表达挪威云杉的 euAP2 分支基因 *PaAP2L2* 也会导致开花延迟。另外，拟南芥 AP2 组分支的其他 5 个基因(*TOE*1、*TOE*2、*TOE*3、*SMZ* 和 *SNZ*)，也均未被发现具有花被片形态特征决定的功能，但却均具有调控开花的功能。在拟南芥 *TOE*1 和 *TOE*2 的单基因突变体和双突变体中，它们的突变均不会引起花器官表型的变化，仅会导致开花的提前；在过表达的实验中，同样也发现 *TOE*1 和 *TOE*2 的过表达也仅会引起开花延迟，而并不会引起花器官的表型变化。与 *TOE*1 和 *TOE*2 过表达表型变化相同的是，过表达 *TOE*3 也会引起开花延迟，但同时还参与调控雌、雄蕊的发育，因为其过表达还会导致形成额外的雌、雄蕊等结构(Jung et al., 2014)。*SMZ* 和 *SNZ* 的功能失活和过表达试验也均发现 *SMZ* 和 *SNZ* 具有抑制开花的功能(Gras et al., 2017)。因此，结合 *AP*2 组分支基因的系统演化、表达模式和功能，我们认为 AP2 组分支基因的主流功能是参与调控植物的成花转变，而并不是决定花被片的形态建成；决定花被片形态建成的功能可能只是拟南芥或者部分核心真双子叶植物 AP2 及其同源基因单独衍化出来的一个附属功能而已。但是由于 AP2 基因最早功能研究之初就被定义为花被片特征决定的 A 类功能基因以及花发育模型的提出，从而使其花被片特征决定的功能一直被过分地强调和关注，进而使得该亚族基因参与调控植物开花的主流功能一直处于被忽视的状态。

而且有趣的是，AP2 组分支基因的姐妹类群 ANT 组分支基因除了参与调控器官大小、逆境胁迫响应(Meng et al., 2015)、介导胚珠的起始和发育等功能以外，同时也具有调控开花的功能。过表达拟南芥的 ANT 基因造成植株晚花(Yamaguchi et al., 2015; Losa et al., 2010; Karlberg et al., 2011)。另外，红花玉兰 ANT 组基因 *MawuANT* 的功能研究结果显示，过表达 *MawuANT* 除了会导致植株器官的增大之外，同时也会导致开花延迟，形成更多的莲座叶和茎生叶(肖爱华, 2019)，这一表型变化与过表达 *MawuAP2* 基因的表型变化极为相似。这表明 ANT 组分支基因也具有抑制开花的功能。另外，RAV 亚族基因和 DREB/ERF 亚族基因除了具有调控植物抗逆性的功能之外，同时也被发现具有抑制开花的功能。例如，拟南芥 RAV 亚族基因 *TEM1* 的突变会导致开花提前，过表达该基因会导致开花的延迟(Fu et al., 2014; Marín-González et al., 2015; Osnato et al., 2012; Sgamma et al., 2014)。在棉花中过表达拟南芥的 *AtRAV1* 和 *AtRAV2* 均会导致开花延迟(Fu et al., 2014; Mittal et al., 2015)。过表达拟南芥的 DREB 基因 *CBF1*、*CBF2* 和 *CBF3* 除了均能增强植株的抗寒性、抗旱性、抗盐性之外，同时也均会导致开花延迟，表现为莲座叶数目增多、生长延迟和植株缩小等表型变化(Gilmour et al., 2004; Kasuga et al., 1999; Xie et al., 2019)。拟南芥的 DREB 分支基因 *DDF1*(Dwarfanddelayed-flowering1)和 *DDF2* 过表达均会导致转基因植株开花延迟(Magome et al., 2004)。在苹果和番茄中过表达 DERB/ERF 家族基因同样也发现会导致开花延迟(Hsieh, 2002; Wisniewski et al., 2015)。因此，我们认为开花调控这一功能可能是整个 AP2/EREBP 家族基因都具有的共有功能。

另外一点值得我们思考的是，虽然不同的 AP2 组分支基因或者整个 AP2/EREBP 家族基因在 AP2 结构域的数量组成上存在差异，但是它们都具有开花调控的功能，这表明或许单一的 AP2 结构域足以提供其调控开花的功能，AP2 结构域数量上的差异可能会额外赋予其一些特殊的功能或者起到调控功能活性强弱的作用。而且，miR172 结合位点可能是 AP2 组分支基因额外获得的一种由 miR172 介导的调控其自身表达水平的独特方式，从而在基因表达水平的层面实现对植物开花时间的精准调控。但 miR172 结合调控位点的有无也并不会影响 AP2/EREBP 家族基因固有的调控开花的功能，因为在 ANT 组分支基因、RAV 亚族基因和 DREB/ERF 亚族基因中，并无 miR172 结合调控位点，但是它们也均具有抑制开花的功能。另外，在单独转化 *MawuAP2* 基因启动子的转基因植株中，*MawuAP2* 基因启动子的表达活性也会随着植株营养生长阶段向生殖发育阶段的过渡而呈现逐渐下调表达的趋势，因此我们推测 *MawuAP2* 的启动子序列中应该还存在着不依赖于 miR172 的下调 *MawuAP2* 表达的调控机制。

另外，本研究虽然尚未开展 *MawuAP2* 抗逆性调控功能方面的研究，但是酵母文库筛选试验中获得了多个与 *MawuAP2* 直接发生蛋白互作的抗逆相关基因，而且在 *MawuAP2* 基因启动子序列中也存在大量参与逆境胁迫响应的结合元件，所以 *MawuAP2* 基因可能还具有参与抗逆调控作用的功能。而且已有的研究显示，同属于 AP2/EREBP 家族的 DREB/ERF 亚族基因、RAV 亚族基因以及 ANT 组分支基因均被发现具有抗逆调控的作用。这些数据均指向参与植物抗逆性调控的功能，也可能是整个 AP2/EREBP 家族基因另一个共有的重要功能。

4.4.2 FT/TFL1 家族基因参与调控红花玉兰成花转变的分子机制

植物 FT/TFL1 家族是一个进化上高度保守的基因家族，它在植物的花发育过程中发挥着极为重要的调控作用。植物 FT/TFL1 家族基因的演化过程中，频繁的基因重复以及随后的功能分化极大地促进了植物的多样性分化，增强了植物对开花环境的适应性。在 FT/TFL1 家族基因的系统衍化中，几次重要的基因重复使得 FT/TFL1 家族基因分化形成了 3 个主要的进化分支，即 MFT 亚族、FT 亚族和 TFL1 亚族(Liu et al., 2016)。裸子植物和被子植物的 FT 分支基因共聚于 FT 亚族，裸子植物和被子植物的 TFL1 分支基因共聚于 TFL1 亚族，表明裸子植物的 FT 和 TFL1 基因亚族分别与被子植物的 FT 和 TFL1 亚族基因具有更近的进化关系，这支持了 FT 亚族和 TFL1 亚族的分化是在裸子植物和被子植物的共同祖先中发生的(Liu et al., 2016; Wu et al., 2019)。值得注意的是，我们还发现被子植物的 TFL1 亚族基因在系统发育树中形成了两个明显的进化分支，即 TFL1 进化亚支和 BFT 进化亚支，这意味着在被子植物 TFL1 亚族的衍化过程中，又发生了一次主要的基因重复；进一步分析显示，在这两个进化亚支中均包含有现存被子植物最基部类群无油樟和睡莲的基因成员，这表明 TFL1 进化亚支与 BFT 进化亚支的分化是在现存被子植物分化之前发生的。我们还发现被子植物的 MFT 亚族在现存被子植物分化之前也分化形成了两个亚进化分支，即被子植物 MFT1 和 MFT2 进化亚支。红花玉兰 *MawuMFT* 基因属于被子植物 MFT1 进化亚支，而 MFT2 进化亚支基因在木兰科植物中除了鹅掌楸之外均发生了丢失。红花玉兰中仅包含 4 个 FT/TFL1 家族成员，这使得对红花玉兰 FT/TFL1 家族基因的表达、功能和成花调控机制的研究简单化，有利于实现对整个家族的整体把握。

FT/TFL1 家族基因是一类调节植物开花的关键基因，尤其是 FT 亚族基因是整合植物 4 条主要成花调控途径的关键节点基因，因此系统地开展木本植物 FT/TFL1 家族基因表达和功能的研究或许能极大地促进人们对多年生木本植物成花调控机制的认知(Wickland and Hanzawa, 2015)。虽然前人已对杨树、麻风树、苹果、蓝莓、猕猴桃等木本植物的 FT/TFL1 家族成员开展了一系列的研究，但主要是围绕各基因的功能进行揭示，而对其究竟如何调控木本植物童期向成年期的过渡以及成年后如何调控季节性营养生长和生殖生长的具体分子机制尚未进行深入解读(Igasaki et al., 2008; Hsu et al., 2011)。目前对于 FT/TFL 家族基因调控植物成花转变分子机制的认识主要是基于模式植物拟南芥、水稻等一年生的草本植物(Wickl and Hanzawa, 2015)。从多年生木本植物的生长发育特性上来说，多年生木本植物通常具有漫长的童期，而且一旦进入成年阶段，每年还要进行营养生长和生殖生长的季节性切换，这些独特的发育模式或许也暗示着木本植物 FT/TFL1 家族基因很可能具有不同于草本植物且更加复杂的表达模式和调控机制。

转基因功能分析显示 *MawuFT* 具有保守的促进成花转变的功能，过表达 *MawuFT* 可导致拟南芥开花时间显著提前，这一表型变化与过表达拟南芥 *FT*、水稻 *Hd3a*、番茄 *TFT*、矮牵牛 *PhFT*4、苹果 *MdFT*1 和 *MdFT*2 等基因的表型变化高度相似(Teper-Bamnolker and Samach, 2005; Wu et al., 2019)。*MawuTFL*1 基因的过表达会导致莲座叶的增多，而且在抽薹之后，并不是随即就分化产生花芽，而是继续促进和维持营养生长，这表明 *MawuTFL*1 基因具有明显的抑制开花和促进营养生长的功能。而且在红花玉兰本体中，*MawuTFL*1 特

异性地在快速进行营养生长的器官中高水平表达，这一表达模式或许也进一步支持了 *MawuTFL*1 可能具有促进和维持营养生长的功能。过表达 *MawuTFL*2 会促进茎生叶的持续形成，并导致形成数量众多的分支，这表明 *MawuTFL*2 也具有抑制成花转变的功能活性。但值得注意的是，虽然 *MawuTFL*1 和 *MawuTFL*2 均具有促进营养生长和抑制开花的功能活性，但鉴于在红花玉兰本体中，在抽梢阶段的顶芽中并不能检测到 *MawuTFL*2 的表达，仅有 *MawuTFL*1 的强烈表达，我们推测在红花玉兰本体中促进营养生长和抑制开花的功能可能主要是由 *MawuTFL*1 行使的。*MawuTFL*1 和 *MawuTFL*2 所属分支的分化是由发生在现存被子植物分化之前的一次基因重复导致的。基因重复为基因功能的多样化和物种多样性储备了大量的基因资源，同时也带来了巨大的进化潜力。但是为了能使重复的拷贝得以保留，重复基因往往会发生不同程度的表达模式调整和功能分化，从而抵消表达的剂量效应和功能冗余效应；另外，重复基因降低了基因原始功能的选择压力，从而也为其创造了更多的功能演化机会和潜力(Ma et al., 2019)。

因此，*MawuTFL*1 和 *MawuTFL*2 在表达模式和功能方面的差异可能正是因为基因重复之后伴随的功能平衡所导致的。在 *TFL*1 亚族基因分化后，很多物种的 *TFL*1 亚族基因之间都发生了表达和功能的分化(Wu et al., 2019)。例如，拟南芥的 3 个 *TFL*1 亚族基因 *TFL*1、*ATC* 和 *BFT* 在表达模式和功能上均发生了明显的分化(Chung et al., 2010)。

虽然 FT/TFL 家族基因在调控植物成花转变的功能上通常较为保守，但不同植物的该家族基因时常还会演化出一些独特的附属功能(Wickland and Hanzawa, 2015)。在拟南芥中，*FT* 额外具有调控花分生组织形成的功能，*TFL*1 额外具有维持花序无限生长的功能。马铃薯 FT/TFL1 家族基因额外具有调控块茎形成的功能(Navarro et al., 2011)。杨树 *PtFT*1 和 *PtFT*2 额外具有调控生长停滞以及建立休眠芽组的功能(Hsu et al., 2011)。洋葱的 *AcFT*1 和 *AcFT*4 具有抑制鳞茎形成的功能(Lee et al., 2013)。本研究发现红花玉兰的 FT/TFL1 家族基因除了具有调控开花的功能以外，可能也演化出了一些独特的附属功能。*MawuFT* 基因可能还具有花分生组织决定的功能，因为过表达 *MawuFT* 会导致形成顶生花，拟南芥的 *FT* 和番茄的 *TFT* 也均发现具有这一功能(Teper-Bamnolker and Samach, 2005)。另外，在其顶生花中还会伴有雌蕊状结构的额外产生，而且鉴于 *MawuFT* 在红花玉兰雌蕊中也具有较高的表达水平，我们推测 *MawuFT* 可能同时还具有促进雌蕊分化或形成的功能。*MawuTFL*1 和 *MawuTFL*2 可能也具有调控雌蕊发育的功能活性，因为过表达 *MawuTFL*1 和 *MawuTFL*2 的转基因植株的花序会转变成雌蕊状的结构。而且在红花玉兰的花器官中，*MawuTFL*1 和 *MawuTFL*2 也主要在雌蕊中积累，这也进一步支持了它们可能具有促进雌蕊分化或形成的功能活性。另外，过表达 *MawuTFL*2 会导致茎生叶的形状和大小，以及表皮毛的数量都与野生型拟南芥的叶片存在明显的差异，这表明 *MawuTFL*2 可能还额外具有调控叶片形状发育的功能活性，矮牵牛 *PhFT*1(Wu et al., 2019)和烟草 *NtFT*2、*NtFT*3 和 *NtFT*4 也发现具有调控叶片形态发育的功能。

虽然红花玉兰的 FT/TFL1 家族基因在成花转变过程中具有保守的功能，但是其表达模式却与草本植物存在巨大差异。在草本植物拟南芥中，*FT* 基因仅在叶片中特异性地表达，并作为长距离转运信号经维管组织将其编码的蛋白产物由叶片转运至茎尖中发挥功能活性，而且其表达水平会随着光周期逐渐积累，当积累到足够的表达强度进而诱导花芽的形成(Abe et al., 2005)。其他草本植物，如烟草、水稻、番茄等，它们的 FT 类基因也均具有这一类似的表达模式和作用机制(Tamaki et al., 2007; Shalit et al., 2009)。我们的研究结果显示，*MawuFT* 具有促进成花转变的功能，*MawuTFL*1 和 *MawuTFL*2 具有促进营养生长、延迟开花的功能。虽然这与草本植物 FT/TFL1 家族基因的功能相一致，但是它们的表达模式与草本植物拟南芥中存在明显差异。*MawuFT* 不仅在叶片中表达，在幼茎、叶芽和花芽中均有高水平的表达，而且其在茎中和花芽中的表达水平要高于叶片中的表达，这与草本植物 *FT* 类基因特异性地在叶片中表达的模式存在明显差异。

在已开展的杨树、麻风树、苹果等木本植物的研究中，同样发现它们 FT 同源基因的表达也并不仅局限于叶片(Igasaki et al., 2008; Hsu et al., 2011)。另外，我们还发现红花玉兰 *MawuFT* 主要在正在伸展的幼叶和正在快速抽梢的幼茎中具有高水平的表达，而随着叶片发育形成成熟叶和枝条生长速度的减缓，其叶片中表达水平逐渐降低，这一表达水平的变化模式与杨树 *PnFT*1 和 *PnFT*2 的表达模式相一致(Igasaki et al., 2008)，但与拟南芥、水稻、番茄等草本植物中 FT 类基因在叶片中持续积累的表达模式存在明显的差异(Tamaki et al., 2007; Wigge, 2005)。这些表达模式的差异可能是由于木本植物多年生的生长特性与草本植物一年生的生长特性的差异所导致的。随着红花玉兰植株由童期向成年期的逐渐过渡，*MawuFT* 在茎、叶中的表达水平也逐渐提升，这一逐渐积累的表达模式与草本植物营养生长向生殖生长阶段过渡过程中 *FT* 类基因逐渐积累的表达模式相一致，同时也与木本植物杨树和梨的 FT 类基因的积累表达模式相类似(Hsu et al., 2006; Wickland and Hanzawa, 2015)。不同于 *MawuFT* 表达的是，在红花玉兰不同树龄的同一器官结构中，*MawuTFL*1 和 *MawuTFL*2 基因的表达水平并无明显的差异，说明 *MawuTFL*1 和 *MawuTFL*2 的表达均不受树龄的影响。但 *MawuTFL*1 和 *MawuTFL*2 的表达强度却呈现时间上的互补，在幼嫩快速生长的材料中(包括正在伸展的幼叶、正在抽梢的嫩枝和正在发育的幼根)，*MawuTFL*1 维持着高水平的表达，而 *MawuTFL*2 却几乎检测不到；而随着叶片逐渐发育成熟、茎以及根的逐渐木质化，*MawuTFL*1 的表达水平会迅速降低，而与之相反的是，*MawuTFL*2 却逐渐升高。因此，我们推测 *MawuTFL*1 和 *MawuTFL*2 可能通过错开表达时间的方式协同调控红花玉兰的生长发育。

综上所述，基于 FT/TFL1 家族基因在植物成花过程中所处的关键位置和红花玉兰 FT/TFL1 家族基因的表达模式和功能，我们提出了 FT/TFL1 家族基因参与调控红花玉兰成花转变的分子机制。首先，*MawuFT* 基因的表达水平可能对红花玉兰童期向成年期的过渡转变起着决定性的作用。换句话说，红花玉兰植株中 *MawuFT* 基因的表达水平会随着植株年龄的增加而逐渐积累，最终积累到足以促进其分化产生花芽的表达强度，从而导致花芽的产生，标志着植株开始进入成年阶段。在木本植物杨树、麻风树、苹果和蓝莓中，利用强表达启动子 *CaMV35S* 驱动它们的 FT 类基因高水平的表达均可导致童期缩短，甚至在组培过程中就能分化产生花芽(Hsu et al., 2011)，这些试验结果也进一步支持了我们的推测。另外，在成年阶段，*MawuFT* 和 *MawuTFL*1 协同调控红花玉兰季节性营养生长和生殖生长的转换。多年开花植株的生殖枝在春季休眠芽萌发之后，*MawuTFL*1 基因的高表达会促进和维持快速的营养生长，从而首先实现快速抽梢；而在此抽梢过程中，*MawuFT* 基因的表达水平也会迅速积累，当积累到花芽分化所需的表达丰度时促进花芽的产生，标志着其由

营养生长阶段进入生殖发育阶段。红花玉兰 FT/TFL1 家族基因这一成花调控机制合理地解释了木本植物调控童期向成年期转变的发育过程和成年木本植物每年进行营养生长和生殖生长切换的发育规律，但因目前木本植物 FT/TFL1 家族基因开展的研究数量和深度有限，仍需更多的木本植物 FT/TFL1 家族基因得以研究以补充和验证这一成花调控机制的正确与否。

4.4.3 红花玉兰 *MawuAP2* 和 FT/TFL1 家族基因之间的功能调控机制

AP2 及其同源基因与 FT/TFL1 家族基因均参与植物的成花调控网络中，它们通过复杂的表达调控网络将它们的表达和功能相互联系起来，目前有关它们之间网络调控的研究主要局限于模式植物拟南芥中。目前对于 AP2 与 FT 基因之间的功能调控方式主要是基于它们在转录水平上的表达调控方式。在拟南芥中，AP2 类基因与 FT 基因之间的表达调控关系是十分复杂的。首先，AP2 基因编码的蛋白不仅能直接结合到 FT 基因的启动子区域，同时还能结合到 FT 基因编码区下游的 3’非翻译端区域，从而直接实现对 FT 基因转录的抑制(Qin et al., 2017)。其次，AP2 类基因还可以通过调控 FT 的上游调控基因 CO 的表达和功能活性来间接地实现对 FT 基因的表达调控：AP2 类基因编码的蛋白不仅能够结合到 CO 基因的启动子上(Zhang et al., 2015a)，还可以与 CO 基因编码的蛋白直接形成蛋白复合体(Zhang et al., 2015a)，分别通过抑制 CO 基因表达的方式和阻断 CO 蛋白功能活性的方式来间接地实现抑制 FT 基因的表达。另外，FT 基因也可以通过直接调控 miR172 的上游基因 *SPL9* 的表达从而间接地实现对 AP2 类基因表达的反向调控(Wagner, 2017)。

研究结果(图 4.27)显示，红花玉兰 *MawuAP2* 基因具有强烈地抑制成花转变的功能；而对于 FT/TFL1 家族基因而言，FT 亚族基因 *MawuFT* 具有促进成花转变的功能，TFL1 亚

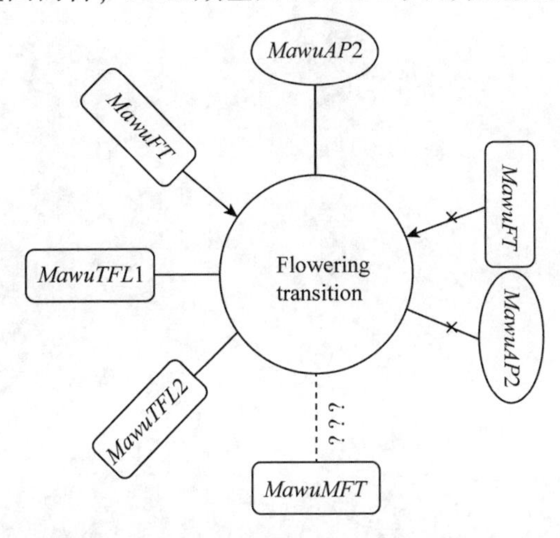

图 4.27 *MawuAP2* 与 FT/TFL1 家族成员 *MawuFT* 蛋白互作的功能调控模型

注：*MawuAP2*、*MawuTFL1* 和 *MawuTFL2* 均具有抑制成花转变的功能，*MawuFT* 具有促进成花转变的功能，*MawuMFT* 并未发现具有明显的成花转变调控功能；*MawuAP2* 会特异性与具有促进成花功能的 *MawuFT* 发生蛋白互作，而与具有抑制成花功能的 *MawuTFL1* 和 *MawuTFL2* 以及不具有明显成花调控功能的 *MawuMFT* 均不能发生蛋白互作。据此我们推测 *MawuAP2* 与 *MawuFT* 对具有拮抗成花功能基因之间蛋白复合体的形成，可能均会阻断或消除对方的成花调控功能，从而实现在蛋白水平上对基因功能的调控。

族基因 *MawuTFL*1 和 *MawuTFL*2 均具有抑制成花转变的功能，MFT 亚族基因 *MawuMFT* 并未发现具有明显调控成花转变的功能；蛋白互作模式显示，*MawuAP*2 仅能特异性地与具有成花促进功能的 *MawuFT* 直接发生蛋白互作；而具有抑制成花功能的 *MawuTFL*1 和 *MawuTFL*2，以及不具有明显成花调控功能的 *MawuMFT* 却均不能与 *MawuAP*2 发生蛋白互作。因此，我们推测 *MawuAP*2 特异性地与 *MawuFT* 建立蛋白互作的生物学意义或许与拟南芥 AP2 类基因与 CO 基因通过蛋白互作来实现功能调控的方式相类似(Zhang et al., 2015b)，即蛋白复合体在具有拮抗功能的基因之间形成可能会阻断或消除对方蛋白的功能活性，从而在蛋白水平上实现对基因功能的进一步调控。

参考文献

贺窑青，马履一，桑子阳. 2010. 红花玉兰花色形成的初步研究[J]. 西北植物学报，30(11)：2252-2257.

刘涛，任莉萍，曹沛沛，等. 2016. 菊花不同时期各组织器官石蜡切片制作条件的优化[J]. 南京农业大学学报，39(05)：739-746.

马履一. 2019. 红花玉兰的选育及在国土绿化中的应用[J]. 国土绿化 (03)：54-56.

桑子阳. 2011. 红花玉兰花部性状多样性分析与抗旱性研究[D]. 北京：北京林业大学.

桑子阳，马履一，陈发菊，等. 2011. 五峰红花玉兰种质资源保护现状与开发利用对策[J]. 湖北农业科学，50(08)：1564-1567.

王昕彤. 2018. 红花玉兰新品种花期及其与气象因子的关系分析[D]. 北京：北京林业大学.

文静，孔维军，罗红梅，等. 2014. 植物内源激素检测方法新进展[J]. 中南药学，12(01)：47-52.

肖爱华，陈发菊，贾忠奎，等. 2020. 梯度洗脱高效液相色谱法测定红花玉兰中4种植物激素[J]. 分析试验室，39(03)：249-254.

肖爱华. 2019. 红花玉兰花被片形态建成及调控机理研究[D]. 北京：北京林业大学.

仲伶俐，雷绍荣，郭灵安，等. 2016. 固相萃取-高效液相色谱法同时测定水果中4种植物生长调节剂[J]. 分析试验室，35(01)：51-55.

Abe M, Kobayashi Y, Yamamoto S, *et al*. 2005. *FD*, a bZIP protein mediating signals from the floral pathway integrator *FT* at the shoot apex[J]. Science, 309(5737): 1052-1056.

Ahn J H, Miller D, Winter V J, *et al*. 2006. A divergent external loop confers antagonistic activity on floral regulators *FT* and *TFL*1[J]. European Molecular Biology Organization Journal. 25: 605-614.

Albert N W, Davies K M, Lewis D H, *et al*. 2014. A conserved network of transcriptional activators and repressors regulates anthocyanin pigmentation in Eudicots[J]. Plant Cell, 26(3): 962-980.

Azad A K, Sawa Y, Ishikawa T, *et al*. 2007. Temperature-dependent stomatal movement in tulip petals controls water transpiration during flower opening and closing[J]. Annals of Applied Biology, 150(1): 81-87.

Campos E O, Bradshaw Jr H D, Daniel T L. 2015. Shape matters: corolla curvature improves nectar discovery in the hawkmoth Manduca sexta[J]. Functional Ecology, 29(4): 462-468.

Ding L, Yan S, Jiang L, *et al*. 2015. Hanaba Taranu (Han) bridges meristem and organ primordia boundaries through Pinhead, Jagged, BLADE-ON-PETIOLE2 and CYTOKININ OXIDASE 3 during flower development in *Arabidopsis*[J]. PLoS Genet. 11(9): e1005479.

Ernst J, Bar-Joseph Z. 2006. STEM: a tool for the analysis of short time series gene expression data [J]. BMC Bioinformatics, 7(1): 191.

Fan L, Chen M, Dong B, *et al*. 2018. Transcriptomic analysis of flower bud differentiation in *Magnolia sinostellata*[J]. Genes, 9(4): 212.

Gilmour S J, Fowler S G, Thomashow M F. 2004. Arabidopsis transcriptional activators*CBF*1, *CBF*2, and *CBF*3 have matching functional activities[J]. Plant Molecular Biology. 54: 767-781.

Gras D E, Vidal E A, Undurraga S F, *et al*. 2017. *SMZ/SNZ* and gibberellin signaling are required for nitrate-elicited delay of flowering time in *Arabidopsis thaliana* [J]. Journal of Experimental Botany, 69:

619–631.

Green A A, Kennaway JR, Hanna A I, *et al*. 2010. Genetic control of organ shape and tissue polarity[J]. PLoS Biol, 8(11): e1000537.

Group T A P. 2016. An update of the Angiosperm Phylogeny Group classification for the orders and families of flowering plants: APG IV[J]. Botanical Journal of the Linnean Society, 181(1): 1–20.

Hsieh T H. 2002. Heterology expression of the Arabidopsis C–Repeat/Dehydration response element binding factor 1 gene confers elevated tolerance to chilling and oxidative stresses in transgenic tomato[J]. Plant Physiology, 129: 1086–1094.

Hsu C Y, Adams J P, Kim H, *et al*. 2011. *FLOWERING LOCUS T* duplication coordinates reproductive and vegetative growth in perennial poplar[J]. Proceedings of the National Academy of Sciences of the United States of America, 108: 10756–10761.

Hsu C Y, Liu Y, Luthe D S, *et al*. 2006. Poplar *FT2* shortens the juvenile phase and promotesseasonal flowering [J]. The Plant Cell, 18: 1846–1861.

Hsu H F, Hsu W H, Lee Y, *et al*. 2015. Model for perianth formation in orchids[J]. Nature Plants, 1: 15046.

Hsu H F, Huang C H, Chou L T, *et al*. 2003. Ectopic expression of an orchid (*Oncidium* Gower Ramsey) *AGL6*–like gene promotes flowering by activating flowering time genes in *Arabidopsis*[J]. Plant and Cell Physiology, 44(8): 783–794.

Hsu W H, Yeh T J, Huang K Y, *et al*. 2014. *AGAMOUS–like*13, a putative ancestor for the E functional genes, specifies male and female gametophyte morphogenesis[J]. The Plant Journal, 77(1): 1–15.

Igasaki T, Watanabe Y, Nishiguchi M, *et al*. 2008. The *FLOWERING LOCUS T/TERMINAL FLOWER* 1 family in Lombardy poplar[J]. Plant & Cell Physiology, 49: 291–300.

Jang S, Torti S, Coupland G. 2009. Genetic and spatial interactions between*FT*, *TSF* and *SVP* during the early stages of floral induction in Arabidopsis[J]. The Plant Journal. 60: 614–625.

Jung J H, Lee S, Yun J, *et al*. 2014. The miR172 target *TOE*3 represses *Agamous* expression during Arabidopsis floral patterning[J]. Plant Science, 215: 29–38.

Kim S, Koh J, Ma H, *et al*. 2005a. Sequence and expression studies of A–, B–, and E–Class MADS–box homologues in *Eupomatia* (Eupomatiaceae) support for the bracteate origin of the Calyptra[J]. International Journal of Plant Sciences, 166: 185–198.

Kim S, Koh J, Yoo M J, *et al*. 2005b. Expression of floral MADS–box genes in basal angiosperms: implications for the evolution of floral regulators[J]. Plant Journal, 43: 724–744.

Kim S, Yoo M J, Albert V A, *et al*. 2004. Phylogeny and diversification of B–function MADS–box genes in angiosperms: evolutionary and functional implications of a 260–million–year–old duplication[J]. American Journal of Botany, 91(12): 2102–2118.

Koroleva O A, Tomlinson M L, Leader D, *et al*. 2005. High–throughput protein localization in Arabidopsis using *Agrobacterium*–mediated transient expression of GFP–ORF fusions[J]. The Plant Journal, 41: 162–174.

Lee D Y, Lee J, Moon S, *et al*. 2007. The rice heterochronic gene *Supernumerary bract* regulates the transition from spikelet meristem to floral meristem[J]. The Plant Journal, 49: 64–78.

Lee R, Baldwin S, Kenel F, *et al*. 2013. *Flowering locus T* genes control onion bulb formation and flowering[J]. Nature Communications, 4: 2884.

Li L F, Zhang W B, Zhang L L, *et al*. 2015. Transcriptomic insights into antagonistic effects of gibberellin and abscisic acid on petal growth in Gerbera hybrida[J]. Frontiers in Plant Science, 6: 168.

Li Y, Liu Z, Shi P, *et al*. 2010. The hearing gene *Prestin* unites echolocating bats and whales[J]. Current Biology, 20: R55-R56.

Lim S, Song J, Kim D, *et al.* 2016. Activation of anthocyanin biosynthesis by expression of the radish R2R3-MYB transcription factor gene RsMYB1[J]. Plant Cell Reports, 35(3): 641-653.

Liu J, Fu X, Dong Y, *et al.* 2018a. MIKCC-type MADS-box genes in *Rosa chinensis*: the remarkable expansion of ABCDE model genes and their roles in floral organogenesis[J]. Horticulture Research, 5(1): 25.

Liu W, Shen X, Liang H, *et al.* 2018b. Isolation and functional analysis of PISTILLATA homolog from *Magnolia wufengensis*[J]. Frontiers in Plant Science, 9: 1743.

Marín-González E, Matías-Hernández L, Aguilar-Jaramillo A E, *et al.* 2015. *SHORT VEGETATIVE PHASE* up-regulates *TEMPRANILLO2* floral repressor at low ambient temperatures [J]. Plant Physiology, 169: 1214-1224.

Preston J, Kellogg E. 2006. Reconstructing the evolutionary history of paralogous*APETALA1/FRUITFULL*-like genes in grasses (Poaceae)[J]. Genetics, 174: 421-437.

Ratcliffe O J, Bradley D J, Coen ES. 1999. Separation of shoot and floral identity in Arabidopsis[J]. Development, 126: 1109-1120.

Reale L, Porceddu A, Lanfaloni L, *et al.* 2002. Patterns of cell division and expansion in developing petals of Petunia hybrida[J]. Sexual Plant Reproduction, 15(3): 123-132.

Su Z, Wang J, Yu J, *et al.* 2006. Evolution of alternative splicing after gene duplication[J]. Genome Research, 16: 182-189.

Szécsi J, Joly C, Bordji K, *et al.* 2006. BIGPETALp, a bHLH transcription factor is involved in the control of Arabidopsis petal size[J]. The EMBO Journal, 25(16): 3912-3920.

Takeda S, Matsumoto N, Okada K. 2004. RABBIT EARS, encoding a SUPERMAN-like zinc finger protein, regulates petal development in Arabidopsis thaliana[J]. Development, 131(2): 425.

Teper-Bamnolker P, Samach A. 2005. The flowering integrator *FT* regulates *SEPALLATA3* and*FRUITFULL* accumulation in *Arabidopsis* leaves[J]. Plant Cell, 17: 2661-2675.

Wagner D. 2017. Key developmental transitions during flower morphogenesisand their regulation[J]. Current Opinion in Genetics & Development, 45: 44-50.

Wang B G, Zhang Q, Wang L G, *et al.* 2011. The *AGL6*-like gene *CpAGL6*, a potential regulator of floral time and organ identity in wintersweet (*Chimonanthus praecox*) [J]. Journal of Plant Growth Regulation, 30: 343-352.

Wang S, Yang H, Mei J, *et al.* 2019. Rice homeobox protein KNAT7 integrates the pathways regulating cell expansion and wall stiffness[J]. Plant Physiol, 181(2): 669.

Wertheim J O, Murrell B, Smith M D, *et al.* 2015. RELAX: detecting relaxed selection in a phylogenetic framework[J]. Molecular biology and evolution, 32(3): 820-832.

Wickland D P, Hanzawa Y. 2015. The*FLOWERING LOCUS T/TERMINAL FLOWER* 1 gene family: functional evolution and molecular mechanisms[J]. Molecular Plant, 8: 983-997.

Wigge P A. 2005. Integration of spatial and temporal information during floral induction in Arabidopsis[J]. Science, 309: 1056-1059.

Wisniewski M, Norelli J, Artlip T. 2015. Overexpression of a peach *CBF* gene in apple: a model for understanding the integration of growth, dormancy, and cold hardiness in woody plants[J]. Frontiers in Plant Science, 6: 85-97.

Xie Z, Nolan T M, Jiang H, *et al.* 2019. AP2/ERF transcription factor regulatory networks in hormone and abiotic stress responses in *Arabidopsis*[J]. Frontiers in Plant Science, 10: 228-244.

Yamada K, Norikoshi R, Suzuki K, *et al*. 2009. Cell division and expansion growth during rose petal development[J]. Journal of the Japanese Society for Horticultural Science, 78(3): 356-362.

Yamaguchi N, Jeong C W, Nole-Wilson S, *et al*. 2015. *AINTEGUMENTA* and *AINTEGUMENTA-LIKE6/PLETHORA3* induce *LEAFY* expression in response to auxin to promote the onset of flower formation in Arabidopsis[J]. Plant Physiology, 170: 283-293.

Yoo S, Kardailsky I, Lee J, *et al*. 2004. Acceleration of flowering by overexpression of *MFT*(*MOTHER OF FT AND TFL1*)[J]. Molecules & Cells, 17: 95-101.

Yoo S K, Hong S M, Lee J S, *et al*. 2011a. A genetic screen for leaf movement mutants identifies a potential role for *AGAMOUS-LIKE* 6 (*AGL6*) in Circadian-clock control[J]. Molecules and Cells, 31(3): 281-287.

Yoo S K, Wu X, Lee J S, *et al*. 2011b. *AGAMOUS-LIKE* 6 is a floral promoter that negatively regulates the *FLC/MAF* clade genes and positively regulates *FT* in *Arabidopsis*[J]. The Plant Journal, 65(1): 62-76.

Zahn L M, Kong H, Leebens-Mack J H, *et al*. 2005. The evolution of *SEPALLATA* subfamily of MADS-box genes: a pre-angiosperm origin with multiple duplications throughout angiosperm history[J]. Genetics, 169(4): 2209 - 2223.

Zahn L M, Ma X, Altman N S, *et al*. 2010. Comparative transcriptomics among floral organs of the basal eudicot *Eschscholzia californica* as reference for floral evolutionary developmental studies[J]. Genome Biology, 11(10): 101-122.

Zhang B, Liu Z X, Ma J, *et al*. 2015a. Alternative splicing of the *AGAMOUS* orthologous gene in double flower of *Magnolia stellate* (Magnoliaceae) [J]. Plant Science, 241: 277-285.

Zhang B L, Wang L, Zeng L P, *et al*. 2015b. Arabidopsis TOE proteins convey a photoperiodic signal to antagonize *CONSTANS* and regulate flowering time[J]. Genes & Development, 29: 975-987.

Zhang X, Xu Z, Yu X, *et al*. 2019. Identification of two novel R2R3-MYB transcription factors, PsMYB114L and PsMYB12L, related to anthocyanin biosynthesis in *Paeonia suffruticosa*[J]. International Journal of Molecular Sciences, 20(5): 1055.

Zhang Y, Hu Z, Chu G, *et al*. 2014. Anthocyanin accumulation and molecular analysis of anthocyanin biosynthesis-associated genes in eggplant (*Solanum melongena* L.)[J]. Journal of Agricultural and Food Chemistry, 62(13): 2906-2912.